高素质农民培育
—— 系列读物 ——

现代植物土传病害防控技术

石明旺　陆宁海　郎剑锋　孔凡彬　周　锋　张　强　著

中国农业出版社
北　京

内容提要

土传病害的防治是植物保护的重要组成部分，加强此类病害防治是生产上的难点和热点，重视土传病害的防治工作是保证粮食、油料、果树、蔬菜和棉麻优质高产和生态安全的重要措施。

全书介绍了粮食、油料、果树、蔬菜和棉麻等植物的 130 多种土传病害，对其症状、病原、发病规律和防治方法等几个方面进行了重点叙述。本书内容丰富，既突出了粮食、油料、果树、蔬菜和棉麻等植物土传病害防治的系统性，又重视技术的实用性，并提供了相关病害的一些图片，方便读者识别参照。

前言

在农业生产中，农作物各种病害的发生与为害，严重威胁着农产品的产量和质量，同时植物病害对经济和社会发展的影响也是很大的。土传病害是植物病害中的一类，是指土壤中的病原物在条件适宜时从植物根部或茎部侵害植物而引起的病害。其病原菌主要是通过土壤有机肥料、灌溉水或自然流水进行传播为害，为害部位以地下部位的根和靠近地面的茎秆为主，除了在苗期发生外，大多在作物从营养生长期转入生殖生长期时发生。土传病害是植物病害中最难防治的病害类型。土传病害侵染病原包括真菌、细菌、放线菌、线虫等，以真菌为主，分为非专性寄生真菌与专性寄生真菌两类。非专性寄生是外生的根侵染真菌，如腐霉菌（*Pythium debaryanum*）引起苗腐和猝倒病、丝核菌引起苗立枯病。专性寄生是植物维管束病原真菌，如尖孢镰孢（*Fusarium oxysporum*）、黄萎轮枝孢（*Verticillium alboatrum*）等引起植株萎蔫、枯死。土传病害之所以越来越重、难防难治，其原因之一是土传病害的病原菌一般为多寄生微生物，它可以侵染数种乃至数百种农作物和杂草，具有很强的生活力和侵染力；原因之二是作物种植时没有注意轮作，严重重茬；原因之三是农家肥料施用前没能充分发酵腐熟，并且过量单一施用化学肥料，导致土壤盐渍化加重；原因之四是土壤中有益菌的含量下降，无益菌大量繁殖和土壤有害线虫的增加与为害。此外，品种抗病能力下降也是土传病害越来越重的原因之一。

本书共分九章，介绍了粮食、油料、果树、蔬菜和棉麻等植物的130多种土传病害，对其症状、病原、发病规律和防治方法等几个方面进行了重点叙述。本书内容丰富，既突出了粮食、油料、果树、蔬菜和棉麻等植物土传病害防治的系统性，又重视技术的实用性，并提供了相关病害的一些图片，方便读者识别参照。

土传病害防治是生产上的难点和热点，重视土传病害的防治工作是保证粮食、油料、果树、蔬菜和棉麻优质高产和生态安全的重要措施。

本书可作为植物保护专业研究人员、农业工作者、农资人员等相关人员的参考。由于时间比较仓促，书中难免存在一些问题与不足，敬请读者批评指正。

本书的出版得到了河南省植物保护一级重点学科项目资助，许多同行提出了建设性意见，参考和引用了大量文献和资料，在此一并致谢！

著　者

2021年5月

目 录

第三章 玉米土传病害

第四章 甘薯病害

第五章 水稻土传病害

第六章 油料作物土传病害

第七章 果树土传病害

第八章 蔬菜土传病害

第九章　棉麻土传病害

第一章
土传病害及其防治

第一节 土传病害的概念

植物病害可分为两大类，第一类是侵染性病害，即由病原微生物侵染引起的病害；第二类是非侵染性病害，是由外界环境恶化引起的病害，如温度过高或过低、湿度过大或干旱、肥料过多或营养不足、大气或土壤污染等引起的病害。这类病害是非传染性的，因此，在植物病理学上称为非传染性病害或非侵染性病害。植物病害的分类方法很多，根据寄生植物受害部位的不同可分为根部病害、叶部病害和果实病害；按传播方式又可分为种传病害、土传病害、气传病害和介体传播病害等。

土传病害是指由生活在土壤中的病原物从作物根部或茎部侵害作物而引起的病害，也就是说初次侵染来自土壤，其病原物一般可在土壤中长期存活。土壤里含有多种病原物，在适宜的条件下经过进一步发展，使作物产生根腐、枯萎、黄萎、立枯、猝倒、黑根茎腐等病害，这些病害统称“土传病害”。

第二节 土传病害的发生规律

一、病原物种类

1. 真菌 常见的真菌性病害有立枯病、猝倒病、白绢病、煤烟病、黑斑病、根腐病、苗木茎腐病、菌核病等。

2. 细菌 常见的细菌性病害有很多，如由假单胞菌小麦致病变种引起的小麦黑颖病，由假单胞菌侵染引起的黄瓜细菌性角斑病，由黄单胞杆菌侵染引起的黄瓜细菌性叶枯病、柑橘溃疡病、菜用大豆细菌性斑疹病、番茄果实细菌性斑疹病等，由欧文氏杆菌侵染引起的白菜细菌性软腐病、茄科及葫芦科作物的细菌性软腐病等。此外，还有小麦蜜穗病、水稻白叶枯病、根头癌肿病等细菌性病害。

3. 线虫 线虫包括针刺线虫、锥线虫、螺旋线虫、短体线虫、环线虫、根结线虫等，引起的植物病害有小麦粒线虫病、花生根结线虫病、大豆孢囊线虫病、草地线虫病害等。线虫的运动方式为蠕动，只能近距离移动，病害远距离传播依靠地表水的径流或病土、病草皮、病种子。

4. 病毒 土壤传播的病毒病相对较少。烟草花叶病毒（TMV）具有强致病性，因此携带该病毒的土壤、肥料、种子等都可成为初侵染源。小麦土传病毒不能经种子及昆虫媒介传播，在田间主要靠病土、病根茬及病田的流水传播蔓延。小麦花叶病毒（SBWMV）由土壤中的禾谷多黏菌传播，一旦发病难以得到有效控制。

二、病原物存活方式

土传病害的病原菌主要是在土壤里越冬（夏），寄生于土壤腐殖质和残枝败叶等残存物质中，在土壤内存活的时间较长。病原物对土壤的适应能力不同，所以存活时期的长短不一。土壤中的病原物，尤其是真菌和细菌，按照自然条件下的存活方式可分为土壤寄居菌（soil invaders）和土壤习居菌（soil inhabitants）两类。

1. 土壤寄居菌　土壤寄居菌在土壤中病株残体上的存活期较长，但是不能单独在土壤中长期存活，大部分植物病原真菌和细菌都属于这一类。

2. 土壤习居菌　土壤习居菌对土壤的适应性强，在土壤中可以长期存活，并且能够在土壤有机质上繁殖，腐霉属（*Pythium*）、丝核菌属（*Rhizoctonia*）和一些引起萎蔫的镰孢属（*Fusarium*）真菌都是土壤习居菌的代表。一般枯萎病菌在土壤内可存活 5～6 年之久，故称之为土壤习居菌。土传病害的病原菌一般是通过土壤、肥料（有机肥）、灌溉水或流水进行传播，而不会像传染性病害一样通过气流、雨水传播。传染性病害的为害部位以叶、茎、花、果为主，而土传病害的为害部位以植株地下部位的根、茎为主，病原菌最先侵染寄主植物的维管束，逐渐向上延伸，在维管束内繁殖，阻塞其输送营养物质，致使植株在短期内枯萎死亡。

感病寄主不存在时，土传病菌在土壤中也能存活下来，除土传病菌具有广泛的寄主范围外，还与其具有腐生竞争能力、能在非寄主的根表面或残枝落叶上存活是分不开的。但不同病菌是有差异的，像镰刀菌和轮枝菌在土壤中几乎可以无限期生存下去。表 1-1 列出了几种主要土传病菌属在土壤中的存活年限。

表 1-1　主要土传病菌属在土壤中的存活年限

主要病菌属	代表病害	繁殖器官	在土壤中存活年限	轮作年限
镰孢属（*Fusarium*）	瓜类枯萎病	厚垣孢子	5～15＋	4～6
顶囊壳属（*Gaeuman*）	小麦全蚀病	子囊孢子	2～4	2～3

（续）

主要病菌属	代表病害	繁殖器官	在土壤中存活年限	轮作年限
疫霉属（*Phytophthora*）	番茄晚疫病	卵孢子	2～8	2～5
腐霉属（*Phythium*）	猝倒病	卵孢子	5＋	2～3
丝核菌属（*Rhizoctonia*）	水稻纹枯病	菌核	5＋	2～3
轮枝孢属（*Verticillium*）	棉花黄萎病	菌核	5～15＋	5～6

三、土传病害侵染循环

土传病害的病原菌在土壤内存活的时间较长，一般枯萎病菌在土壤内可存活 5～6 年之久。

有些病原物产生各种各样的休眠体，如真菌的卵孢子、厚垣孢子、菌核、冬孢子、闭囊壳等。这些休眠体能够抵抗不良环境而越冬、越夏。如谷子白发病菌是以卵孢子在土壤、粪肥及种子上越冬，小麦秆黑粉菌和玉米丝黑粉菌是以冬孢子在土壤、粪肥及种子上越冬。引起番茄灰霉病、小麦纹枯病、黄瓜菌核病、棉花黄萎病等病害的病原真菌都是以菌核在土壤中越冬或越夏。

有些病原物可以在病株残体、土壤及各种有机物上腐生而越冬、越夏。如玉米大斑病、小斑病、圆斑病，稻瘟病，田间地头的秸秆是其重要的初侵染来源。在适宜的条件下，带菌残体释放病菌，造成病害传播。

四、土传病害的发病条件

一般情况下，土传病菌能产生大量菌体，在具备对病菌生长发育有利且存在感病寄主的条件下，病菌就可以大量繁殖并侵染寄主。在营养被消耗完或土壤条件如温度、湿度等对病菌不利时，病菌又可以进入休眠期，等到条件适合就再度发病。造成土传病害多发条件有以下几种。

1. 连作　连作是病土形成的主要人为因素。连续种植一类作物，使相应的某些病菌得以连年繁殖，在土壤中大量积累，形成病土，年年发病。如茄科蔬菜连作，疫病、枯萎病等发生严重；西瓜连作，枯萎病发生严重；姜连作，可导致严重的姜瘟；草莓连作两年以上，则死苗30%～50%。

2. 施肥不当　大量施用化肥尤其是氮肥可刺激土传病菌中的镰刀菌、轮枝菌和丝核菌生长，从而加重土传病害的发生。自1993年我国棉花黄萎病大暴发以来，几乎连年大发生，这与棉田大量使用化肥，土壤中有机物质大量减少有关。

3. 线虫侵害　土壤线虫与病害有密切关系。土壤线虫可造成植物根系的伤口，有利病菌侵染而使病害加重，往往线虫与真菌病害同时发生，如棉花枯萎病与土壤线虫密不可分，在美国，棉花枯萎病称为枯萎-线虫复合病害。

从流行学角度分析，系统侵染或为害地下部分的土传病害为积年流行病害，特点是：繁殖率低，繁殖量少；传播较慢，传播距离较近，主要为种子或土壤传播；潜育期较长，多半无再次侵染或再次侵染次数少。积年流行的土传病害，土壤中初始菌量的高低是病害流行的决定因素，并且老区发病重于新区，连作年限越长发病越重。

第三节　重要的土传病害类型概述

在我国重要的土传真菌性病害主要有以下几种。

一、水稻土传真菌性病害

1. 水稻烂秧和死苗　主要是由腐霉菌、绵疫菌、镰刀菌和丝核菌等多种真菌侵染引起的，上述真菌能在土壤中长期营腐生生活，无论湿育秧、旱育秧，当水稻秧苗遇低温阴雨天生长减弱时，秧苗抗性降低，病菌就容易乘虚而入，造成根系功能降低，再持续低温或阴冷后骤晴时，容易出现大片枯死。

2. 水稻纹枯病 由土壤中的丝核菌侵染引起。在土壤中大量的菌丝和菌核是主要侵染源，一般在分蘖期至抽穗期是发病高峰；主要侵染叶鞘和叶片，严重时可为害茎秆内部。发病初在稻株的水面或水下生成暗绿色边缘不清的小斑，扩大成椭圆形深褐色病斑，中部草黄色至灰白色，数个病斑汇合成云纹状大斑，叶片随之干枯，提早枯死。

二、小麦土传真菌性病害

1. 小麦全蚀病 小麦全蚀病是由子囊菌亚门的禾顶囊壳菌侵染造成，是根腐和基腐性病害，根部和基部变灰黑色是它的典型症状，这种灰黑色是由菌丝体缠绕被害组织以及组织腐败后褐化造成的，一般称为“黑膏药”。病菌的越夏场所是麦茬、夏玉米根部及麦糠、场土、种子的病残组织中。土壤中的病残体是病菌的主要越冬来源，带菌的粪肥传病往往是发病面积激增的原因，种子上附带的病菌是远距离传到新区的主要来源。小麦播种后，菌丝体从麦苗种子的根冠区、胚芽鞘侵入，扩展蔓延较快，小麦植株感病后，根部逐渐变黑，分蘖减少，成穗率降低，千粒重下降，发病愈早，减产愈大；在适宜的发病条件下可造成全株枯死。

2. 小麦纹枯病 小麦纹枯病在各生育期均可发生，造成烂芽、病苗死苗、花秆烂茎、倒伏、枯孕穗等多种症状。病菌以菌核和病残体中的菌丝体在田间越夏、越冬，作为第二年的初侵染源，其中菌核的作用更为重要。小麦纹枯病对产量影响极大，一般使小麦减产10%～20%，严重地块减产50%左右，个别地块甚至绝收。

三、棉花土传真菌性病害

1. 棉花立枯病 是北方棉区苗期的主要病害，由土壤中的丝核菌侵染引起，一般发病死苗率为5%～10%，春雨连绵或寒流侵袭发病严重，死苗率可达50%以上，造成缺苗断垄，不得不毁种重播。

2. 棉花红腐病 由土壤中的镰刀菌侵染引起的根腐性病害，辽河流域和黄河流域以北发生较多，长江流域苗轻铃重。

3. 棉花枯萎病 由土壤中的尖孢镰刀菌侵染引起的维管束病害，新棉田的发病和远距离的传播则由种子带菌引起，病菌一旦在土壤中定居，可长期存活。

4. 棉花黄萎病 由真菌的轮枝菌侵染造成，病菌形成的微菌核可长期在土壤中存活。棉花黄萎病在20世纪30年代仅个别地区发生，50年代开始蔓延，80年代遍及21个省份，估计年损失皮棉1亿kg以上，1993年、1995年和1996年棉花黄萎病在主要棉区大暴发，造成严重损失。该病是目前棉花生产上威胁最大的病害。

四、玉米土传病害

土传病害是威胁玉米生产的一类重要病害，其中茎基腐病、丝黑穗病和纹枯病发生尤为严重。土传病菌能在土壤中存活多年，给防治带来了较大困难。

1. 茎基腐病 又称茎腐病或青枯病，世界玉米产区普遍发生，其中美国发生普遍，危害严重。我国该病在20世纪20年代即有发生，60年代后由于主推的自交系和杂交种对茎基腐病多数抗性不强，因此很快成为玉米的重要病害。目前在我国广西、浙江、湖北、陕西、河北、山东、辽宁等18个省份均有发生，一般年份发病率10%～20%，严重年份达20%～30%，个别地区高达50%～60%，减产25%，重者甚至绝收。禾谷镰刀菌、禾生腐霉菌和链状腐霉菌3种玉米茎腐病的病原菌均有致病性。

2. 丝黑穗病 俗称乌米，是典型的土传病害，播种后在适宜条件下，病菌即通过玉米的幼芽侵入，玉米3叶期前尤其是幼芽期侵染率最高。玉米丝黑穗病多发生在低温冷凉地区，春季气温低是丝黑穗病发生的有利条件，在黑龙江省一些地方和全国的一些山区玉米丝黑穗病发生较重，对玉米生产造成严重的影响。

五、果树土传真菌性病害

1. 立枯病 主要为害实生苗茎基部，一般在3～5片真叶期发生。病部变褐呈水渍状，后期造成幼苗萎蔫死亡，但不倒伏。病原为真菌，在土壤或病残体越冬，在土中营腐生生活，存活2～3年。病菌通过水流及田间操作传播。地势低洼、排水不良、栽植过密的苗圃发病重。2002—2005年主要发生在苹果、梨的砧苗上，多为小拱棚等早春保护地栽培，露地发生较轻。

2. 果树圆斑根腐病 圆斑根腐病是北方果树上的重要病害，圆斑根腐病侵害果树可使其根系死亡，造成树势衰弱，结果率下降，品质变坏，甚至导致死亡。圆斑根腐病菌寄主很广，除主要为害苹果、梨和桃外，还为害杏、葡萄、核桃、柿、花椒等。

圆斑根腐病在开春果树根部萌动时即可为害，往往在果树根系衰弱时受到土壤中营腐生生活的镰刀菌的侵染而发病。受害果树先从须根开始，围绕须根的基部形成红褐色圆斑，病斑进一步扩大深达木质部，致使整段根变黑死亡；因根部受害程度不同，地上部会出现枝叶萎蔫、叶缘枯焦或坏死等症状。在果树管理粗放，干旱、缺肥、土壤盐碱化及土壤板结的果园发病较重。

六、蔬菜土传真菌性病害

全国主要蔬菜年种植面积 0.2 亿 hm^2，其中病虫害发生面积 0.23 亿 hm^2 次左右。据全国农业技术推广服务中心病虫测报处资料显示，近年来蔬菜病虫害发生特点为新的病虫害发生、次要病虫危害上升，土传病害、地下害虫加重，严重影响全国蔬菜的安全生产。

1. 蔬菜苗期病害

（1）立枯病。由病原真菌丝核菌引起，幼苗出土时易受害，开始在茎基部产生椭圆形褐色凹陷病斑，发病初期，白天萎蔫夜间恢复，病斑扩大绕茎一周时，幼苗开始干枯，但立而不倒，当湿度大时病部产生褐色菌丝。

（2）猝倒病。由病原真菌腐霉菌引起，蔬菜幼苗发病多发生在育苗床上，出土前染病可造成烂种、烂芽；出土后幼苗受害基部出现水渍状暗绿色病斑，围绕幼茎扩展，病斑变褐并缢缩呈线状，病苗折倒，有时子叶不萎蔫便倒伏地面。发病往往从棚顶滴水处先发病，逐渐向外扩展，湿度大时，成片猝倒死亡，病苗表面长出白色絮状菌丝。

2. 瓜类枯萎病　苗期即可发病，病苗子叶萎蔫，基部变褐；成株多在花蕾期发病，初期白天萎蔫，早晚恢复正常，基部、节间出现黄褐色条斑或带状凹陷枯死斑，有时流出胶状物。潮湿时，病斑表面长出白色或粉红色霉层，剥开茎基部，可见维管束变褐，这是枯萎病的典型特征。如果病情继续发展，病株很快死亡。

瓜类枯萎病由半知菌亚门的镰刀菌侵染而致。从病株上采收的种子可能带菌，并能远距离传播，土壤、肥料、灌水、农具和昆虫都可传播病害。出苗后，病菌从根部伤口侵入，也能从根毛细胞间直接侵入。附着在种子上的病菌孢子，在种子萌发时可直接侵入幼根，病菌侵入后，在根部组织中繁殖蔓延，逐步深入木质部，进入维管束，上下扩展，造成维管束堵塞，并产生毒素，导致细胞死亡、植株萎蔫。病菌可在土壤中存活7～8年，病菌的厚垣孢子抗逆性极强，即使用病株或病果喂食牲畜，通过消化道排泄后粪便中的病菌仍能侵染植株。

3. 莲藕腐败病 莲藕腐败病是由半知菌亚门的镰刀菌侵染引起的，带菌的种藕是新莲藕种植地区发病的主要原因，病菌以菌丝在种藕中越冬。多年种植莲藕的地区，土壤中的病菌则是该病的主要侵染来源，该菌主要侵染莲藕的地下茎部，造成变褐腐烂，导致地上部枯萎。发病初期，地下茎维管束变褐，从发病茎上抽出的叶片颜色发黄，后从边缘向内干枯卷曲，藕茎形成斑腐，条件适宜时藕节出现粉红色孢子团。

七、植物土传细菌性病害

1. 软腐病 软腐病可为害多种蔬菜、花木。由于受害部位不同，症状也各有差异。一般主要为害柔软多肉的根或茎。受害部位初为水渍状，后变为褐色，随即变为黏滑软腐状，腐烂组织发出恶臭味。在干燥的情况下，病部迅速失水呈干瘪状；在潮湿的条件下，染病器官则变成一包腐臭的浆状物。病菌在寄生残体上或某些昆虫体内越冬。翌年条件适宜，病菌侵入组织后，分泌毒素使细胞或组织坏死，从中吸取营养，并向四周扩展，以致细胞彼此分离，胞内物质被破坏，内含物外流，引起腐烂。在自然界往往再加上其他腐生菌混合侵害，常常发生恶臭。球茎、鳞茎、块根等花木在贮藏期如遇高温高湿且通风不良时，则有利于细菌的繁殖，更易造成大量腐烂。贮藏消毒一般可用甲醛80倍液喷施地面和四壁，注意通风，保持室内适度干燥。盆栽土要进行土壤消毒，或每年换一次新土，发病后及时喷施抗生素于病株及周围健株根际土壤，加强排水等养护管理工作。

2. 植物青枯病 青枯病是一种由青枯菌（*Ralstonia dolaanacearum*）引起的毁灭性土传病害，发病植物茎叶萎蔫、下垂，直至全部枯死，是世界上危害最大、分布最广、造成损失最严重的植物病害之一，至今尚无有效的化学农药和其他防治办法，因此青枯病被称为植物的“癌症”。植物青枯菌可侵染 40 多个科 200 多种植物，仅次于农杆菌（*Agrobacterium tumefaciens*）。是番茄、马铃薯、花生、甘薯、烟草、辣椒、茄子、生姜、草莓、香蕉以及一些贵重药材和花卉等植物生产的重要限制因素，世界各地均有分布。青枯病菌是一个复杂的群体，有明显的生理分化，不同地区和不同寄主来源的菌株，在寄主范围、致病力、生化型、血清型等细菌学特性上差异很大。我国具有微生物的资源优势，利用细菌、病毒等防治植物青枯病害有着美好的前景。

八、植物根结线虫病

植物根结线虫病的被害根上会产生许多大小不等的圆形或不规则的瘤状虫瘿，初时表面光滑，淡黄色，后粗糙，色加深，肉质，切开可见瘤内有白色稍有发亮的小粒状物，镜检可观察到梨形的雌根结线虫。病株根系吸收功能减弱，生长衰弱，叶小，发黄，易脱落或枯萎，有时会发生枝枯，严重的整株枯死。

根结线虫 1 年可发生多代，幼虫、成虫和卵都可在土壤中或病瘤内越冬。孵化不久的幼虫即离开病瘤钻入土中，在适宜的条件下侵入幼根。根结线虫口腔分泌的消化液通过口针的刺激作用能在刺吸点周围诱发形成数个巨型细胞，并在巨型细胞周围形成一些特殊导管，幼虫才能不断吸取营养得以生长发育，同时继续刺激周围的细胞增生，形成虫瘿。有的植物如果在幼虫侵入时，在其周围不能成功诱发巨型细胞和特殊导管，线虫就因得不到营养而饿死。根结线虫可随苗木、土壤和灌溉水、雨水而传播。大多数线虫存在于表土层中 5～30cm 处，1m 以下就很少了。但在种植多年生植物的土壤中，可深达 5m 或更深。土壤温度对根结线虫影响最大，北方根结线虫适温为 15～25℃，而爪哇根结线虫和南方根结线虫的适温为 25～30℃。超过 40℃或低于 5℃时，任何根结线虫都会缩短活动时间或失去侵染能力。土壤湿度与根结线虫的存活也有密切关系，当土壤很干燥时，卵和幼虫易死亡，当土壤中有足够水分，并在土粒上形成水膜时，卵就会迅速孵化和侵染植物的根。

第四节　土传病害防治对策及防治方法

一、土传病害的防治对策

土传病害的防治应以农业防治、生物防治和化学防治等综合防治为最佳途径，任何一项措施应考虑的核心问题都应是土壤中病原菌和有益生物的平衡，破坏这一平衡可能导致灾难性后果。

二、土传病害的防治方法

1. 农业防治

（1）轮作。轮作是防治土传病害最经济有效的措施，合理进行作物间的轮作，特别是水旱轮作，对预防土传病害的发生可收到事半功倍的效果。

（2）品种选用。选用抗病或耐病的品种，可大大地减轻土传病害的危害。

（3）栽培措施。改进栽培方法也能达到防病的目的。

1）根据植物的生长期及病原菌的生活规律，适当早播、晚播，错开病菌高发期或减少感染病害。

2）深沟高畦栽培，小水勤浇，避免大水漫灌。合理密植，改善作物通风透光条件，降低地面湿度。清洁田园，拔除病株，并在病株穴内撒施石灰。避免偏施氮肥，适当增施磷、钾肥，提高作物抗病性。在作物生长中后期结合药剂，喷施叶面肥2～3次。

3）嫁接防病，利用砧木嫁接换根，可有效预防土传病害的发生。

2. 生物防治 施用有机质及菌肥可抑制土传病害。菌肥也称生物肥料、细菌肥料，可以增加农田土壤微生物种类和数量，创造一个合理、平衡、稳定的微生物区系并依靠它们之间的竞争、占位重寄生等关系，抑制病菌的滋长。有机质不仅蕴涵丰富的营养物质，使土壤形成团粒结构，还是培养各种微生物的基质。按适当比例，在有机质中植入有益微生物，形成新型多效有机肥，可有效抑制土传病害。可植入的有益微生物包括能够增加或转化营养的固氮菌、硝酸菌、溶磷菌、光合菌；能够分解有机质的酵母菌；能够分泌植物生长刺激素和抑制病菌的哈刺木霉、绿黏帚霉、放线菌以及一些芽孢杆菌和假单胞菌等。

3. 土壤消毒

（1）石灰消毒。石灰既可杀菌又可中和土壤的酸性，可于翻耕前，每667m^2撒施石灰50～100kg再翻耕，以减轻土传病害的发生。

（2）大水浸泡。有条件的地方可利用作物休闲之季，将水堵起来浸泡土壤。浸泡时间越长，效果越明显。如果浸泡20d以上，可基本控制线虫危害。

（3）高温消毒。如果是温室大棚，在夏季高温季节，可将土壤翻耕，盖上地膜，再盖上棚膜，地面温度可达到50℃以上，以杀灭部分菌源。

4. 化学防治 在作物生长期，如发生以上土传病害，可选用相应的药剂进行喷雾或灌根。

（1）真菌性病害。可分别用30%恶霉灵（土菌消）500～800倍液、30%甲霜·恶霉灵（瑞苗清）1 000倍液、50%敌磺钠（敌克松）600倍液、5%井冈霉素水剂500～800倍液、95%恶霉灵

（绿亨一号）2 000～3 000 倍液淋施土壤，还可用 40%五氯硝基苯、根腐宁或恶霉灵 500～1 000 倍液，50%多菌灵或 70%甲基硫菌灵 500～800 倍液淋施土壤，或按每 667m^2用药 2～3kg 拌适量的细土均匀撒施再翻耕。

（2）细菌性病害。以青枯病、软腐病为例，可用药剂为 88%水合霉素 1 000 倍液、72%农用链霉素 3 000～5 000 倍液，或络氨铜适量淋施土壤。

（3）线虫病害。定植前用 1.8%阿维菌素 3 000 倍液浇灌或喷洒土地，可杀死线虫。必要时可每公顷穴施或沟施 45～75kg 3%克百威（呋喃丹）颗粒剂（蔬菜、果树等禁用此药），或用溴甲烷等灭线剂于土壤中做消毒处理。

第二章 小麦土传病害

第一节 小麦纹枯病

一、发生分布

小麦纹枯病是一种世界性病害，发生非常普遍。我国早有纹枯病的记载，20 世纪 70 年代前在我国小麦上属次要病害。20 世纪 80 年代以来，由于小麦品种更换、农业栽培制度的改变以及肥水条件的改善，纹枯病在长江中下游和黄淮平原麦区逐年加重。小麦纹枯病对产量影响极大，一般使小麦减产 10%～20%，严重地块减产 50%左右，个别地块甚至绝收。

二、症状

小麦各生育期均可受害，造成烂芽、病苗死苗、花秆烂茎、倒伏、枯孕穗等多种症状。

1. 烂芽 种子发芽后，芽鞘受侵染变褐，继而烂芽枯死，不能出苗。

2. 病苗死苗 主要在小麦 3～4 叶期发生，在第一叶鞘上呈现中央灰白、边缘褐色的病斑，严重时因抽不出新叶而造成死苗。

3. 花秆烂茎 返青拔节后，病斑最早出现在下部叶鞘上，产生中部灰白色、边缘浅褐色的云纹状病斑，多个病斑相连接，形成云纹状的花秆，条件适宜时，病斑向上扩展，并向内扩展到小麦的茎秆，在茎秆上出现近椭圆形的“眼斑”（图 2－1），病斑中部灰褐色，边缘深褐色，两端稍尖。田间湿度大时，病叶鞘内侧及茎秆上可见蛛丝状白色的菌丝体，以及由菌丝纠缠形成的黄褐色菌核。小麦茎秆上的云纹状病斑及菌核是纹枯病诊断识别的典型症状。

图 2－1　小麦纹枯病症状

4. 倒伏　由于茎部腐烂，后期极易造成倒伏。

5. 枯孕穗　发病严重的主茎和大分蘖常抽不出穗，形成“枯孕穗”，有的虽能够抽穗，但结实减少，籽粒秕瘦，形成“枯白穗”。枯白穗在小麦灌浆乳熟期最为明显，发病严重时田间出现成片的枯死。此时若田间湿度较大，病株下部可见病菌产生的菌核，菌核近似油菜籽状，极易脱落到地面上。

三、病原

病原菌无性态为禾谷丝核菌（*Rhizoctonia cerealis* van der Hoeven），属于真菌丝核菌属，有性态为担子菌门角担菌属（*Ceratobasidium*）。我国主要致病菌为禾谷丝核菌（*Rhizoctonia cerealis*）。该菌除为害小麦外，还可侵染大麦、玉米、高粱、水稻等数十种作物。

1. 病原形态　病菌以菌丝和菌核的形式存在，不产生任何类型的分生孢子。在马铃薯葡萄糖琼脂（PDA）培养基上，丝核菌菌落初为白色，后颜色加重变为褐色，菌丝体絮状至蛛丝状。初生菌丝无色较细，有复式隔膜，菌丝分枝呈锐角，分枝处大多缢缩变细，分枝附近常产生横隔膜。菌丝以后变褐色，分枝和隔膜增多，分枝与母枝之间几乎呈直角。部分菌丝膨大成念珠状。以后菌丝相互纠结，在平板上形成菌核。菌核初为白色，后变成不同程度的褐色，表面粗糙，不规则，菌核之间有菌丝连接，大小如油菜籽。禾谷丝核菌菌丝细胞双核，菌核较小，色泽较浅，菌丝生长速度慢，较细（直径 2.9～5.5μm）；立枯丝核菌菌丝细胞多核（3～25 个，多数 4～8 个核），菌核色泽较深，菌丝生长较快，较粗（5～12μm）。

2. 病原生物学　菌丝生长的适温为 22～25℃，13℃以下、35℃以上生长受抑制。病菌生长 10～11d 开始形成菌核。菌核萌发无休眠期，适温下 4d 即可萌发。菌丝体在湿热条件下致死温度为 49℃ 10min，菌核及病组织内的菌丝体致死温度为 50℃ 10min；干热条件下，菌丝体致死温度为 75℃1h。菌核抗干热能力强，80℃下处理 3h 仍能萌发。病菌生长的 pH 为 4～9，以 pH6 最适宜。病菌对营养要求不严格，在水洋菜培养基上也能生长。病菌生长的最佳碳源为麦芽糖和蔗糖，最佳氮源为硝态氮和亚硝态氮。病菌生长对光线的要求是散射光或黑暗条件。

3. 病原菌生理分化　小麦纹枯病菌种下根据菌丝融合划分为不同的菌丝融合群（anastomosis group，简称 AG）。我国小麦纹枯病菌的优势菌群是禾谷丝核菌的 CAG－1 群，约占 90％；立枯丝核菌 AG－5 群数量较少。

4. 病原菌致病性　用小麦纹枯病菌优势菌群 CAG－1 及 AG－5 接种扬麦 6 号，发现 CAG－1 除有较强的致病力外，且表现典型的纹枯病症状，AG-5也有一定的致病力，但较CAG-1弱，同时病害扩展较慢。病菌同一融合群内不同的菌株致病力有时也不完全相同。小麦纹枯病菌除侵染小麦外，对大麦也表现强致病力；还能侵染玉米、水稻，但致病力不及对小麦强，对大豆和棉花不致病。关于小麦纹枯病菌的致病机制尚未深入研究。

四、侵染循环

1. 初侵染 病菌以菌核和病残体中的菌丝体在田间越夏越冬，作为第二年的初侵染源，其中菌核的作用更为重要。试验表明，菌核在干燥条件下保存6年仍可以萌发。埋入田间持水量55%的土壤中，6个月后80%仍具有活力，而且萌发势好。菌核萌发后长出的菌丝遇干燥条件而又找不到寄主，48h后自行死亡。以后菌核若再遇到适于萌发的条件，还可以再度萌发长出菌丝且致病力不降低。菌核这种每次只有几个细胞萌发而保持多次萌发的特性是一种自我保护机制，可延长自身存活时间。病残组织中菌丝的作用远不及菌核。虽然丝核菌是一种典型的土壤习居菌，但人工接种表明，用培养的病菌接种自然土壤后2周，大部分病残体中的病菌已失去活力，有少量处于存活状态，菌丝作为初侵染源，仍起一定作用。

2. 传播 此病是典型的土传病害，带菌土壤可以传播病害，混有病残体和病土而未腐熟的有机肥也可以传病。此外，农事操作也可传播。

3. 侵染与发病 土壤中的菌核和病残体长出的菌丝接触寄主后，形成附着胞或侵染垫产生侵入丝直接侵入寄主，或从根部伤口侵入。冬麦区小麦纹枯病在田间的发生过程可分为以下5个阶段。

（1）冬前发病期。土壤中越夏后的病菌侵染麦苗，在3叶期前后始见病斑，整个冬前分蘖期内，病株率一般在10%以下，早播田块有些可达 10%～20%。侵染以接触土壤的叶鞘为主，冬前这部分病株是后期形成白穗的主要来源。

（2）越冬静止期。麦苗进入越冬阶段，病情停止发展，冬前发病株可以带菌越冬，并成为春季早期发病的重要侵染来源之一。

（3）病情回升期。本期以病株率的增加为主要特点，时间一般在 2 月下旬至 4 月上旬。随着气温逐渐回升，病菌开始大量侵染麦株，病株率明显增加，激增期在分蘖末期至拔节期，此时病情严重度不高，多为 1～2 级。

（4）发病高峰期。一般发生在 4 月上、中旬至 5 月上旬。随着植株拔节与病菌的蔓延发展，病菌向上发展，严重度增加。高峰期在拔节后期至孕穗期。

（5）病情稳定期。抽穗以后，茎秆变硬，气温也升高，阻止了病菌继续扩展。一般在 5 月上、中旬，病斑高度与侵染茎数都基本稳定，病株上产生菌核而后落入土壤，重病株因失水枯死，田间出现枯孕穗和枯白穗。

4. 再侵染　小麦纹枯病靠病部产生的菌丝向周围蔓延扩展引起再侵染。田间发病有两个侵染高峰，第一个是在冬前秋苗期，第二个则是在春季小麦的返青拔节期。

五、防治方法

1. 选用抗病、耐病品种　如郑引 1 号、扬麦 1 号、丰产 3 号、华麦 7 号、鄂麦 6 号、阿夫、7023、8060、7909、鲁麦 14、仪宁小麦、淮 849－2、陕 229、矮早 781、郑州 831、冀 84－5418、豫麦 10 号、豫麦 13、豫麦 16、豫麦 17、百农 3217、百泉 3039、博爱 7422、温麦 4 号等。215953 虽然病情指数高，但产量损失少。

2. 施肥　施用酵素菌沤制的堆肥或增施有机肥，采用配方施肥技术配合施用氮、磷、钾肥。不要偏施氮肥，可改善土壤理化性状和小麦根际微生物生态环境，促进根系发育，增强抗病力。

3. 适期播种 避免早播，适当降低播种量。及时清除田间杂草。雨后及时排水。

4. 药剂防治

(1) 播种前药剂拌种，如用种子质量 0.2%的 33%纹霉净（三唑酮加多菌灵）可湿性粉剂，或用种子质量 0.03%～0.04%的 15%三唑醇粉剂，或种子质量 0.03%的 15%三唑酮可湿性粉剂，或种子质量 0.012 5%的 12.5%烯唑醇可湿性粉剂拌种。播种时土壤相对含水量较低则易发生药害。

(2) 翌年春季小麦拔节期，每 667m^2用井冈霉素 10g，或井冈·蜡芽菌（井冈霉素 4%、蜡质芽孢杆菌 16 亿个/g）26g，或烯唑醇 7.5g，或苯甲·丙环唑 6～9g，或丙环唑 10g。选择上午有露水时施药，适当增加用水量，使药液能流到麦株基部。重病区首次施药后 10d 左右再防一次。

第二节 小麦全蚀病

一、发生分布

小麦全蚀病广泛分布于世界各地。1884 年英国最早记载，我国最早于 1931 年在浙江省发现全蚀病。20 世纪 70 年代小麦全蚀病在山东严重发生，现已扩展到西北、华北、华东等地。近年来，小麦全蚀病在河南、山东、安徽、河北等省的发生有加重的趋势。小麦全蚀病破坏小麦根系，受害田块一般减产 10%～20%，重病田可减产 50%以上，甚至绝收。

二、症状

小麦全蚀病主要为害小麦根部和茎基部第 1～2 节处，苗期至成株期均可发生。幼苗期受害，种子根、地下茎变黑腐烂，特别是病根中柱部分变为黑色。病苗基部叶片黄化，心叶内卷，分蘖减少，生长衰弱，严重时造成苗枯。病苗返青推迟，矮小稀疏，根部变黑加重。在潮湿条件下，拔节后茎基部1～2节叶鞘内侧和茎秆表面上可形成肉眼可见的黑褐色菌丝层，称为黑脚（图2-2），这是小麦全蚀病区别于其他根腐病的典型症状。重病株地上部明显矮化，发病晚的植株矮化不明显。由茎基部发病，植株早枯形成白穗。由于养分供应不足，病株多表现为矮小瘦弱，穗数减少且不实，千粒重降低。田间病株成簇或点片状分布，严重时全田植株枯死。在潮湿情况下，小麦近成熟时在病株基部叶鞘内外侧生有黑色颗粒状突起（子囊壳）。但在干旱条件下，病株基部黑脚症状不明显，也不产生子囊壳。

图2-2　小麦全蚀病症状

三、病原

小麦全蚀病病原为禾顶囊壳小麦变种［*Gaeumanmomyces graminis*（Sacc.）Arx & Olivier var. *tritici* J. Walker］，属真菌界子囊菌门顶囊壳属，自然条件下仅存在有性态。病菌的匍匐菌丝粗壮，栗褐色，有隔。老化菌丝多呈锐角分枝，分枝处主枝与侧枝各形成隔膜，呈现“人”字形。匍匐菌丝3～4根聚集，在寄主根茎和叶鞘表面形成网纹，在根部多与根轴平行生长。分枝菌丝淡褐色，形成两类附着枝，一类裂瓣状，褐色，生于顶端；另一类简单不分裂，淡褐色，顶生或间生。附着枝端部产生侵入丝侵入寄主。子囊壳黑色，球形或梨形，顶部有一稍弯的颈。子囊无色，棍棒状，大小为（70～100）μm×（10～15）μm（不包括子囊柄），子囊内有 8 个平行排列的子囊孢子。子囊孢子无色，线状稍弯曲，有 3～8 个隔膜。

四、侵染循环

1. 初侵染小麦 全蚀病病菌主要以菌丝体随病残体在土壤、粪肥中越夏或越冬，成为翌年的初侵染源。寄生在自生麦苗、杂草或其他作物上的小麦全蚀病病菌也可以传染下一季作物。土壤中的子囊孢子虽能导致发病，但其作用很小。该菌为土壤寄居菌，在土壤中存活年限受各种条件影响，从 1～2 年至 3～5 年不等，在栽培土壤中，大多数病原菌在 1 年内失去活力。

2. 传播及侵染 全蚀病是一种土传病害，农事操作可导致病菌在较近距离的扩散。种子间混杂的病残体可能成为新病区发病的初传染来源。小麦全蚀病病菌在小麦整个生育期均可侵染，但以苗期侵染为主。在冬小麦的苗期到分蘖期，地下根接近或接触上季留下的病残体时，初侵染开始发生。黑色的匍匐菌丝先在寄主根表面定殖，侵入根表皮时，病菌可产生附着枝，附着枝下的无色侵染菌丝侵入寄主根的表皮细胞和皮层并扩展，使寄主组织中的菌丝量增加，皮层充满了菌丝。木质部导管的堵塞阻碍了养分和水分的流动，导致地上部出现病状。病菌在小麦整个生育期都可以侵染，但最适温度为 10～20℃，因此初侵染一般发生在秋天，整个冬天病害的发展停滞。春季气温回升，病菌通过小麦根与根的接触进行再次侵染。

3. 病害自然衰退现象 全蚀病的病害自然衰退（take-all

decline，TAD）是指全蚀病田连年种植小麦或大麦，当病害发展到高峰后，在不采取任何防治措施的情况下，病害自然减轻的现象，国内外均发现了全蚀病的自然衰退现象。小麦全蚀病产生自然衰退的先决条件有两个，一是连作，二是危害达到高峰，二者缺一不可。病害达到高峰的标志是白穗率在60%以上，且病田出现明显矮化早死中心。研究发现，小麦连作区全蚀病从田间零星发病到全田块严重危害一般经过3～4年，如土壤肥力高则病害发展缓慢，一般需6～7年达到高峰。严重危害时间1～3年不等，此后病害趋于下降稳定。如果在病害高峰出现后中断感病寄主连作或进行土壤消毒，那么全蚀病自然衰退就不会出现。目前已经证明全蚀病自然衰退与土壤中的拮抗微生物有关，其中荧光假单胞菌（*Pseudomonas fluorescens*）是重要类群。出现全蚀病自然衰退的土壤有明显的抑菌作用，如果将抑菌土经热力或杀菌剂处理，其抑菌作用消失。

五、防治方法

小麦全蚀病的防治应以农业措施为基础，充分利用生物和化学的防治措施以达到保护无病区，控制初发病区，治理老病区的目的。

1. 加强栽培管理　因地制宜轮作倒茬，坚持1～2年与非寄主作物轮作，如大豆、油菜、花生、烟草、番茄、甜菜、蓖麻、绿肥等，有条件的亦可实行水旱轮作，可压低土壤菌源量，控制病害危害。

2. 增施有机基肥，提高土壤有机质含量　无机肥施用应注意氮、磷、钾的配比，土壤有效磷达0.06%、全氮含量0.07%、有机质含量1%以上，小麦全蚀病发展缓慢。

3. 严格种子检验程序　选用健康种子进行播种，不留用病田种子，不从发病区调入种子或将发病区种子外调。

4. 选用高产耐病品种 虽然至今尚未发现抗小麦全蚀病的材料，但在燕麦、黑麦、冰草、一粒小麦、山羊草、华山新麦草等小麦远缘属和近缘植物中发现了高抗和中抗材料。小麦品种对小麦全蚀病的抗性存在差异，如贵农775、济南13、济宁3号、泛麦5号、太空6号、西农918等具有较好的抗病性或耐病性。

5. 生物防治 自从发现小麦根际的荧光假单胞菌通过产生抗生素在小麦全蚀病自然衰退中起主要作用以来，国内外在利用荧光假单胞菌防治小麦全蚀病方面的研究中取得了良好的进展。国外，通过土壤接种、拌种及种子包衣的方式应用荧光假单胞菌，均可降低小麦全蚀病的发生，达到较好的防治效果。在我国，中国农业科学院植物保护研究所研制的荧光假单胞菌剂荧93、山东开发的生物防治菌剂蚀敌和销蚀对小麦全蚀病均表现出较好的防治效果。此外，芽孢杆菌、木霉菌等对小麦全蚀病菌也有良好的生物防治效果。

6. 药剂防治 用硅噻菌胺、苯醚甲环唑、戊唑醇、三唑醇按种子质量的0.02％～0.03％（有效成分）拌种或包衣，或4.8％适麦丹（咯菌腈＋苯醚甲环唑）种衣剂悬浮1∶(300～500）包衣，防病效果较好。麦苗3～4叶时，用三唑酮喷雾。小麦返青期每公顷用12％三唑醇可湿性粉剂3kg拌细土375kg顺垄撒施，适量浇水，也有一定的防治效果。

第三节 小麦根腐病

一、发生分布

小麦根腐病在世界各地广泛分布。我国各小麦产区普遍发生，在多雨年份和潮湿地区发生较重。小麦感病后常造成叶片早枯，影响籽粒灌浆，降低千粒重。穗部感病后，可造成枯白穗，对产量和品质影响更大。种子带病率高，可降低发芽率，引起幼根腐烂，严重影响小麦的出苗和幼苗生长。

二、症状

小麦根腐病又称为普通根腐病，在小麦各生育期均能发生。苗期形成苗枯，成株期形成根腐、叶枯、穗枯、籽粒黑胚等症状。由于小麦受害时期、部位和症状的不同，因此有根腐病、叶枯病、黑胚病等名称。症状表现常因气候条件而不同，在干旱或半干旱地区，多产生根腐症状（图 2－3a)。在潮湿地区，除根腐病症状外，还可发生叶枯、穗枯和黑胚等症状。

1. 苗枯　病重的种子不能发芽，或发芽后未及出土胚芽鞘即变褐腐烂。轻者幼苗虽可出土，但茎基部、叶鞘以及根部产生褐色病斑，幼苗瘦弱，叶色黄绿，生长不良。

2. 叶枯　叶片上病斑常为长纺锤形或不规则黄褐色大斑，上生黑色霉状物（分生孢子梗及分生孢子)，严重时叶片提早枯死。

3. 根腐及白穗　从灌浆期开始出现根腐及白穗，根部及茎基部变褐腐烂，潮湿情况下病部常长出黑色霉状物（分生孢子梗及分生孢子）（图 2－3b)。严重时整株枯死并形成白穗，不结粒或病粒干瘪皱缩。

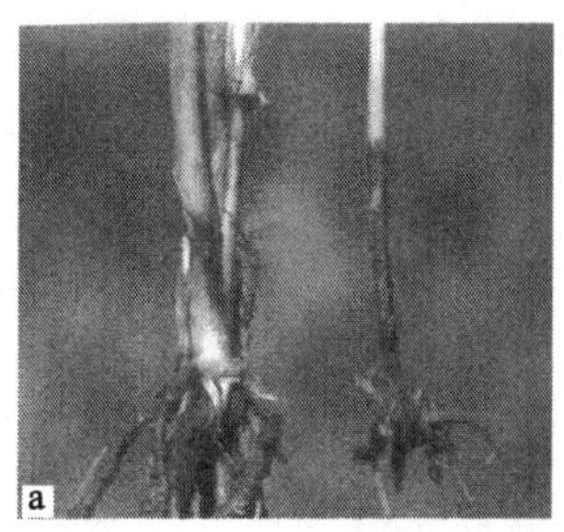

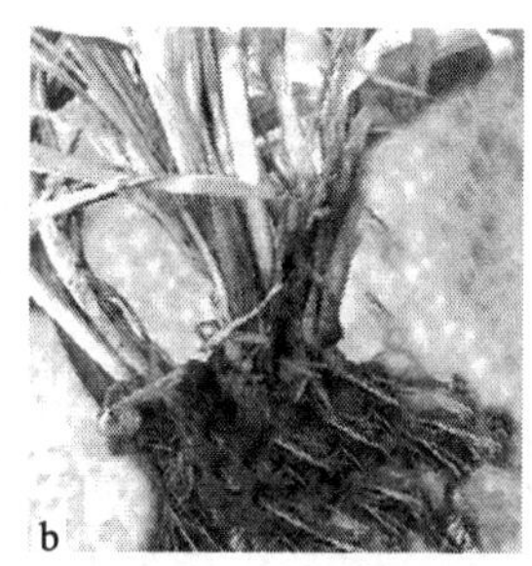

图 2－3　小麦根腐病症状

a. 病状　b. 病征

4. 黑胚 籽粒受害后在种皮上形成不规则形病斑较多，尤其边缘黑褐色、中部浅褐色的长形或梭形病斑较多。严重时籽粒胚部变黑，故有黑胚病之称。

三、病原

小麦根腐病病原为禾旋孢腔菌［*Cochibolus sativus* Drechsler ex Dastur］，属真菌界子囊菌门旋孢腔菌属（形态描述见小麦叶枯病病原）。无性态为麦根腐双极蠕孢（*Bipolaris sorokiniana*），属无性类真菌双极蠕孢属。根腐病菌在PDA培养基上菌落呈深褐色，气生菌丝白色，生长繁茂。菌丝体发育温度为0～39℃，适温为24～28℃。分生孢子萌发从两端细胞伸出芽管，萌发温度为6～39℃，适温为24℃。分生孢子在水滴中或在空气相对湿度98%以上，只要温度适宜即可萌发侵染。病菌寄主范围很广，除为害小麦外，还能为害大麦、燕麦、黑麦等禾本科作物和野稗、野黍、猫尾草、狗尾草等30多种禾本科杂草。

四、侵染循环

小麦根腐病病菌以菌丝体潜伏于种子内外以及病株残体上越冬，如病残体腐烂，体内的菌丝体也随之死亡；分生孢子亦能在病株残体上越冬，分生孢子的存活力随土壤湿度的提高而下降。种子和田间病残体上的病菌均为苗期侵染来源，尤其种子内部带菌更为主要。当气温回升到16℃左右，病组织及残体所产生的分生孢子借风雨传播，在温度和湿度适合的条件下，病菌直接侵入或由伤口和气孔侵入。直接穿透侵入时，芽管与叶面接触后顶端膨大，形成球形附着胞，穿透叶角质层侵入叶片内；由伤口和气孔侵入时，芽管不形成附着胞直接侵入。在25℃下病害潜育期为5d。气候潮湿和温度适合，发病后不久病斑上便产生分生孢子，进行多次再侵染。小麦抽穗后，分生孢子从小穗颖壳基部侵入面造成颖壳变褐枯死。颖片上的菌丝可以蔓延侵染种子，在种子上产生病斑或形成黑胚粒。

五、防治方法

小麦根腐病防治可采取种子消毒、栽培防病、利用抗病品种、喷药防治等综合措施。

1. 选用抗病品种和种子消毒　在小麦品种间，苗期抗病与成株期抗性、穗部抗病与叶部抗病均无任何相关性，因此在鉴定和选用抗病品种时应格外注意。播种前用三唑类杀菌剂拌种或包衣，均能有效地减轻苗期根腐病的发生。

2. 加强栽培管理　与非寄主作物轮作 1～2 年，可有效地减少土壤菌量。麦收后及时翻耕灭茬，可加速病残体腐烂，减少田间菌源。播前精细整地，施足基肥，适时播种，播种深度以 3～4cm 为宜，不可过深。

3. 药剂防治　在发病初期及时喷药进行防治，常用药剂有多菌灵、氰烯菌酯、戊唑醇、叶菌唑、丙硫菌唑、烯唑醇、丙环唑等。

第四节　小麦茎基腐病

小麦茎基腐病又称为冠腐病，也是一种世界性的重要病害，造成植株枯死和大量白穗，对小麦生产危害很大，一些麦田因该病损失达 30%以上，应引起高度重视。

一、发生分布

小麦茎基腐病已在美国、澳大利亚、意大利、土耳其、加拿大等 10 多个国家报道发生。近年来，我国小麦茎基腐病在黄淮小麦主产区不断加重。

二、症状

小麦茎基腐病症状类型也比较复杂，主要包括烂种、死苗、茎基部褐变和白穗症状。

1. 烂种、死苗 播种后如条件适宜，病害可导致烂种或死苗。苗期受到侵染后，茎基部叶鞘和茎秆变褐，有时可引起根部变褐腐烂，严重时引起麦苗发黄死亡。

2. 茎基部褐变 成株期植株发病后，一般植株茎基部的1～2个茎节变为褐色或黑褐色。严重时可扩展至茎秆中部。潮湿条件下，发病茎节处可见到红色或白色的霉层（图2-4）。

3. 白穗 灌浆期随着病害发展，发病严重的病株可形成白穗，籽粒秕瘦甚至无籽。如果小麦生长后期多雨潮湿，由于腐生菌的作用，病穗多由枯白色变为暗黑色。

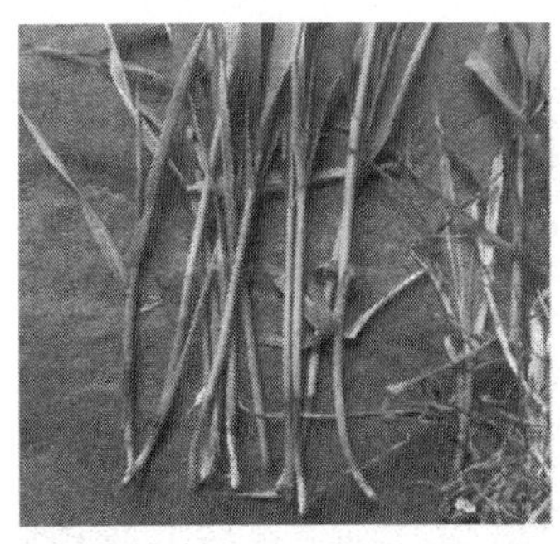

图2-4　小麦茎基腐病症状（茎基部褐变）

三、病原

小麦茎基腐病病原比较复杂，20世纪50年代澳大利亚昆士兰首次报道小麦茎基腐病由假禾谷镰孢（*Fusarium pseudograminearum*）引起。后来发现，除假禾谷镰孢外，黄色镰孢（*Fusarium culmorum*）和禾谷镰孢（*Fusarium graminearum*）

也是其主要的病原菌，但各国不同地区小麦茎基腐病的病原菌组成有所差异，其中黄色镰孢多发于较为湿冷的地区，而假禾谷镰孢和禾谷镰孢则是温带、亚热带半干旱地区小麦茎基腐病的主要病原菌。此外，燕麦镰孢（*Fusarium avenaceum*）、三线镰孢（*Fusarium tricinctum*）、层生镰孢（*Fusarium proliferatum*）、锐顶镰孢（*Fusarium acuminatum*）、尖孢镰孢（*Fusariuam oxysporum*）、木贼镰孢（*Fusaritam equiseti*）等可从一些地区的小麦病株上中分离得到，但这几种镰孢的致病力均不强。

假禾谷镰孢与禾谷镰孢培养性状和形态特征上比较相似，只是大型分生孢子形状上有所差别，均少见小型分生孢子和厚垣孢子。二者的有性态分别为 *Gibberella coronicola* 和玉蜀黍赤霉（*Gibberelia zeae*）。

四、侵染循环

小麦茎基腐病是一种典型的土传病害。假禾谷镰孢和禾谷镰孢主要以菌丝体的形式存活于土壤中及病株残体上，尤其在干旱或半干旱气候条件下；而黄色镰孢则以厚垣孢子和分生孢子的形式存活于土壤中或者病残体组织中。病原菌在田间主要靠耕作措施进行传播，禾谷镰孢也可随种子传播。一般情况下，病菌在土壤中病残体上可以存活 2 年以上。病原菌寄主主要包括小麦、大麦、玉米等多种禾本科作物及杂草，但一般不侵染双子叶作物。禾谷镰孢在其生活史中易产生有性阶段玉蜀黍赤霉以子囊孢子侵染小麦穗部，而假禾谷镰孢和黄色镰孢在干旱条件下则很少侵染小麦的穗部。病原菌一般从植株根部和茎基部侵入，具体侵染位点取决于菌源在土壤中的分布情况。在免耕田中，病原菌存在于地面上或者土表，其侵染点主要出现在茎基部或者茎基以下的位置，在植株残体密集的地方，病菌则主要从根茎部位侵入，引起茎基腐症状。

五、防治方法

小麦茎基腐病防治应采取以农业措施和药剂防治相结合的措施，同时应加强抗病品种筛选和培育、生物防治等研究工作。

1. 农业防治 重病田尽量避免秸秆还田，最好收获时低留茬并将秸秆清理出田间进行腐熟。必须还田时应进行充分粉碎，及早中耕或深翻，或施用秸秆腐熟剂，加速其腐解，以减少田间病菌数量。根据小麦品种特性适时播种，避免过早播种。有条件的地区可将重病田与油菜等十字花科作物、棉花、豆类、烟草、蔬菜等双子叶作物进行 2～3 年轮作。施肥时应控制氮肥用量，适当增施磷、钾肥和锌肥，可有效减轻茎基腐病发生程度。

2. 化学防治 使用药剂拌种或种子包衣可以在一定程度上减轻该病的发生。研究发现，在各种杀菌剂中，多菌灵拌种或苯醚甲环唑、灭菌唑、种菌唑、戊唑醇等杀菌剂包衣防效较好。另外，苗期或返青拔节期用多菌灵、烯唑醇等药剂茎基部喷雾也具有一定的防治效果。

3. 生物防治 洋葱伯克氏菌（*Burkholderia cepacia*）对假禾谷镰孢引起的小麦茎基腐病具有一定的生物防治效果。另外，用木霉（*Trichoderma* spp.）处理小麦秸秆并掩埋，可以加速病原菌的死亡。

4. 种植抗性品种 我国黄淮麦区主推小麦品种，如开麦 18、中 36 等对假禾谷镰孢表现一定程度的抗性，茎基腐病发病程度较低，可考虑在重病区推广应用。

第五节　小麦黑胚病

一、发生分布

小麦黑胚病是一种由寄生真菌引起的病害，任何一种不良的环境条件及其他不利因素都会不同程度地诱发该病发生。因此在小麦生产中要高度重视对黑胚病的防治工作，提高小麦的产量和质量。

二、症状

小麦感病后，胚部会产生黑点。如果感染区沿腹沟蔓延并在籽粒表面占据一块区域，会使籽粒出现黑斑，使小麦籽粒变成暗褐色或黑色。黑胚粒小麦不仅会降低种子发芽率，而且对小麦制品颜色等会产生一定影响。我国小麦质量标准中，将黑胚粒增补为不完善粒，收购时最大允许含量不得超过4.0%。小麦黑胚病的发生程度与品种、地区、年份和农艺措施有关。

三、病原

多种病原真菌均能引起小麦黑胚，不同地区引起小麦黑胚病的病原菌不同，已报道的有细交链孢（*Alternaria tenuis*）、极细交链孢（*Alternaria tenuissima*）、麦类根腐离蠕孢（*Bipolaris sorokiniana*）、麦类根腐德氏霉（*Drechlera sorokiniana*）、芽枝孢霉（*Cladosporiun heroarum*）、镰孢霉（*Fusraium* spp.）和丝核菌（*Rhizoctonia* spp.）等，在我国主要是链格孢霉、腐德氏霉和离蠕孢镰孢霉引起的黑胚病最常见。致病力测定结果表明，麦类根腐离蠕孢菌所致的黑胚率病情指数最高，其次是极细交链孢菌和细交链孢菌。

四、侵染循环

引起黑胚病的这几种病原菌均为兼性寄生菌，病原菌均可依附于病株残体在土壤和粪肥中长期存活，也可以分生孢子或以菌丝体的形式附着在种子表面或潜伏于种子内部存活。带菌的种子和粪肥是远距离传播的主要途径。土壤和种子所带的病原菌可以在小麦播种后整个生育期造成侵染，除了引起小麦黑胚病外，还可以引起苗腐、根腐、叶枯、茎腐、颖枯等症状。田间病残体和病株上的病原菌产生孢子，随气流或雨水传播到小麦穗部，大气中的链格孢霉是小麦种子黑胚病的主要侵染源。黑胚病菌何时侵染小麦，目前尚无一致意见。一般认为，以灌浆期侵染为主，小麦籽粒成熟后期（花后 20d），病菌开始侵染引起黑胚，小花上残留的花药为病菌提供营养，随着籽粒成熟表现出的黑胚率增加。

五、防治方法

1. 种子处理 播种前可选用种子质量 0.2%的 20%粉锈宁乳油拌种，降低苗期病害发生程度。

2. 加强管理 在增施有机肥的基础上，搞好氮、磷、钾与微肥的配合施用，增加土壤透气性，播种时不要播种过深，干旱时要及时浇水。在小麦拔节孕穗期及扬花期每 667m^2用 20%粉锈宁乳油 75g 或 12.5%禾果利可湿性粉剂 20g 兑水 50kg 进行叶面喷雾，可有效地控制该病发展。

3. 实行轮作 将小麦与油菜、马铃薯等非禾本科作物实行轮作，深翻土壤将病株残体深埋土中，以消灭病菌。

4. 选用抗病品种。

第六节 小麦霜霉病

一、发生分布

小麦霜霉病又称黄化萎缩病。我国山东、河南、四川、安徽、浙江、陕西、甘肃、西藏等省区时有发生。一般发病率 10%～20%，严重的高达 50%，通常在田间低洼处或水渠旁零星发生。

二、症状

苗期染病病苗矮缩，叶片淡绿或有轻微条纹状花叶。返青拔节后染病叶色变浅，并出现黄白条形花纹，叶片变厚，皱缩扭曲，病株矮化，不能正常抽穗或穗从旗叶叶鞘旁拱出，弯曲成畸形龙头穗（图 2－5）。染病较重的各级病株千粒重平均下降 75.2%。

图 2－5　小麦霜霉病症状

三、病原

病原菌为孢指疫霉小麦变种［*Sclerophthora macrospora* (Sacc.) Thrium., Shaw et *Narasimhan* var. *triticina* Wang&Zhang, J. Yunnan Agr.］，属鞭毛菌亚门真菌。孢囊梗从寄主表皮气孔中伸出，常成对，个别 3 根，粗短，不分枝或少数分枝，顶生 3～4 根小枝，上单生孢子囊。孢子柠檬形或卵形，顶端有一乳头状突起，无色，顶部壁厚，大小 (66.6～99.9)μm×(33.3～59.9)μm，成熟后易脱落，基部留一铲状附属物。起初菌丝体蔓生，后细胞组织中细胞变形，形成浅黄色的卵孢子。初期结构模糊，后清晰可见，成熟卵孢子球形至椭圆形或多角形，大小（43.5～89.1）μm×(43.3～88)μm，卵孢子壁与藏卵器结合紧密。一般症状出现后

3～6d，即可检测到卵孢子。叶肉及茎秆薄壁组织中居多，根及种子内未见，穗部颖片中最多。

四、侵染循环

病菌以卵孢子在土壤内的病残体上越冬或越夏。卵孢子在水中经5年仍具发芽能力。一般休眠5～6个月后发芽，产生游动孢子，在有水或湿度大时，萌芽后从幼芽侵入，成为系统性侵染。

卵孢子发芽适温19～20℃，孢子囊萌发适温16～23℃，游动孢子发芽侵入适宜水温为18～23℃。小麦播后芽前麦田被水淹超过24h，翌年3月又遇有春寒，气温偏低利于该病发生，地势低洼、稻麦轮作田易发病。小麦霜霉病一般发病率10%～20%，严重的高达50%。通常在田间低洼处或水渠旁零星发生。病原的萌发适温为7～18℃。除温度外，高湿对病菌孢子囊的形成、萌发和侵入更为重要。在发病温度范围内，多雨多雾，空气潮湿或田间湿度高，种植过密，株行间通风透光差，均易诱发霜霉病。一般重茬地块、浇水量过大的棚室，该病发病重。

五、防治方法

1. 实行轮作 发病重的地区或田块，应与非禾谷类作物进行1年以上轮作。

2. 健全排灌系统 严禁大水漫灌，雨后及时排水防止湿气滞留，发现病株及时拔除。

3. 药剂拌种 播前每50kg小麦种子用25%甲霜灵可湿性粉剂100～150g（有效成分为25～37.5g）加水3kg拌种，晾干后播种。必要时在播种后喷洒0.1%硫酸铜溶液或58%甲霜灵·锰锌可湿性粉剂800～1 000倍液、72%霜脲锰锌可湿性粉剂600～700倍液、69%安克·锰锌可湿性粉剂900～1 000倍液、72.2%霜霉威水剂 800 倍液。

第七节　小麦秆枯病

一、发生分布

小麦秆枯病在华北、西北、华中、华东地区均有发生。

二、症状

小麦秆枯病主要为害茎秆和叶鞘，苗期至结实期都可染病。幼苗发病，初在第一片叶与芽鞘之间有针尖大小的小黑点，以后扩展到叶鞘和叶片上，呈梭形褐边白斑并有虫粪状物。拔节期在叶鞘上形成褐色云斑，边缘明显，病斑上有灰黑色虫粪状物，叶鞘内有一层白色菌丝。有的茎秆内也充满菌丝，叶片下垂卷曲，抽穗后叶鞘内菌丝变为灰黑色，叶鞘表面有明显突出小黑点（子囊壳），茎基部干枯或折倒，形成枯白穗，籽粒秕瘦（图 2－6）。

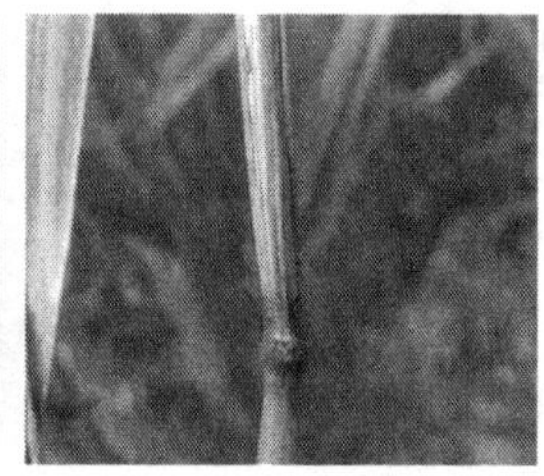

图 2－6　小麦霜霉病症状

三、病原

病原菌为禾谷绒座壳菌（*Gibellina cerealis* Pass.），属子囊菌亚门真菌。子座初埋生在寄主表皮下，成熟后外露。子囊壳椭圆形，埋生在子座内，大小（300～430）μm×（140～270）μm，口颈长150～250μm，宽110～125μm。子囊棒状，有短柄，大小（118～139）μm×（13.9～16.7）μm，内有子囊孢子8个。子囊孢子梭形，双胞，黄褐色，两端钝圆，大小（27.9～34.9）μm×（6～10）μm。

四、侵染循环

以土壤带菌为主，未腐熟粪肥也可传播。病原菌在土壤中存活3年以上，小麦在出苗后即可被侵染，植株间一般互不侵染。田间湿度大，地温10～15℃适宜秆枯病发生。小麦3叶期前容易染病，叶龄越大，抗病力越强。病害流行程度主要取决于土壤带菌多少。

五、防治方法

1. 选用抗（耐）病品种 如中苏68、2711、敖德萨3号等，各地可因地制宜选用。

2. 加强农业防治 麦收时集中清除田间所有病残体。重病田实行3年以上轮作。混有麦秸的粪肥要充分腐熟或加入酵素菌进行沤制。适期早播，土温降至侵染适温时小麦已超过3叶期，抗病力增强。

3. 药剂防治 用50%拌种双或福美双400g拌麦种100kg，或40%多菌灵可湿性粉剂100g加水3kg拌麦种50kg，或50%甲基硫菌灵可湿性粉剂按种子量0.2%拌种。

第八节 小麦雪腐病

一、发生分布

小麦雪腐病主要分布在我国新疆地区。

二、症状

小麦雪腐病主要为害小麦幼苗的根及叶鞘和叶片，一般易发生在有雪覆盖或雪刚刚融化的麦田。病株上初生浅绿色水渍状病斑（图 2－7a），布满灰白色松软霉层（图 2－7b），后产生大量黑褐色的菌核。病部组织腐烂、病叶极易破碎。此病新疆发生较重。

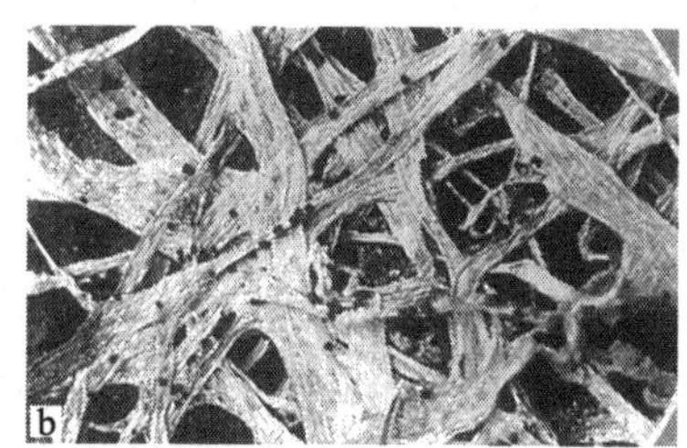

图 2－7 小麦雪腐病症状

a. 病状 b. 病征

三、病原

病原菌为淡红或肉孢核瑚菌（*Typhula incarnata* Lasch ex Fr），菌核球形至扁球形，初红褐色，后变为黑褐色，大小(0.5～3.0)mm×(0.5～2.5)mm。每个菌核能产生 1 个子实体，个别产生 4 个。子实体柄细长，有毛，基部膨大。担子棍棒状，顶生担子梗 4 个，上生担孢子。担孢子顶端圆，基部尖，稍弯，无色，大小（6～14）μm×（3～6）μm。此外，*T. ishikariensis*、*T. idahoensis*、*T. graminum* 也可引起雪腐病。

四、侵染循环

病菌以菌核随病残体在土壤中生活。秋季土壤湿度适宜时，菌核萌发产生担孢子，借气流传播，从根或根颈及叶和叶鞘处侵入，菌核也可直接萌发产生菌丝进行扩展。病菌生长温限5～15℃，1～5℃时致病力最强。冬季积雪时间长，土壤不结冻，土温0℃左右易发病，连作地发病重。

五、防治方法

1. 轮作或与玉米、胡麻、瓜类等作物倒茬 这里的轮作不是寄主作物和非寄主作物的轮作，而是冬小麦与春小麦的轮作。将冬小麦改为春小麦，可避开冬季积雪这个发病有利条件，而且好的春小麦品种产量并不低于冬小麦。豆类作物可降低土壤中菌核的存活力，因此，倒茬尤其是与豆类作物倒茬有很好的减少菌源效果。

2. 增施有机肥和磷、钾肥，以增强植株抗病力 宜浇水后播种，播种不能过早也不能过晚，注意适期播种。冬灌时间不宜过晚，以防积雪后致土壤湿度过大。积雪融化后要及时做好开沟排水和春耙工作。收获后深翻。

3. 药剂拌种 用40%多菌灵超微可湿性粉剂按种子质量0.3%拌种，防效可达90%以上。

第九节 小麦土传花叶病

小麦土传花叶病（Soil borne wheat mosaic）是一类病害的总称，包括土传花叶病、黄花叶病和梭条斑花叶病。

一、发生分布

小麦土传花叶病在世界主要产麦国均有分布。近年来，该病在我国的发生呈上升趋势，常年发病面积约为$2.0\times10^6 hm^2$，其中在河南、山东、江苏、四川等地的危害尤为严重。一般地块减产10%～30%，严重的减产80%以上。

二、症状

小麦土传花叶病一般在秋苗上不表现症状或症状不明显，春季植株返青后逐渐显症。受害植株心叶上产生褪绿斑块或不规则的黄色短条斑，返青后叶片上形成黄色斑块，拔节后下部叶片多变黄枯死，中部叶片上产生大量黄色斑驳或条纹，上部新叶无明显症状，病田植株发黄（图 2－8），似缺肥状。病株常矮化，分蘖枯死，成穗少，穗小粒秕，千粒重明显下降。

图 2－8　小麦土传花叶病症状

三、病原

引起我国小麦土传花叶病的病原有小麦黄花叶病毒和中国小麦花叶病毒两种。

1. 小麦黄花叶病毒　小麦黄花叶病毒（*Wheat yellow mosaic virus*，WYMV）属于马铃薯 Y 病毒科（*Potyuiridae*）大麦黄花叶病毒属（*Bymo virus*）。病毒粒体为线状，大小有两种类型，分别为（100～300）nm×（10～13）nm 和（350～650）nm×（10～13）nm。病毒致死温度为 55～60℃，稀释限点为 10^{-3}，在感病植株细胞内，病毒可形成风轮状内含体。小麦黄花叶病毒可由禾谷多黏菌传播，也可汁液摩擦传播。目前发现小麦黄花叶病毒只为害小麦。小麦黄花叶病毒曾被认为与小麦梭条花叶病毒（*Wheat spindle streak mosaic virus*，WSSMV）同种异名，但其核酸和氨基酸序列一致率分别低于70%和75%，应该属于同一属的两种不同病毒。现有证据证明亚洲发生的是小麦黄花叶病毒，北美和欧洲发生的是小麦梭条叶病毒。

2. 中国小麦花叶病毒 中国小麦花叶病毒（*Chinese wheat mosaic virus*，CWMV）属于真菌传杆状病毒属，以前曾被认为是土传小麦花叶病毒（*Soil borne wheat mosaic virus*，SBWMV），但其基因组序列与国外土传小麦花叶病毒有明显不同。中国小麦花叶病毒粒体为短棒状，长度有两种类型，分别为100～160nm和250～300mm。病毒钝化温度为60～65℃，稀释限点为10^{-3}，在干燥病叶中病毒能存活11年之久，在感病植株细胞内，病毒可形成结晶体状、类晶体状和不定形状内含体。中国小麦花叶病毒在自然情况下以禾谷多黏菌为介体进行传播，也可以通过机械摩擦进行传播。中国小麦花叶病毒除为害小麦、大麦、黑麦、燕麦等禾谷类作物外，还可侵染早雀麦、藜等杂草。中国小麦花叶病毒主要存在于山东烟台、威海等地，目前已经扩散到山东临沂、江苏等麦区。

四、侵染循环

小麦土传花叶病的自然传播介体为禾谷多黏菌（*Polymyxa graminis*）。病株汁液摩擦接种健株也可引起发病，但在自然条件下作用不大。禾谷多黏菌是禾谷类植物根部表皮细胞内的一种专性寄生菌，其侵染对小麦生长无明显影响。病毒在禾谷多黏菌休眠孢子囊中越夏。秋播后土壤中的病残根内或散落的禾谷多黏菌休眠孢子在适宜温度和湿度条件下萌发，释放出游动孢子，当游动孢子侵入小麦根部表皮细胞时，孢子内的病毒即被释放到小麦细胞内进行增殖和扩展。环境条件适宜时，禾谷多黏菌在小麦根部细胞内可发育成变形体并产生游动孢子进行再侵染，小麦越冬期病毒呈休眠状态，返青前后开始引起症状，拔节期危害最重。气温升高至20℃后，花叶症状逐渐消失，植株表现为隐症。小麦近成熟时，禾谷多数菌在小麦根内重新获得病毒并形成休眠孢子囊，随病根残留在土壤中存活。在干燥条件下，休眠孢子囊在土壤中可存活3年以上，土壤中的休眠孢子囊可随农事操作、病土、病根残体、病田流水等进行传播，也可以混杂在种子里进行远距离传播。随着麦区大面积推广种植感病品种，田间带毒介体大量积累，导致病害蔓延加速，甚至引起病害流行。引种或农机携带的微量带毒休眠孢子（堆）都足以使病原物有机会扩散，形成新的侵染点。

五、防治方法

小麦土传花叶病的防治应采用以种植抗病品种为主，加强栽培管理的综合措施。

1. 种植抗病品种 由于传毒介体禾谷多黏菌休眠孢子壁厚、抗逆性强，轮作和农药对病害防治无明显作用，因此推广抗性品种是防治小麦土传病毒病的主要手段。小麦品种中存在着丰富的抗病资源，新麦208、鲁原502、良星66、良星99、山农20、烟农18、皖麦48、扬辐2号、扬辐麦3号、扬辐麦4号等都高抗小麦黄花叶病毒。病区农户可根据当地具体情况选择种植。

2. 加强栽培管理 根据当地气候适当晚播可避开病毒侵染的最适时期，减轻病情。增施肥料，在施足基肥的基础上，追肥促进植株生长，可减少危害和损失。发病初期及时追施速效氨肥和磷肥，促进植株生长，可减少危害和损失。

第三章 玉米土传病害

第一节 玉米纹枯病

玉米纹枯病（corn sheath blight）在中国最早于1966年在吉林省有发生报道。20世纪70年代以后，由于玉米种植面积的迅速扩大和高产密植栽培技术的推广，玉米纹枯病发展蔓延较快，已在全国范围内普遍发生。

一、症状

图3-1 玉米纹枯病症状

主要为害叶鞘，也可为害茎秆，严重时引起果穗受害。发病初期多在基部1～2茎节叶鞘上产生暗绿色水渍状病斑，后扩展融合成不规则形或云纹状大病斑（图3-1）。病斑中部灰褐色，边缘深褐色，由下向上蔓延扩展，穗苞叶染病也产生同样的云纹状斑。果穗染病后秃顶，籽粒细扁或变褐腐烂。严重时根茎基部组织变为灰白色，次生根黄褐色或腐烂。多雨、高湿持续时间长时，病部长出稠密的白色菌丝体，菌丝进一步聚集成多个菌丝团，形成小菌核。

二、病原

病原菌无性态为立枯丝核菌（*Rhizoctonia solani* Kühn），属半知菌亚门真菌，有性态为瓜亡革菌［*Thanatephorus cucumeris*（Frank）Donk］，担子菌门亡革菌属。菌丝无色，分隔距离较长，分枝呈直角或近直角，分枝处缢缩。菌丝进一步发育逐渐变粗短，达到一定程度后纠结成菌核。菌核初为白色，后变褐色，大小（0.5～6.4）mm×（4～30.5）mm。菌丝生长适温26～30℃，菌核形成适温22℃左右。高湿条件下，在发病部位可产生一层粉状子实层，为病原菌的担孢子。

三、侵染循环

病菌以菌丝和菌核在病残体或土壤中越冬。翌春条件适宜，菌核萌发产生菌丝侵入寄主，后病部产生气生菌丝，在病组织附近不断扩展。菌丝体侵入玉米表皮组织时产生侵入结构。接种6d后，菌丝体沿表皮细胞连接处纵向扩展，随即纵、横、斜向分枝，菌丝顶端变粗，生出侧枝缠绕成团，紧贴寄主组织表面形成侵染垫和附着孢。电镜观察发现，附着胞以菌丝直接穿透寄主的表皮或从气孔侵入，后在玉米组织中扩展。接种后12d，在下位叶鞘细胞中发现菌丝，有的充满细胞，有的穿透胞壁进入相邻细胞，使原生质颗粒化，最后细胞崩解；接种后16d，AG-ⅡA从玉米气孔中伸出菌丝丛，叶片出现水渍斑；24d后，AG-4在苞叶和下位叶鞘上出现病症。再侵染是通过与邻株接触进行的，所以该病是短距离传染病害。

四、防治方法

1. 清除病原　及时深翻，消除病残体及菌核。发病初期摘除病叶，并用药剂涂抹叶鞘等发病部位。

2. 选用抗（耐）病的品种或杂交种 如渝糯 2 号（合糯×衡白 522)、本玉 12 等。

3. 栽培措施 实行轮作，合理密植，注意开沟排水，降低田间湿度，结合中耕消灭田间杂草。

4. 药剂防治 用浸种灵按种子质量 0.02%拌种后堆闷 24～48h。发病初期，喷洒 1%井冈霉素 0.5kg 兑水 200kg，或 50%甲基硫菌灵可湿性粉剂 500 倍液、50%多菌灵可湿性粉剂 600 倍液、50%苯菌灵可湿性粉剂 1 500 倍液、50%退菌特可湿性粉剂 800～1 000 倍液，也可用 40%菌核净可湿性粉剂 1 000 倍液、50%农利灵或 50%速克灵可湿性粉剂 1 000～2 000 倍液。喷药重点为玉米基部，保护叶鞘。

第二节　玉米根腐病

一、症状

玉米根腐病是玉米苗期的重要真菌病害之一，主要为害玉米初生根导致根系变褐、腐烂，发病严重时幼苗死亡。该病害在全世界各个玉米产区普遍发生，严重地块发病率高达 80%～100%，是影响玉米产量和品质的重要病害之一。

腐霉菌引起的根腐病，主要表现为中胚轴和整个根系逐渐变褐、变软、腐烂，根系生长严重受阻，植株矮小，叶片发黄，幼苗死亡；由丝核菌引起的根腐病，病斑主要发生在须根和中胚轴上，病斑褐色，沿中胚轴逐渐扩展，环剥胚轴并造成胚轴缢缩、干枯，病害侵染严重时，可导致幼苗叶片枯黄直至植株枯死；由镰刀菌引起的根腐病，主要表现为根系端部的幼嫩部分呈现深褐色腐烂，组织逐渐坏死，与籽粒相连的中胚轴下部发生褐变、腐烂；植株叶片尖端变黄，病害严重时导致植株死亡。

二、病原

玉米根腐病是由多种病原菌侵染而引起的，国内学者报道，引起玉米根腐病的病原菌主要有4种，分别为镰孢菌（*Fusarium* spp.）、腐霉菌（*Pythium* spp.）、丝核菌（*Rhizoctonia* spp.）和孺孢菌（*Helminthosporium* spp.）。主要包括常见的尖孢镰孢（*Fusarium oxysporum*）、禾谷镰孢（*Fusarium graminearum*）、拟轮枝镰孢（*Fusarium verticillioides*）、层出镰孢（*Fusarium proliferatum*）、温暖镰孢（*Fusarium temperatum*）、三线镰孢（*Fusarium tricinatum*）和不常见的*Fusarium culmorum*、*Fusarium napiforme*、*Fusarium acumninatum*、*Fusarium redolens*、*Fusarium brachygibbosum*。

三、侵染循环

病菌主要以菌核、菌丝体在土壤或病残体中越冬，从播种至出苗期均可发生。遇有发病条件即开始侵染，可以通过根腐病发病后在植株体内扩展到茎基部引起茎腐病，再沿茎秆扩展到穗部，引起玉米穗腐病，播种期为病菌最佳侵入期，根腐病发病率最高。病株秸秆还田可增加根腐病的发病率，缺钾而重施氮肥的地块病害加重，施用钾肥和有机肥玉米根腐病的发病率降低。玉米苗期根腐病发病条件的总趋势是：土温低、湿度大、黏质土发病重，播种前整地粗放、种子质量不高、播种过深、土壤贫瘠易发病。

连作地病重，轮作地轻。土壤中菌源大量积累，只要条件适合就容易发病。施肥方面，用有病残体的秸秆还田，施用未腐熟的粪肥、堆肥或农家肥，使病菌随之传入田内，造成菌源数量相应增加。玉米播种至出苗期间的土壤温、湿条件与发病的关系密切，土壤温湿度对玉米种子萌发、生长和病菌冬孢子的萌发有直接影响。幼苗生长适温与冬孢子萌发的适温一致，在25℃左右，春季气温干燥，造成病害流行。另外，春季气温较低、光照不足，有利于冬孢子萌发，则平川下湿地、背阴地发病重；播种过早或过深，积温不够，出苗时间延长，也会使病菌侵染增加。

四、防治方法

1. 农业防治

（1）杜绝病株秸秆还田，减少再侵染源，有条件的地块实行大面积轮作。

（2）选用抗病品种，如郑单958、浚单20、农大108、伟科702、巡天969等。选用优质种子。选用发育健全、发芽率高、饱满度好、纯度和整齐度高的种子，播种前去掉虫蛀粒、坏籽、霉籽，并晒种2～3d，以杀灭种子表皮的病菌，增强种胚生活力，提高种子发芽率。并采用25%粉锈宁等药物拌种或种衣剂包衣，以杀灭种子周围土壤及土壤中的有害微生物和害虫。

（3）适期播种，不宜过早。目前北方春玉米区普遍存在播种偏早的现象，个别地区4月上、中旬就开始播种，土壤温度偏低，并不利于种子发芽，种子在土中居留时间很长，极易感染土中各类病菌及受地下害虫为害，导致幼苗弱小、感病（如苗枯病、丝黑穗病）和缺苗断垄，所以北方春玉米区一定要掌握土壤表层5～10cm地温稳定在10～12℃时播种，以4月25日至5月初为宜。

（4）提倡采用地膜覆盖以提高地温，促进早发苗。

（5）采用高垄或高畦栽培，认真平整土地，防止大水漫灌和雨后积水。苗期注意松土，增加土壤通透性。

（6）增施硫酸钾、氯化钾等含钾复合肥或每667m^2用纯钾6～7kg作基肥。多划锄，提高地温。加强肥水管理，促苗壮。

2. 化学防治

（1）发病初期防治。喷洒或浇灌50%甲基硫菌灵可湿性粉剂500倍液，或50%多菌灵可湿性粉剂500倍液，或配成药土撒在茎基部，也可用95%恶霉灵4 000倍液喷药。

(2) 发病较重防治。用40%敌磺钠600倍液，或50%多菌灵+40%乙膦铝1 000倍液，或70%甲基硫菌灵+40%乙膦铝1 000倍液，每株用100g药液灌根，也可选用多元复合微肥加磷酸二氢钾叶面喷雾。

(3) 钾肥灌根防治。病株率在10%以上的，每667m^{2}用氯化钾3～5kg，或草木灰50kg；病株率在10%～20%的，每667m^{2}用氯化钾8～10kg，或草木灰80～100kg；病株率在30%以上的，每667m^{2}用氯化钾10～15kg，或草木灰100～150kg。施用时，将氯化钾溶水灌淹，草木灰宜单独施用，切忌与化肥和水粪一起施用。

第三节 玉米丝黑穗病

一、症状

玉米丝黑穗病的典型症状是雄性花器变形，雄花基部膨大，内为一包黑粉，不能形成雄穗（图3-2）。雌穗受害果穗变短，基部粗大，除苞叶外，整个果穗为一包黑粉和散乱的丝状物，严重影响玉米产量。玉米丝黑穗病的苗期病状：幼苗分蘖增多呈丛生形，植株明显矮化，节间缩短，叶片颜色暗绿挺直，农民形容此病状是“个头矮、叶子密、下边粗、上边细、叶子暗、颜色绿、身子还是带弯的。”有的品种叶片上出现与叶脉平行的黄白色条斑，有的幼苗心叶紧紧卷在一起弯曲呈鞭状。

玉米成株期病穗上的症状可分为两种类型，即黑穗和变态畸形穗。黑穗：黑穗病穗除苞叶外，整个果穗变成一个黑粉包，其内混有丝状寄主维管束组织，故名为丝黑穗病。受害果穗较短，基部粗，顶端尖，近似球形，不吐花丝。变态畸形穗：由于雄穗花器变形而不形成雄蕊，其颖片因受病菌刺激而呈多叶状；雌穗颖片也可能因病菌刺激而过度生长成管状长刺，呈刺猬头状，长刺的基部略粗，顶端稍细，中央空松，长短不一，由穗基部向上丛生，整个果穗呈畸形。

图 3-2　玉米丝黑穗病症状

二、病原

玉米丝黑穗病的病原菌为黍轴黑粉菌（*Sphacelotheca reiliana*），属担子菌纲，黑粉菌目，黑粉菌科、轴黑粉病属。病组织中散出的黑粉为冬孢子，冬孢子黄褐色至暗紫色，球形或近球形，直径 9～14μm，表面有细刺。冬孢子在成熟前常集合成孢子球并由菌丝组成的薄膜所包围，成熟后分散。冬孢子萌发温度范围为25～30℃，适温约为 25℃，低于 17℃或高于 32.5℃不能萌发，缺氧时不易萌发。病菌发育温度范围为 23～36℃，最适温度为 28℃。冬孢子萌发最适 pH 4.0～6.0，中性或偏酸性环境利于冬孢子萌发，但偏碱性环境抑制萌发。该病原菌有明显的生理分化现象。侵染玉米的黍轴黑粉菌不能侵染高粱；侵染高粱的黍轴黑粉菌虽能侵染玉米，但侵染力很低，这是两个不同的转化型。此菌厚垣孢子圆形或近圆形，黄褐色至紫褐色，表面有刺。孢子群中混有不孕细胞。厚垣孢子萌发产生分隔的担子，侧生担孢子，担孢子可芽殖产生次生担孢子。厚垣孢子萌发适温是27～31℃，低于17℃，或高于32℃不能萌发。厚垣孢子从孢子堆中散落后，不能立即萌发，必须经过秋、冬、春长时间的感温过程，使其后熟，方可萌发。

三、侵染循环

玉米丝黑穗病原菌主要以冬孢子在土壤中越冬，有些则混入粪肥或黏附在种子表面越冬。土壤带菌是最主要的初侵染源，种子带菌则是病害远距离传播的主要途径。冬孢子在土壤中能存活2～3年。冬孢子在玉米雌穗吐丝期开始成熟，且大量落到土壤中，部分则落到种子上（尤其是收获期）。播种后，一般在种子发芽或幼苗刚出土时侵染胚芽，有的在2～3叶期也发生侵染（有报道认为侵染终期为7～8叶期）。冬孢子萌发产生有分隔的担孢子，担孢子萌发生成侵染丝，从胚芽或胚根侵入，并很快扩展到茎部且沿生长点生长。花芽开始分化时，菌丝则进入花器原始体，侵入雌穗和雄穗，最后破坏雄花和雌花。由于玉米生长锥生长较快，菌丝扩展较慢，未能进入植株茎部生长点，这就造成有些病株只在雌穗发病而雄穗无病的现象。

幼苗期侵入是系统侵染病害。玉米播后发芽时，越冬的厚垣孢子也开始发芽，从玉米的白尖期至4叶期都可侵入，并到达生长点，随玉米植株生长发育，进入花芽和穗部，形成大量黑粉，成为丝黑穗，产生大量冬孢子越冬。玉米连作时间长及早播玉米发病较重，高寒冷凉地块易发病。沙壤地发病轻，旱地墒情好的发病轻，墒情差的发病重。

四、防治方法

1. 选用抗病杂交种　如丹玉2号、丹玉6号、丹玉13、中单2号、吉单101、吉单131、四单12、辽单2号、锦单6号、本育9号、掖单11、掖单13、酒单4号、陕单9号、京早10

号、中玉5号、津夏7号、冀单29、冀单30、长早7号、本玉12、辽单22、龙源101、海玉8号、海玉9号、西农11、张单251、农大3315等。

2. 栽种措施 实行3年以上轮作，调整播期，提高播种质量，适当迟播，采用地膜覆盖新技术。及时拔除新病田病株，减少土壤带菌。

3. 药剂防治 用根保种衣剂包衣玉米播前按药种1∶40进行种子包衣，或用10%烯唑醇乳油20g湿拌玉米种100kg，堆闷24h，防治玉米丝黑穗病，防效优于三唑酮。也可用种子质量0.3%～0.4%的三唑酮乳油拌种，或40%拌种双、50%多菌灵可湿性粉剂按种子质量0.7%拌种，或12.5%速保利可湿性粉剂按种子质量的0.2%拌种，采用此法需先喷清水把种子润湿，然后与药粉拌匀后晾干即可播种。此外，还可用种子质量0.7%的50%萎锈灵可湿性粉剂或50%敌克松可湿性粉剂、种子质量0.2%的50%福美双可湿性粉剂拌种。

4. 早期拔除病株 在病穗白膜未破裂前拔除病株，特别对抽雄迟的植株注意检查，连续拔几次，并把病株携出田外，深埋或烧毁。对苗期表现症状的品种或杂交种，更应结合间苗拔除。拔除病苗应做到坚持把"三关"，即苗期剔除病苗、怪苗、可疑苗。拔节、抽雄前拔除病苗，抽雄后继续拔除，彻底扫残，并对病株进行认真处理。

5. 加强检疫 各地应自己制种，外地调种时，应做好产地调查，加强检疫防止由病区传入带菌种子。

第四节　玉米黑粉病

一、症状

玉米黑粉病，又名瘤黑粉病、黑穗病等，从幼苗到成株各个器官都能感病，凡具有分生能力的任何地上部幼嫩组织，如气生根、叶片、茎秆、雄穗、雌穗等都可以被侵染发病，形成大小形状不同的瘤状物。瘤状物是因病菌代谢产物的刺激而肿大形成的菌瘿，它外面包有由寄主表皮组织所形成的薄膜，初为白色或浅紫色，逐渐变成灰色，后期变黑灰色。菌瘿成熟后，外膜破裂散出大量黑粉（即冬孢子）。

二、病原

病原菌为玉米黑粉菌［*Ustilago maydis*（DC）Corda］，担子菌亚门黑粉菌属。冬孢子球形或椭圆形，暗褐色，厚壁，表面有细刺。冬孢子萌发产生 4 个无色纺锤形的担孢子（图 3-3）。

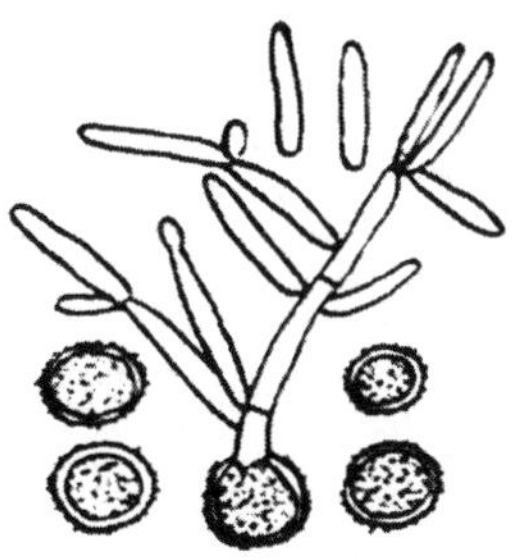

图 3-3 冬孢子、冬孢子萌发产生担孢子

三、侵染循环

玉米黑粉菌的病原菌为真菌（担孢子菌），病瘤内的黑粉是病菌的冬孢子。冬孢子在土壤中、地表、病残体上、土杂粪肥中越冬。越冬的冬孢子成为第二年发病的初侵染病原，冬孢子在适宜的条件下，萌发产生担孢子和次生担孢子，随风雨、气流传播到玉米的叶片、节、腋节、雄雌穗等幼嫩分生组织，在组织内生长蔓延，并产生一种类似生长素的物质，刺激寄主局部组织的细

胞旺盛分裂，逐渐肿大形成病瘤。病瘤成熟破裂，又散出黑粉（冬孢子）进行再次侵染。冬孢子没有休眠期，在玉米生育期内可进行多次再侵染，在玉米抽穗开花期蔓延较快，形成发病高峰期，直到玉米老熟后停止侵染。玉米黑粉菌病菌寄主范围主要是田间土壤、地表、病残株上以及土杂粪肥中。雨水多和湿度过大有利于发病，低温、干旱、少雨的地方土壤中的冬孢子存活率高、存活时间长，发病重，因为微雨、夜露就可以满足黑粉病孢子的萌发和侵染需要。玉米在全生育期都可以感染黑粉病，尤其在抽雄期前后，天气干旱，植物抗病力强，易感黑粉病。前期干旱，后期多雨，或旱湿交替出现，延长染病期，易发病。过度密植或灌溉的间隔时间长，造成水分时缺时足，以及偏施过量氮肥，都会削弱植株抗病力而使病害发生较重。侵染循环过程见图 3－4。

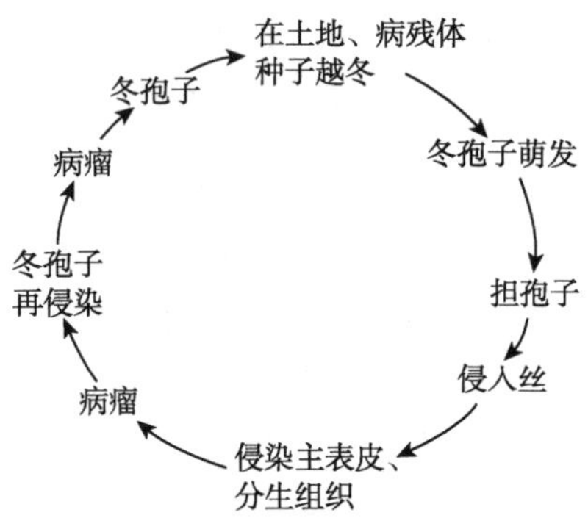

图 3－4　玉米黑粉病侵染循环过程

四、防治方法

防治黑粉病采用控制减少菌源、选用抗病良种为主，化学防治为辅的综合防治措施。

1. 减少菌源　彻底清除田间的病残株，带出田外深埋，以减少菌源，防止再侵染；实行秋翻地、深翻土地，把散落在地表上的菌源深埋地下，减少初侵染源；施用腐熟厩肥或不施；轮作、倒茬，重病地段实行三年以上轮作，可与大豆等其他作物倒茬种植。

2. 选用抗病品种　利用抗黑粉病自交系材料，配制杂交种用于生产。综 3487 系、803 系、5005 系等易感黑粉病，农大 108、户单 2000、农大 81、郑 958 等品种较抗黑粉病。

3. 化学防治　在玉米出苗前对地表喷施杀菌作用的除莠剂，可用 15％粉锈宁拌种，用药量为种子量的 0.4％；在玉米快抽穗时，用 1％的波尔多液喷雾，有一定保护作用；在玉米抽穗前 10d 左右用 50％福美双可湿性粉剂 500～800 倍液喷雾，可以减轻黑粉病的再侵染。

4. 加强栽培管理　合理密植避免偏施氮肥，灌溉要及时，特别在抽雄前后易感病阶段必须保证水分供应足，以及彻底防治玉米螟等均可减轻发病。

运用农业措施和药剂处理种子、土壤等，这只是停留在防治的水平上，不能从根本上解决菌源的危害，而利用玉米种质资源的遗传抗性，配置抗病品种，推广抗病良种，才是彻底解决黑粉病的根本途径。

第四章
甘薯病害

第一节　甘薯黑斑病

甘薯黑斑病是甘薯生产上的一种重要病害，发生普遍，我国各甘薯生产区均有发生。

一、症状

甘薯在幼苗期、生长期和贮藏期均能发病，主要为害块根及幼苗茎基部，不侵染地上的茎蔓。育苗期染病，多因种薯带菌引起，种薯变黑腐烂，造成烂床，严重时，幼苗呈黑脚状，枯死或未出土即烂于土中。病苗移栽大田后，生长弱，叶色淡，茎基部长出黑褐色椭圆形或菱形病斑、稍凹陷、初期病斑上有灰色霉层，后逐渐产生黑色刺毛状物和粉状物，茎基部叶片变黄脱落，地下部分变黑腐烂，严重时幼苗枯死，造成缺苗断垄。

块根以收获前后发病为多，病斑为褐色至黑色，中央稍凹陷，上生有黑色霉状物或刺毛状物，病薯变苦，不能食用。

二、病原

甘薯黑斑病是由甘薯长喙壳菌（*Ceratocystis fimbriata* Ellis et Halsted）侵染引起，病菌分生孢子梗由气孔成束生出，淡褐色，顶生分生孢子。分生孢子鞭状，无色至微淡黄褐色，有4～6个分隔。

三、侵染循环

甘薯黑斑病病菌以厚垣孢子和子囊孢子在贮藏窖或苗床及大田的土壤内越冬，或以菌丝体附在种薯上越冬，成为翌年初侵染的主要来源。

四、发病规律

黑斑病主要靠带病种薯传病，其次为病苗，带病土壤、肥料也能传病。用甘薯黑斑病病薯育苗，长出病苗。病菌可直接侵入苗根基，在薯块上主要从伤口侵入，也可通过根眼、皮孔、自然裂口、地下虫咬伤口等侵入。在收获、贮藏过程中，操作粗放，造成大量伤口，均为病菌入侵创造了有利条件。窖藏期如不注意调节温湿度，特别是入窖初期，由于薯块呼吸强度大，散发水分多，薯块堆积窖温高，在有病源和大量伤口情况下，容易发生烂窖。育苗时，主要发病源为病薯，其次为带菌土壤和带病粪肥，也能引起发病。黑斑病发病温度与薯苗生长温度一致，为10～30℃，最适温度为25～28℃，最高35℃，低于10℃、高于35℃时不发生；高湿多雨有利发病，地势低洼、土壤黏重的地块发病重；土壤含水量在14%～60%范围内，病害随温度增高而加重。不同品种抗病性有差异；植株不同部位差异显著，地下白色部分最易感病，而绿色部分很少受害。

五、防治方法

1. 轮作换茬　连作是造成该病危害程度加重的主要因素之一。有条件的地方最好采取与花生、玉米、绿豆等作物进行两年以上的轮作方式。

2. 清洁田园 甘薯收获后，及时清除残留在田间的枯枝败叶，带出种植田深埋或烧毁，减少越冬致病菌田间持有量，规避翌年致病菌对甘薯的危害。

3. 施用腐熟的有机肥 该致病菌致死温度为55℃以上，牲畜过腹后的甘薯茎蔓，难以杀死寄生在其中的致病菌，因此农家肥一定要经过高温腐熟再施用。

4. 合理配方施肥 氮、磷、钾合理配比，能够在规避因盲目施肥造成的植株生长失调的同时降低生产成本。邹城市甘薯种植田一般每667m^{2}施用含氮量46%尿素20～25kg，12%过磷酸钙50kg，50%硫酸钾25～30kg，栽植时穴施木质素菌肥20kg。

5. 精细整地、深翻 进入11月甘薯种植田采取深翻不耙，通过冻垡、晒垡降低致病菌田间持有量。开春后结合甘薯种植田的耙耢施肥起垄，垄距80cm，垄高25～30cm，垄顶宽20～25cm。

6. 密度和栽培方式合理 根据选用的甘薯品种特性合理密植，如鲜食甘薯品种济薯26每667m^{2}栽植3 500～4 000株，淀粉型品种如商薯19每667m^{2}栽植2 800～3 000株。根据不同地块选择适宜的栽培方式，如沙土地栽后采用黑色地膜覆盖，黏土地以不覆盖为宜。

7. 药剂防治 选用70%甲基硫菌灵可湿性粉剂800倍液，或80%福美双可湿性粉剂400～600倍液交替喷雾防治，3d 1次，连防2～3次。

第二节 甘薯枯萎病

甘薯枯萎病在云南、江西等地区分布广泛，危害严重。

一、症状

甘薯枯萎病主要为害茎蔓和薯块。苗期染病主茎基部叶片先变黄，茎基部膨大纵向开裂，露出髓部，横剖可见维管束变为黑褐色，裂开处呈纤维状。薯块染病薯蒂部呈腐烂状，横切病薯上部，维管束呈褐色斑点，病株叶片从下向上逐渐变黄后脱落，最后全蔓干枯而死，临近收获期病薯表面产生圆形或近圆形稍凹陷浅褐色斑，比黑疤病更浅，贮藏期病部四周水分丧失，呈干瘪状。

二、病原

甘薯枯萎病病原为尖镰孢菌甘薯专化型［*Fusarium oxysporum* f. sp. *batatas*（Wollenweber）Snyder et Hansen］，大型分生孢子圆筒形，纤细；小型分生孢子单胞，卵圆形至椭圆形；厚垣孢子褐色，球形。

三、侵染循环

病菌以菌丝和厚垣孢子在病薯内或附着在土中病残体上越冬，成为翌年初侵染源。该菌在土中可存活 3 年，多从伤口侵入，沿导管蔓延。病薯、病苗能进行远距离传播，近距离传播主要靠流水和农具。

四、防治方法

1. 选用抗病品种，如南京 92、潮汕白、台城薯、金山 247、蓬尾、南薯 88、撩禺、徐州 18 等较抗病。严禁从病区调运种子、种苗。

2. 结合防治黑疤病进行温汤浸种，培养无病苗，也可用 70％甲基硫菌灵可湿性粉剂 700 倍液浸种。

3. 提倡施用酵素菌沤制的堆肥或腐熟有机肥。

4. 重病区或田块与水稻、大豆、玉米等实行 3 年以上轮作。发现病株及时拔除，集中深埋或烧毁。

5. 必要时喷洒 30%绿叶丹可湿性粉剂 800 倍液，或 50%苯菌灵可湿性粉剂 1 500 倍液。

第三节 甘薯紫纹羽病

甘薯紫纹羽病主要发生在大田期，为害块根或其他地下部位。

一、症状

病株表现萎黄，块根、茎基的外表生有病原菌的菌丝，白色或紫褐色，似蛛网状，病征明显。块根由下向上，从外向内腐烂，后仅残留外壳，须根染病的皮层易脱落。

二、病原

甘薯紫纹羽病的病原为桑卷担菌（*Helicobasidium mompa* Tanaka)，属担子菌亚门真菌。子实层淡紫红色。担子圆筒形，无色，其上产生担孢子。担孢子长卵形，无色单胞，大小(10～25)μm×(6～7)μm。无性态为紫纹羽丝核菌（*Rhizoctonia crocorum* Fr.）。

三、侵染循环

病菌以菌丝体、根状菌索和菌核在病根上或土壤中越冬。条件适宜时，根状菌索和菌核产生菌丝体，菌丝体集结形成的菌丝束，在土里延伸，接触寄主根后即可侵入为害，一般先侵染新根的柔软组织，后蔓延到主根。此外病根与健根接触或从病根上掉落到土壤中的菌丝体、菌核等，也可由土壤、流水进行传播。该菌虽能产生孢子但寿命短，萌发后侵染机会少。

四、防治方法

1. 严格选地，不宜在发生过紫纹羽病的桑园、果园以及大豆、山芋等地栽植甘薯，最好选择禾本科茬口。

2. 提倡施用酵素菌沤制的堆肥。

3. 发现病株及时挖除烧毁，四周土壤亦应消毒或用 20%石灰水浇灌。

4. 发病初期在病株四周开沟阻隔，防止菌丝体、菌索、菌核随土壤或流水传播蔓延。

5. 在病根周围撒培养好的木霉菌，如能结合喷洒杀菌剂效果更好。

6. 发病初期及时喷淋或浇灌 36%甲基硫菌灵悬浮剂 500 倍液，或 70%甲基硫菌灵可湿性粉剂 700 倍液，或 50%苯菌灵可湿性粉剂 1 500 倍液。

第五章
水稻土传病害

第一节　水稻立枯病

一、症状

立枯病是由土壤中病原菌侵染引发的一类病害，表现为秧苗植株基部腐烂、矮化、黄化，用手拔植株时根部易断。立枯病对水稻秧苗危害十分严重，如发现晚，防治方法不当，防治不及时，都易引起整体秧苗死亡。

1. 芽腐　出苗前或刚出土时发生，幼苗的幼芽或幼根变褐色，病芽扭曲、腐烂而死。在种子或芽基部生有霉层。

2. 针腐　多发生于幼苗立针期至2叶期，病苗心叶枯黄，叶片不展开，基部变褐，有时叶鞘上生有褐斑，病根也逐渐变为黄褐色（图5－1）。种子与幼苗基部交界处生有霉层，茎基软弱，易折断，育苗床中幼苗常成簇，成片发生与死亡。

3. 黄枯、青枯　多发生于幼苗2.5叶期前后，病苗叶尖不吐水，叶色枯黄、萎蔫（图5－1），迅速向外扩展，秧苗基部与根部极易拉断。在天气骤晴时，幼苗迅速表现青枯，幼苗叶色青绿，最后整株萎蔫，在插秧后本田出现成片青绿枯死。

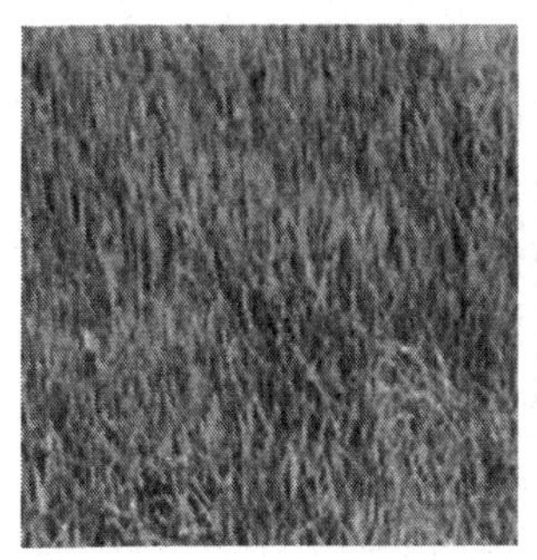

图 5-1　水稻立枯病田间发病症状

二、病原

水稻立枯病由多种病原菌侵染引起，主要有半知菌亚门镰孢菌属尖孢镰孢（*Fusarium oxysporium* Schelcht）、禾谷镰孢菌（*Fusarium graminearum* Schw.）、木贼镰孢菌（*Fusarium equiseti* Sacc.）、茄腐镰孢菌［*Fusarium solani*（Mart.）App. et Wr.）］、串珠镰孢菌（*Fusarium moniliforme* Scheld）及无孢目丝核菌属的立枯丝核菌（*Rhizoctonia solani* Kühn.）等，还有鞭毛菌亚门霜霉目腐霉菌属的腐霉菌（*Pythium debaryanum*）等真菌。

三、病害循环

镰孢菌一般以菌丝和厚垣孢子在多种寄主的病残体及土壤中越冬，环境条件适宜时产生分生孢子借气流传播，侵染为害。丝核菌则以菌丝和菌核在寄主病残体中和土壤中越冬，靠菌丝蔓延于幼苗间传播，进行侵染为害。

四、发病规律

引起水稻病立枯病的几种病菌都在土壤中普遍存在，营腐生生活。其数量消长和侵染能力，虽受环境条件及土壤中拮抗菌的影响，但主要与水稻在不良条件下抵抗力降低有关。凡不利于水稻生长的因素，都有利于立枯病的发生。气候条件低温阴雨、光照不足是发病的重要因素，尤以低温影响最大。气温越低，持续期越长，病害也越严重。气温低，出苗慢，根系发育差，呼吸强度小，对养分和水分的吸收能力减低，抗病力削弱。持续低温，雨后暴晴，温差大，根部吸收水分少，而叶片水分蒸发量大，导致幼苗生理失调，使病害急剧发生。秧田条件和管理床土黏重，偏碱，播种过早、过密，覆土过厚，以及施肥、灌水、通风等管理不当，都有利于立枯病发生。

五、防治方法

1. 精心选种与晒种 提高催芽技术，防止种子受伤，提高种子生命力和抗病力。

2. 适期播种 播种密度不要过大，应在气温稳定超过 6℃时播种，不要盲目抢早。从理论上讲，播种密度以 300g/m^2 为宜。然而在实际生产中，农民为了节省农膜等生产成本，以及考虑到出苗率、使用插秧机等原因，往往会加大播量，即便如此，播种量也绝对不能超过 500g/m^2。

3. 苗床管理 要做好防寒、保温、通风、炼苗等环节的工作，提高幼苗抗病力，防止和减轻立枯病、恶苗病的发生。

4. 加强田间管理 做到前保（出苗前保温）、中控（出苗后至 3 叶期控温）、后炼（3 叶期至插秧前调温），提倡稀插旱育苗，控制温湿度不徒长。1 叶 1 心期保持温度 25～30℃尽量少浇水，2 叶期后必须使其逐渐适应寒冷条件，3 叶 1 心期温度不超过 25℃，土壤水分充足，但不能过湿。3 叶期后白天应揭膜通风锻炼，夜间如果无霜冻最好也要揭膜使之经受低温，这样可以培育出抗寒力强的壮秧。

第二节　水稻恶苗病

一、症状

水稻恶苗病病粒播后常不发芽或不能出土。苗期发病病苗比健苗细高，叶片叶鞘细长，叶色淡黄，根系发育不良，部分病苗在移栽前死亡。在枯死苗上有淡红或白色霉粉状物，即病原菌的分生孢子。本田发病节间明显伸长，节部常有弯曲露于叶鞘外，下部茎节逆生多数不定须根，分蘖少或不分蘖。剥开叶鞘，茎秆上有暗褐条斑，剖开病茎可见白色蛛丝状菌丝，以后植株逐渐枯死。湿度大时，枯死病株表面长满淡褐色或白色粉霉状物，后期生黑色小点即病菌子囊壳（图 5－2）。病轻的提早抽穗，穗形小而不实。抽穗期谷粒也可受害，严重的变褐，不能结实，颖壳夹缝处生淡红色霉，病轻不表现症状，但内部已有菌丝潜伏。

图 5－2　水稻恶苗病田间危害情况

二、病原

水稻恶苗病病原无性态为串珠镰孢菌（*Fusarium moniliforme* Sheld)，属半知菌亚门真菌。分生孢子有大小两型，小分生孢子卵形或扁椭圆形，无色单胞，呈链状着生，大小（4～6）μm×

(2～5)μm。大分生孢子多为纺锤形或镰刀形，顶端较钝或粗细均匀，具3～5个隔膜，大小（17～28)μm×(2.5～4.5)μm，多数孢子聚集时呈淡红色，干燥时呈粉红或白色。有性态为藤仓赤霉［*Gibberella fujikurio*（Saw.）Wr.］，属子囊菌亚门真菌。子囊壳蓝黑色球形，表面粗糙，大小（240～360)μm×(220～420)μm。子囊圆筒形，基部细而上部圆，内生子囊孢子4～8个，排成1～2行，子囊孢子双胞无色，长椭圆形，分隔处稍缢缩，大小(5.5～11.5)μm×(2.5～4.5)μm。

三、病害循环

带菌种子和病稻草是恶苗病发生的初侵染源。浸种时带菌种子上的分生孢子污染无病种子而传染。严重的引起苗枯，死苗上产生分生孢子，传播到健苗，引到花器上，侵入颖片和胚乳内，造成秕谷或畸形，在颖片合缝处产生淡红色粉霉。病菌侵入晚，谷粒虽不显症状，但菌丝已侵入内部使种子带菌。脱粒时与病种子混收，也会使健种子带菌。土温30～50℃时易发病，伤口有利于病菌侵入。旱育秧较水育秧发病重，增施氮肥刺激病害发展，施用未腐熟有机肥发病重。一般籼稻较粳稻发病重，糯稻发病轻。晚播发病重于早稻。

四、防治方法

1. 建立无病留种田，选栽抗病品种，避免种植感病品种。

2. 加强栽培管理，催芽不宜过长，拔秧要尽可能避免损根。做到“五不插”：不插隔夜秧，不插老龄秧，不插深泥秧，不插烈日秧，不插冷水浸的秧。

3. 清除病残体，及时拔除病株并销毁，病稻草收获后作燃料或沤制堆肥。

4. 种子处理。用1%石灰水澄清液浸种，15～20℃时浸3d，

25℃浸 2d，水层要高出种子 10～15cm，避免直射光；也可用2%甲醛浸闷种 3h，气温高于 20℃用闷种法，低于 20℃用浸种法；还可用 40%拌种双可湿性粉剂 100g 或 50%多菌灵可湿性粉剂 150～200g，加少量水溶解后拌稻种 50kg。

第三节 水稻纹枯病

一、症状

从苗期至穗期均可发生水稻纹枯病，以分蘖盛期至穗期受害较重，尤以抽穗期前后危害更大。叶鞘发病，先在近水面处出现水渍状、暗绿色、边缘不清晰的小病斑，以后逐渐扩大成椭圆形或云纹状的病斑，边缘呈褐色至暗褐色，中部灰绿色至灰白色，常几个病斑相互愈合成云纹状大斑块（图 5－3）。重病叶鞘上的叶片常枯死。

图 5－3 水稻纹枯病田间危害情况

叶片上的病斑与叶鞘相似，但形状不规则。病情发展慢时，病斑外围褪黄；病情发展迅速时，病部暗绿色似开水烫过，叶片很快呈青枯或腐烂状。由于新叶片、分蘖经叶鞘而出，当叶鞘染病时，就容易感染叶片或分蘖，所以病害常从植株下部向上部蔓延。稻穗发病，穗颈、穗轴以至颖壳等都呈污绿色湿润状，受害较轻的穗呈灰褐色，颖壳黑褐色，谷粒不实。受害较重时，常不能抽穗，造成“胎里死”，或全穗枯死。

阴雨多湿时，病部长出白色或灰白色的蛛丝状菌丝体，菌丝体匍匐于组织表面或攀缘于邻近植株之间，形成白色绒球状菌丝团，最后变成褐色坚硬菌核。菌核以少数菌丝缠结在病组织上，易脱落。在潮湿条件下，病组织表面有时会生出一层白色粉末状子实层（担子和担孢子）。

二、病原

水稻纹枯病病原物无性态为茄丝核菌（*Rhizoctonia solani* Khün），有性态为瓜亡革菌［*Thanasephorus cucumeris*（Frank）Donk］，属真菌界担子菌门亡革菌属。

菌核由菌丝体交织纠结而成，初为白色，后变为暗褐色，扁球形、肾形或不规则形，表面粗糙，有少量菌丝与寄主相连，成熟后易脱落于土壤中。菌核大小不一，明显分为外层和内层。菌核具有圆形小孔洞，即萌发孔，菌核萌发时菌丝也由此伸出。担子倒卵形或圆筒形，顶生2～4个小梗，其上各着生1个担孢子，担孢子单胞、无色、卵圆形。病菌发育温度范围为10～36℃，适温为28～32℃。菌核萌发需96％以上的相对湿度，低于85％则受抑制。菌丝在pH 2.5～7.8范围内均可生长，最适pH为5.4～6.7。光照对菌丝有抑制作用，但可促进菌核的形成。条件适宜时，当年新生菌核不需要经休眠期或成熟期即可萌发致病，在土表、土下及水中越冬的菌核成活率均较高。

三、病害循环

越冬水稻纹枯病病菌主要以菌核在土壤中越冬，也能以菌丝和菌核在病稻草、其他禾本科作物和杂草上越冬。水稻收割时大量菌核落入田间，成为翌年或下季的主要初侵染源。在南方稻区，一般发病田存留土中的菌核数达每公顷 75 万～150 万粒，重病田可达 1 500 万粒以上。侵入与再侵染春耕灌水后，越冬菌核飘浮于水面，栽秧后随水漂流附着于稻株基部叶鞘上，在适温、高湿条件下，萌发长出菌丝，在叶鞘上延伸并从叶鞘缝隙处进入叶鞘内侧，先形成附着胞，通过气孔直接穿破表皮侵入。潜育期少则 1～3d，多则 3～5d。病菌侵入后，在稻株组织中不断扩展，并向外长出气生菌丝，蔓延至附近叶鞘、叶片或邻近的稻株进行再侵染（图 5－4）。

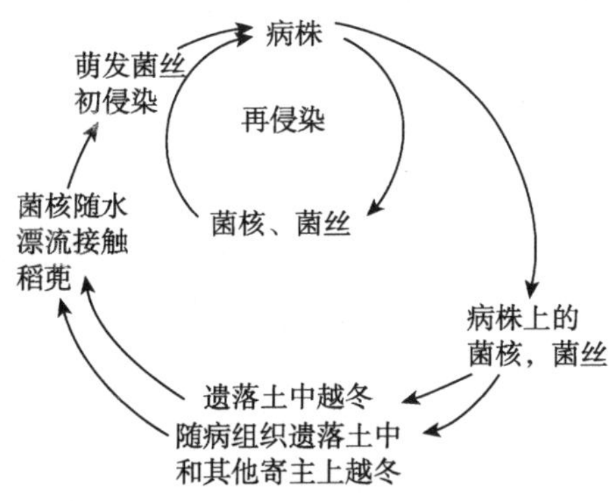

图 5－4 水稻纹枯病病害循环

四、防治方法

防治水稻纹枯病的策略是以清除菌源为基础，同时加强栽培管理，充分利用抗性较好的品种，适时施用化学农药和生物防治制剂。

1. 清除菌源 在秧田或本田翻耕灌水时，大多数菌核浮在水面，混杂在浪渣内，被风吹集到田角和田边。此时，可用布网、密簸箕等工具打捞浪渣并带出田外烧毁或深埋，不直接用病稻草和未腐熟的病草还田，铲除田边杂草，可减少菌源，减轻前期发病。

2. 加强肥水管理 根据水稻的生育时期、天气、稻田水位高低、土壤性质、水利条件等情况，合理排灌，以水控病，彻底改变长期深灌高湿的环境，做到浅水发根、薄水养胎、湿润长穗。对深泥田、冷浸田和肥田宜重晒，对沙性田则应轻搁，对稻苗旺、封行早的稻田宜分次搁田。氮、磷、钾要配合施用，做到农家肥与化肥、长效肥与速效肥相结合，切忌偏施氮肥和中后期大量施用氮肥。田施肥宜前重、中巧、后补。

3. 种植抗病品种 尽管目前尚未发现高抗和免疫的抗水稻纹枯病品种，但品种间抗性存在差异，在病情特别严重的地区可以种植一些中抗品种。

4. 药剂防治 一般在水稻分蘖末期丛发病率达5%或拔节至孕穗期丛发病率为10%～15%的田块，应采用药剂防治措施。井冈霉素与枯草芽孢杆菌或蜡质芽孢杆菌的复配剂如纹曲宁等药剂，持效期比井冈霉素长，可以选用。丙环唑、烯唑醇、已唑醇等部分唑类杀菌剂对纹枯病防治效果好，持效期较长，但烯唑醇、丙环唑等对水稻体内的赤霉素形成有影响，能抑制水稻茎节拔长，严重的可造成水稻抽穗不良，出现包颈现象，使用时应慎重。恶霉灵或苯醚甲环唑与丙环唑或腈菌唑等三唑类的复配剂在水稻抽穗前后可以使用。

第四节 水稻小粒菌核病

一、症状

水稻小粒菌核病又称水稻菌核秆腐病或秆腐病，主要是稻小球菌核病和小黑菌核病。两病单独或混合发生，它们和稻褐色菌核病、稻球状菌核病、稻灰色菌核病等，总称为水稻菌核病或秆腐病。中国各稻区均有发生，但各地优势菌不同，长江流域以南主要是小球菌核病和小黑菌核病。

小球菌核病和小黑菌核病症状相似，侵害稻株下部叶鞘和茎秆，初在近水面叶鞘上生褐色小斑，后扩展为黑色纵向坏死线及黑色大斑，上生稀薄浅灰色霉层，病鞘内常有菌丝块。小黑菌核病不形成菌丝块，黑线也较浅。病斑继续扩展使茎基成段变黑软腐，病部呈灰白色或红褐色而腐朽。剥检茎秆，腔内充满灰白色菌丝和黑褐色小菌核。侵染穗颈，引起穗枯。

褐色菌核病在叶鞘上形成椭圆形病斑，边缘褐色，中央灰褐，病斑常汇合呈云纹状大斑，浸水病斑呈污绿色。茎部受害褐变枯死，常不倒，后期在叶鞘及茎秆腔内形成褐色小菌核。球状菌核病使叶鞘变黄枯死，不形成明显病斑，孕穗时发病致幼穗不能抽出。后期在叶鞘组织内形成球形黑色小菌核。

灰色菌核病叶鞘受害形成淡红褐色小斑，在剑叶鞘上形成长斑，一般不致水稻倒伏，后期在病斑表面和内部形成灰褐色小粒状菌核。

二、病原

水稻小粒菌核病病原为稻小球菌核（*Sclerotium oryzae* Catt）与小黑菌核（*S. oryzae* Catt. var. *irregulare* Roger）。菌核球形、黑色，直径0.15～0.25mm，叶鞘病斑和菌核表面还可以产生分生孢子。分生孢子新月形，3～4个分隔，中间两个细胞褐色，两端的细胞无色，有的顶端细胞长如卷须。

三、病害循环

水稻小粒菌核病主要以菌核在稻桩和稻草或散落于土壤中越冬，可存活多年。当整地灌水时菌核浮于水面，黏附于秧苗或叶鞘基部，遇适宜条件（17℃）菌核萌发后产生菌丝侵入叶鞘，后在茎秆及叶鞘内形成菌核。有时病斑表面生浅灰霉层，即病菌分生孢子，分生孢子通过气流或昆虫传播，也可引起再侵染。但主要以病健株接触短距离再侵染为主。菌核数量是翌年发病的主要因素。

病菌发育温度范围 11～35℃，适温为 25～30℃。雨日多，日照少利于该病发生。深灌、排水不好田块发病重，中期烤田过度、后期脱水早或过早发病重。施氮过多、过迟，水稻贪青发病重。单季晚稻较早稻病重。高秆较矮秆抗病，抗病性糯稻大于籼稻大于粳稻。抽穗后易发病，虫害重伤口多发病重。

四、防治方法

1. 种植抗病品种 因地制宜地选用早广 2 号、汕优 4 号、IR24、粳稻 184、闽晚 6 号、倒科春、冀粳 14、丹红、桂潮 2 号、广二 104、双菲、珍汕 97、珍龙 13、红梅早、农虎 6 号、农红 73、生陆矮 8 号、粳稻秀水系统、糯稻祥湖系统、早稻加籼系统等。

2. 减少菌源 病稻草要高温沤制，收割时要齐泥割稻。有条件的实行水旱轮作。插秧前打捞菌核。

3. 加强水肥管理 浅水勤灌，适时晒田，后期灌跑马水，防止断水过早。多施有机肥，增施磷、钾肥，特别是钾肥，忌偏施氮肥。

4. 药剂防治 在水稻拔节期和孕穗期喷洒 40%克瘟散、40%富士一号乳油 1 000 倍液、5%井冈霉素水剂 1 000 倍液、70%甲基硫菌灵可湿性粉剂 1 000 倍液、50%多菌灵可湿性粉剂 800 倍液、50%腐霉剂可湿性粉剂 1 500 倍液、50%乙烯菌核利可湿性粉剂 1 000～1 500 倍液、50%异菌脲或 40%菌核净可湿性粉剂 1 000 倍液、20%甲基立枯磷乳油 1 200 倍液。

第六章 油料作物土传病害

第一节 油菜菌核病

一、症状

油菜菌核病整个生育期均可发病，结实期发生最重。茎、叶、花、角果均可受害，茎部受害最重。茎部染病初现浅褐色水渍状病斑，后发展为具轮纹状的长条斑，边缘褐色，湿度大时表生棉絮状白色菌丝，偶见黑色菌核，病茎内髓部烂成空腔，内生很多黑色鼠粪状菌核。病茎表皮开裂后，露出麻丝状纤维，茎易折断，致病部以上茎枝萎蔫枯死（图 6－1a）。叶片染病初呈不规则水渍状，后形成近圆形至不规则形病斑，病斑中央黄褐色，外围暗青色，周缘浅黄色，病斑上有时轮纹明显（图 6－1b），

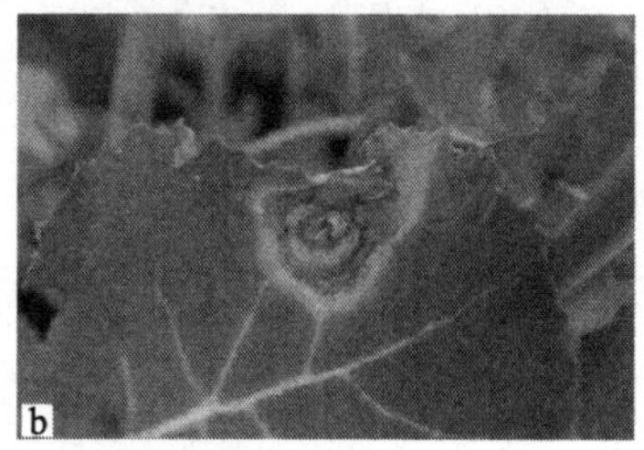

图 6－1 油菜菌核病症状

a. 茎部染病 b. 叶片染病

湿度大时长出白色棉毛状菌丝，病叶易穿孔。花瓣染病初呈水渍状，渐变为苍白色，后腐烂。角果染病初现水渍状褐色病斑，后变灰白色，种子瘪瘦，无光泽。

二、病原

油菜菌核病病原为核盘菌［*Sclerotinia sclerotiorum*（Lib.）de Bary］，属子囊菌亚门真菌。菌核长圆形至不规则形，似鼠粪状，初白色后变灰色，内部灰白色。菌核萌发后长出 1 至多个具长柄的肉质黄褐色盘状子囊盘，盘上着生一层子囊和侧丝，子囊无色棍棒状，内含单胞无色子囊孢子 8 个，侧丝无色，丝状，夹生在子囊之间（图 6 - 2）。

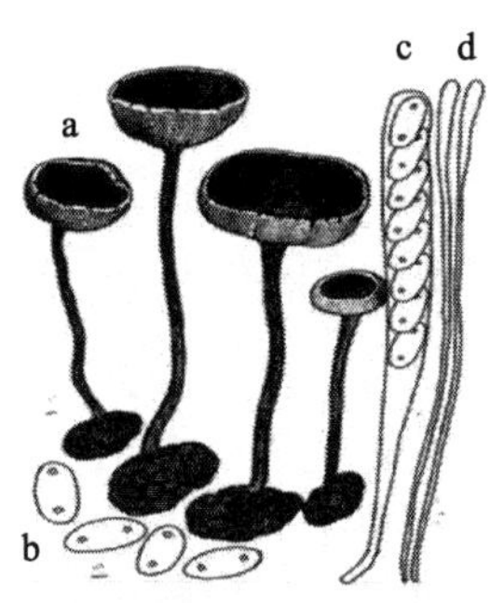

图 6 - 2　油菜菌核病病原核盘菌

a. 子囊盘　b. 子囊孢子　c. 子囊及子囊孢子　d. 侧丝

三、病害循环

油菜菌核病病菌主要以菌核混在土壤中或附着在采种株上、混杂在种子间越冬或越夏。中国南方冬播油菜区 10～12 月有少数菌核萌发，使幼苗发病，绝大多数菌核在翌年 3～4 月间萌发，产生子囊盘。中国北方油菜区则在 3～5 月萌发。子囊孢子成熟后从子囊里弹出，借气流传播，侵染衰老的叶片和花瓣，长出菌丝体，致寄主组织腐烂变色。病菌从叶片扩展到叶柄，再侵入茎秆，也可通过病、健组织接触或黏附进行重复侵染。生长后期又形成菌核越冬或越夏（图 6-3）。

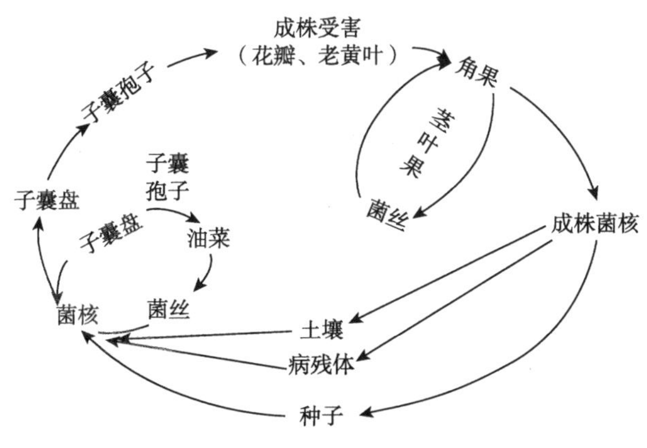

图 6-3　油菜菌核病病害循环

四、发病规律

菌丝生长发育和菌核形成适温 0～30℃，最适温度 20℃，最适相对湿度 85%以上。菌核可不休眠，5～20℃及较高的土壤湿度即可萌发，其中以 15℃最适。在潮湿土壤中菌核能存活 1 年，干燥土中可存活 3 年。子囊孢子 0～35℃均可萌发，但以 5～10℃为宜，萌发经 48h 完成。生产上在菌核数量大时，病害发生流行取决于油菜开花期的降水量，旬降水量超过 50mm，发病重，小于 30mm 则发病轻，低于 10mm 难于发病。此外连作地或施用未充分腐熟有机肥、播种过密、偏施过施氮肥易发病。地势低洼、排水不良或湿气滞留、植株倒伏、早春寒流侵袭频繁或遭受冻害发病重。

五、防治方法

1. 实行稻油轮作或旱地油菜与禾本科作物进行两年以上轮作可减少菌源。在油菜盛花前进行2～3次中耕培土，既可促进根系发育和防止倒伏，又可埋杀菌核，减轻病害。

2. 多雨地区推行窄厢深沟栽培法，利于春季沥水防渍，雨后及时排水，防止湿气滞留。开好排水沟，使明水能排，暗水能降，雨停田干。保持土壤通透性良好，有利于油菜深扎根，一般排水沟宽、深各为20cm。

3. 选用抗、耐病品种。

4. 播种前进行种子处理，用10%盐水选种，汰除浮起来的病种子及小菌核，选好的种子晾干后播种。

5. 每年9月选好苗床，培育矮壮苗，适时换茬移栽，做到合理密植，杂交油菜667m^{2}栽植10 000～12 000株。

6. 采用配方施肥技术，提倡施用酵素菌沤制的堆肥或腐熟有机肥，避免偏施氮肥，配施磷、钾肥及硼、锰等微量元素，防止开花结荚期徒长、倒伏或脱肥早衰，及时中耕或清沟培土，盛花期及时摘除黄叶、老叶，防止病菌蔓延，改善株间通风透光条件，减轻发病。合理施肥适当控制氮肥的施用，补施磷、钾肥。使油菜苗期健壮，薹期稳长，花期茎秆坚硬。

7. 药剂防治。稻油栽培区重点抓两次防治。一是子囊盘萌发盛期在稻茬油菜田四周田埂上喷药杀灭菌核萌发长出的子囊盘和子囊孢子；二是在3月上、中旬油菜盛花期油菜田选用38%恶霜菌酯水剂800倍液、41%聚砹嘧霉胺1 000倍液、倍乐溴可湿性粉剂1 000倍液、30%甲霜恶霉灵2 000倍液、50%扑海因可湿性粉剂1 500倍液、50%农利灵可湿性粉剂1 000倍液、50%甲基硫菌灵500倍液、20%甲基立枯磷乳油1 000倍液。也可用菜宝100mL兑水15～20L，把油菜的根在药水中浸蘸一下后定植。提倡施用真菌王肥 200mL，与多菌灵盐酸盐 600g 混合加水 60L，于初花末期防治油菜菌核病，防效达 85%。

8. 生物防治。用盾壳霉（*Coniothyrium minitans*）和绿色木霉（*Trichoderma viride*）及哈茨木霉（*Trichoderma harzianum*）效果较好。

第二节　油菜霜霉病

一、症状

油菜霜霉病在春油菜区发病少且轻。该病主要为害叶、茎和角果，油菜霜霉病致花梗呈龙头拐状，受害处变黄，长有白色霉状物。花梗染病顶部肿大弯曲，呈“龙头拐”状，花瓣肥厚变绿，不结实，上生白色霜霉状物（图 6 - 4a）。叶片染病初现浅绿色小斑点，后扩展为多角形的黄色斑块，叶背面长出白霉（图 6 - 4b）。

图 6 - 4　油菜霜霉病症状

a. 染病花梗　b. 染病叶片

二、病原

油菜霜霉病病原为寄生霜霉［*Peronospora parasitica* (Pers.) Fr.］，菌丝无色，不具隔膜，蔓延于细胞间，靠吸器伸

入细胞里吸收水分和营养，吸器圆形至梨形或棍棒状。从菌丝上长出的孢囊梗自气孔伸出，单生或2～4根束生，无色，无分隔，主干基部稍膨大，作重复的两叉分枝，顶端2～5次分枝，全长155.5～515μm，主轴和分枝成锐角，顶端的小梗尖锐、弯曲，每端常生一个孢子囊。孢子囊无色，单胞，长圆形至卵圆形，大小（19.8～30.9）μm×（18～28）μm，萌发时多从侧面产生芽管，不形成游动孢子。卵孢子球形，单胞，黄褐色，表面光滑，大小27.9～45.3μm，卵球直径12.4～27.5μm，胞壁厚，表面皱缩或光滑，抗逆性强，条件适宜时，可直接产生芽管进行侵染（图6-5）。该菌系专性寄生菌，只能在活体上存活，且具明显生理分化现象。据报道中国十字花科霜霉菌分芸薹属、萝卜属和荠菜属3个变种，主要区别是各自侵染能力不同。芸薹属变种对该属侵染力强，对萝卜侵染力弱，不易侵染荠菜；萝卜属变种对萝卜侵染力强，对芸薹属植物侵染力弱，不侵染荠菜；荠菜属变种，只侵染荠菜，不侵染其他十字花科植物。在芸薹属变种中，据致病性差异又分为6个生理小种。油菜霜霉菌产生孢子囊最适温度8～12℃。孢子囊萌发适温

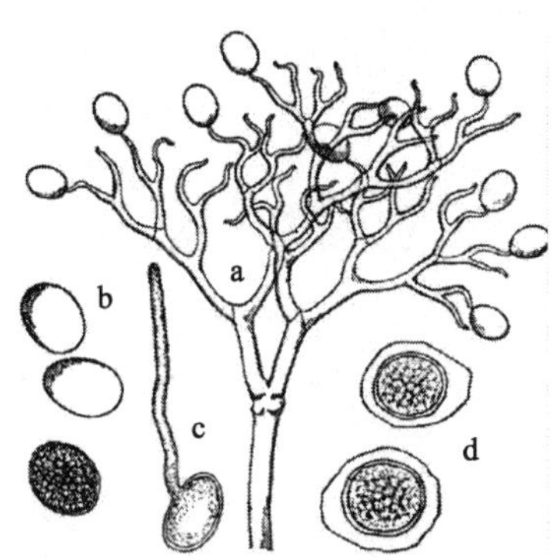

图6-5　油菜霜霉病病原寄生霜霉

a. 孢囊梗　b. 孢子囊　c. 孢子囊萌发　d. 卵孢子

7～13℃，最高25℃，最低3℃，侵染适温16℃。菌丝在植株体内生长发育最适温度20～24℃。卵孢子在10～15℃，相对湿度70%～75%条件下易形成。

三、病害循环

冬油菜区，病菌以卵孢子随病残体在土壤中、粪肥里和种子内越夏，秋季萌发后侵染幼苗，病斑上产生孢子囊进行再侵染。冬季病害扩展不快，并以菌丝在病叶中越冬，翌春气温升高，又产生孢子囊借风雨传播再次侵染叶、茎及角果，油菜进入成熟期，病部又产生卵孢子，可多次再侵染。远距离传播主要靠混在种子中的卵孢子。至于近距离传播，除混在种子、粪肥中的卵孢子直接传到病田外，主要靠气流和灌溉水或雨水传播，孢子囊由于孢囊梗干缩扭曲，则从小梗顶端放射至空中随气流传到健株上，传播距离8～9m，土中残体上卵孢子通过水流流动，萌发后产生的孢子囊随雨水溅射到健康幼苗上。孢子囊形成适温8～21℃，侵染适温8～14℃，相对湿度为90%～95%，有报道低于15℃经4～6h萌发，12h附着孢形成。光照时间少于16h，幼苗子叶阶段即可侵染，侵染程度与孢子囊数量呈正相关，孢子囊落到感病寄主上，温度适宜先产生芽管形成附着胞后长出侵入丝，直接穿过角质层而侵入，有时也可通过气孔侵入，菌丝侵入后扩展7～8μm，并在表皮细胞垂周壁之间中胶层区生长，后在细胞间向各方向分枝，在寄主细胞里又长出吸器。电镜下观察发现，最初与菌丝接触的细胞壁局部膨大，出现微纤维结构，吸器的分枝则通过大小为1～2μm的孔洞侵入，围绕吸器基部形成类菌环结构，吸器膨大时，产生寄主原生质膜的成鞘作用。当细胞中营养消耗完以后，细胞开始死亡，表现组织变黄或枯死（图6-6）。

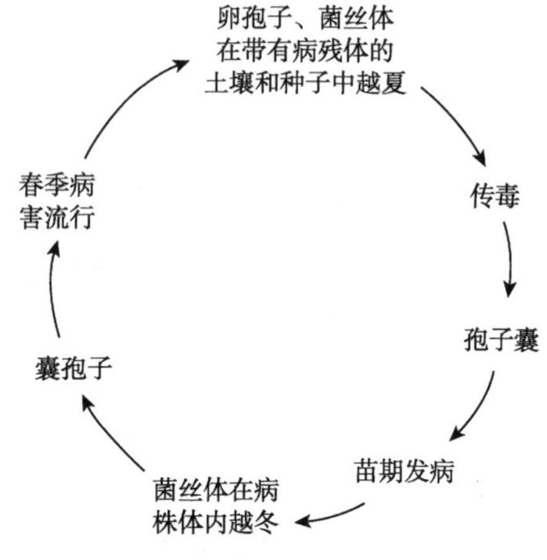

图 6-6　油菜霜霉病侵染循环

四、发病规律

油菜霜霉病发生与气候、品种和栽培条件关系密切，气温8～16℃、相对湿度高于90%、弱光利于该菌侵染。生产上低温多雨、高湿、日照少利于病害发生。长江流域油菜区冬季气温低，雨水少发病轻，春季气温上升，雨水多，田间湿度大易发病或引致薹花期该病流行。连作地、播种早、偏施过施氮肥或缺钾地块及密度大、田间湿气滞留地块易发病。低洼地、排水不良、种植白菜型或芥菜型油菜发病重。

五、防治方法

1. 因地制宜种植抗病品种　如中双4号、两优586、秦油2号、白油1号、青油2号、沪油3号、新油8号、新油9号、蓉油3号、江盐1号、涂油4号等。提倡种植甘蓝型油菜或浠水白等抗病的白菜型油菜。

2. 轮作　提倡与大小麦等禾本科作物进行 2 年轮作，可大大减少土壤中卵孢子数量，降低菌源。

3. 药剂拌种　用种子质量 1%的 35%瑞毒霉或甲霜灵拌种。

4. 加强田间管理　做到适期播种，不宜过早。根据土壤肥沃程度和品种特性，确定合理密度。采用配方施肥技术，合理施用氮、磷、钾肥提高抗病力。雨后及时排水，防止湿气滞留和淹苗。

5. 化学防治　重点防治旱地栽培的白菜型油菜，一般在 3 月上旬抽薹期，调查病情扩展情况，当病株率达 20%以上时，开始喷洒 40%霜疫灵可湿性粉剂 150～200 倍液，或 75%百菌清可湿性粉剂 500 倍液、72.2%普力克水剂 600～800 倍液、64%杀毒矾可湿性粉剂 500 倍液、36%露克星悬浮剂 600～700 倍液、58%甲霜灵·锰锌可湿性粉剂 500 倍液、70%乙膦·锰锌可湿性粉剂 500 倍液、40%百菌清悬乳剂 600 倍液，每 667m^2喷兑好的药液 60～70L，隔 7～10d 1 次，连续防治 2～3 次。在霜霉病、白斑病混发地区，可选用 40%霜疫灵可湿性粉剂 400 倍液加 25%多菌灵可湿性粉剂 400 倍液。在霜霉病、黑斑病混发地区，可选用 90%三乙膦酸铝可湿性粉剂 400 倍液加 50%扑海因可湿性粉剂 1 000 倍液，或 90%三乙膦酸铝可湿性粉剂 400 倍液加 70%代森锰锌可湿性粉剂 500 倍液，兼防两病效果优异。对上述杀菌剂产生抗药性的地区可改用 72%杜邦克露、72%克霜氰、72%霜脲·锰锌或 72%霜霸可湿性粉剂 600～700 倍液，提倡施用 69%安克·锰锌可湿性粉剂 900～1 000 倍液。

第三节　油菜白锈病

一、症状

叶、茎、角果均可受油菜白锈病为害。叶片染病在叶面上可见浅绿色小点，后渐变黄呈圆形病斑，叶背面病斑处长出白色漆状疱状物（图 6－7a）。花梗染病顶部肿大弯曲，呈“龙头”状，花瓣肥厚变绿，不能结实。茎、枝、花梗、花器、角果等染病部位均可长出白色漆状疱状物，且多呈长条形或短条状（图 6－7b）。系统侵染时产生龙头拐病状，不同于油菜霜霉病。

图 6－7 油菜白锈病症状

a. 感病叶片 b. 感病花梗

二、病原

油菜白锈病病原为白锈菌［*Albugo candida*（Pers.）Kuntze］，属卵菌门白锈菌属。该菌菌丝无分隔，蔓延于寄主细胞间隙。孢子囊梗短棍棒状，其顶端着生链状孢子囊。孢子囊卵圆形至球形，无色，萌发时产生 5～18 个具双鞭毛的游动孢子。卵孢子褐色，近球形，外壁有瘤状突起。孢子囊萌发最适温 10℃左右，最高 25℃，侵入寄主最适温度为 18℃（图 6－8）。

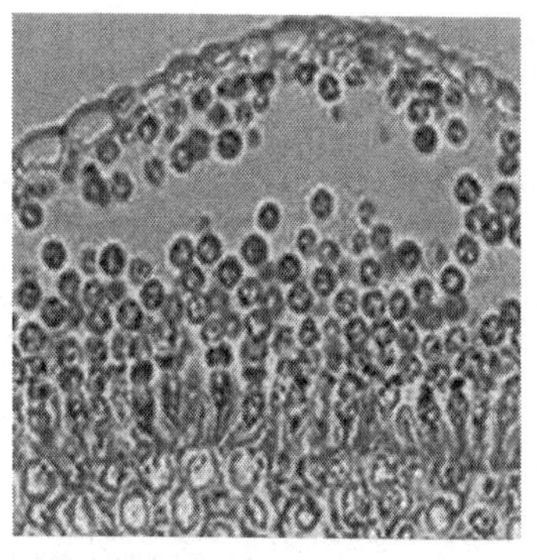

图 6－8 油菜白锈病原白锈菌的孢子囊

三、病害循环

油菜白锈病病菌以卵孢子在病残体中或混在种子中越夏，据试验每克油菜种子中有卵孢子6～41个，多者高达1 500个，把卵孢子混入油菜种子中播种，发病率大幅度提高，且多引起系统侵染，产生龙头拐病状。越夏的卵孢子萌发产出孢子囊，释放出游动孢子侵染油菜引致初侵染。在被侵染的幼苗上形成孢子囊堆进行再侵染。冬季则以菌丝和孢子囊堆在病叶上越冬，翌年春季气温升高，孢子囊借气流传播，遇有水湿条件产生游动孢子或直接萌发侵染油菜叶、花梗、花及角果进行再侵染，油菜成熟时又产生卵孢子在病部或混入种子中越夏（图6-9）。

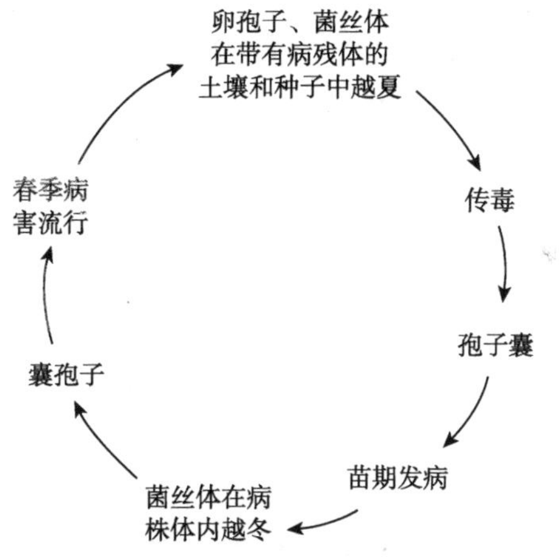

图6-9 油菜白锈病病害循环

四、发病规律

白锈菌产生孢子囊适温8～10℃，萌发适温7～13℃，低于0℃或高于25℃一般不萌发，相对湿度要求95%～100%。潜育期约12d，一般19～22d。病斑显症至散出孢子囊约5d。气温10℃

时孢子囊需经 7d 破裂，18～20℃只需 5d。生产上气温 18～20℃，连续降雨 2～3d 孢子囊破裂达到高峰。云南在 4～6 片真叶的 10 月中旬至 11 月下旬及抽薹至盛花期出现 2 个高峰期。上海 2～4 月降水量大雨日多发病重。

五、防治方法

1. 选用抗白锈病的油菜品种 如国庆 25、东辐 1 号、小塔、加拿大 1 号、蓉油 3 号、江盐 1 号、加拿大 3 号、花叶油菜、云油 31、宁油 1 号、新油 9 号、亚油 1 号、茨油 1 号等。

2. 轮作 提倡与大小麦等禾本科作物进行 2 年轮作，可大大减少土壤中卵孢子数量，降低菌源。

3. 药剂拌种 用种子质量 1%的 35%瑞毒霉或甲霜灵拌种。

4. 加强田间管理 措施同油菜霜霉病。

5. 化学防治 防治重点及所用药剂同油菜霜霉病，此外甲霜灵系列杀菌剂对白锈病有较好防治效果，还可选用 65%甲霜灵可湿性粉剂 1 000 倍液或 50%多霉灵可湿性粉剂 800～900 倍液，兼治油菜白斑病。

第四节 油菜黑腐病

一、症状

油菜黑腐病在幼苗、成株期均可发病。叶片染病现黄色 V 形斑，叶脉黑褐色，叶柄暗绿色水渍状，有时溢有黄色菌脓，病斑扩展致叶片干枯（图 6－10）。抽薹后主轴上产生暗绿色水渍状长条斑，湿度大时溢出大量黄色菌脓，后变黑褐色腐烂，主轴萎缩卷曲，角果干秕或枯死。角果染病产生褐色至黑褐色斑，稍凹陷，种子上生油浸状褐色斑，局限在表皮上。该病可致根、茎、维管束变黑，后期部分或全株枯萎。

图 6－10　油菜黑腐病症状

二、病原

油菜黑腐病病原为油菜黄单胞菌油菜致病变种［*Xanthomonas campestris* pv. *campestris*（Pammal）Dowson］（十字花科蔬菜黑腐致病变种），菌体杆状，大小（0.7～3.0）μm×（0.4～0.5）μm，极生单鞭毛，无芽孢，具荚膜，菌体单生或链生（图 6－11）。革兰氏染色阴性。在牛肉汁琼脂培养基上菌落近圆形，初呈淡黄色，后变蜡黄色，边缘完整，略凸起，薄或平滑，具光泽，老龄菌落边缘呈放射状。病菌生长发育最适温度25～30℃，最高 39℃，最低 5℃，51℃经 10min 致死，耐酸碱度范围 pH 6.1～6.8，pH 6.4 最适。

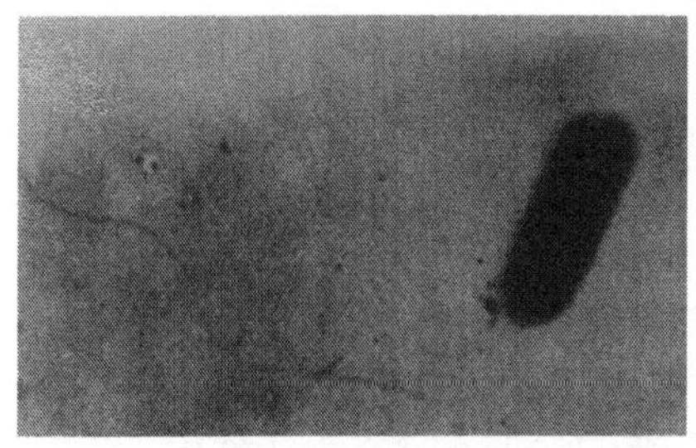

图 6－11　油菜黑腐病病原油菜黄单胞菌油菜致病变种的杆状菌体及鞭毛

三、病害循环

油菜黑腐病菌在种子上或遗留在土壤中的病残体内及采种株上越冬。如播带病种子，幼苗出土时依附在子叶上的病菌从子叶边缘的水孔或伤口侵入，引起发病。成株叶片染病，病原细菌在薄壁细胞内繁殖，再迅速进入维管束，引起叶片发病，再从叶片维管束蔓延至茎部维管束，引致系统侵染。采种株染病，细菌由果柄处维管束侵入，进入种子皮层或经荚皮的维管束进入种脐，致种内带菌。此外也可随病残体碎片混入或附着在种子上，致种外带菌，病菌在种子上可存活 28 个月，成为远距离传播的主要途径。在生长期主要通过病株、肥料、风雨或农具等传播蔓延。

四、发病规律

一般与十字花科连作，或高温多雨天气及高湿条件，叶面结露、叶缘吐水，利于油菜黑腐病菌侵入而发病。平均气温 15℃时开始发病，15～28℃发病重，气温低于 8℃停止发病，降雨 20～30mm 以上发病呈上升趋势，光照少发病重。此外，肥水管理不当，植株徒长或早衰，寄主处于感病阶段，害虫猖獗或暴风雨频繁发病重。

五、防治方法

1. 种植抗病品种。

2. 与非十字花科蔬菜进行 2～3 年轮作。

3. 从无病田或无病株上采种。

4. 种子消毒　100mL 水中加入 0.6mL 醋酸、2.9mL 硫酸锌溶解后温度控制在 39℃，浸种 20min，冲洗 3min 后晾干播种，也可用 45％代森铵水剂 300 倍液浸种 15～20min，冲洗后晾干播种；或用 50％琥胶肥酸铜可湿性粉剂按种子质量的 0.4％拌种可预防苗期黑腐病的发生。此外还可用农抗751杀菌剂100倍液15mL浸拌种子，吸附后阴干；或每千克种子用漂白粉10～20g有效成分加少量水，将种子拌匀后，放入容器内封存16h。均能有效地防治十字花科蔬菜种子上携带的黑腐病菌。

5. 加强栽培管理 适时播种，不宜过早，合理浇水，适期蹲苗，注意减少伤口，收获后及时清洁田园。

6. 发病初期喷洒72%农用硫酸链霉素可溶性粉剂3 500倍液，或新植霉素100～200mg/kg、氯霉素50～100mg/kg、14%络氨铜水剂350倍液、12%绿乳铜乳油600倍液。但对铜剂敏感的品种须慎用。

第五节 油菜细菌性黑斑病

一、症状

叶片染病先在叶片上形成1mm大小的水渍状小斑点，初为暗绿色，后变为浅黑至黑褐色，病斑中间色深发亮具光泽，有的病斑沿叶脉扩展，数个病斑常融合成不规则坏死大斑，严重的叶脉变褐，叶片变黄脱落或扭曲变形（图6-12）。茎和荚染病产生深褐色不规则条状斑。在角果上产生凹陷不规则褐色疹状斑。

图6-12 油菜细菌性黑斑病症状

二、病原

油菜细菌性黑斑病病原为丁香假单胞菌斑点致病变种（*Pseudomonas syringae* pv. *maculicola*），菌体杆状或链状，无芽孢，具1～5根极生鞭毛，大小（1.5～2.5）μm×（0.8～0.9）μm（图6-13）。革兰氏染色阴性，好气性。在肉汁胨琼脂培养基平面上菌落平滑有光泽，白色至灰白色，边缘初圆形，后具皱褶。在肉汁胨培养液中云雾状，没有菌膜。在KB培养基上产生蓝绿色荧光。该菌发育适温25～27℃，最高29～30℃，最低0℃，48～49℃经10min可致死，适应pH 6.1～8.8，最适pH 7。

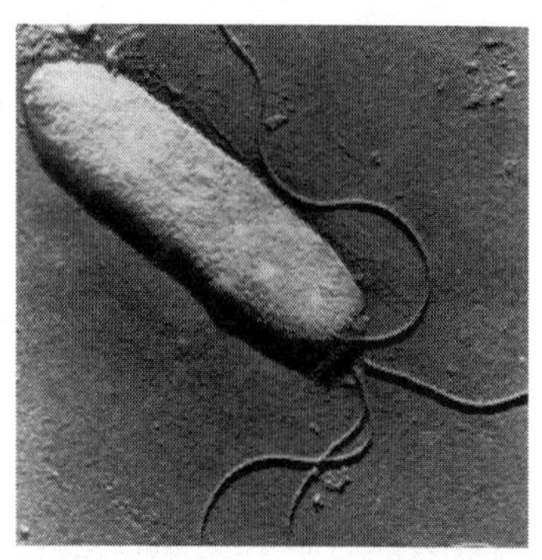

图6-13　油菜细菌性黑斑病病原丁香假单胞菌的菌体及鞭毛

三、病害循环

油菜细菌性黑斑病病菌主要在种子上或土壤及病残体上越冬，在土壤中可存活1年以上，随时可发生侵染。

四、发病规律

雨后容易发生病害。

五、防治方法

1. 选用抗软腐病的品种。

2. 与非十字花科蔬菜进行 2 年以上轮作，收获后及时清除病残物，集中深埋或烧毁。

3. 建立无病留种田，带菌种子可用种子质量 0.4%的 50%琥胶肥酸铜（DT）可湿性粉剂拌种，或丰灵 50～100g 拌油菜种子 150g 后播种。

4. 发现少量病株及时拔除，于发病初期喷洒 30%绿得保悬浮剂 500 倍液，或 72%农用硫酸链霉素可溶性粉剂 3 500 倍液、47%加瑞农可湿性粉剂 900 倍液、77%可杀得可湿性粉剂 600 倍液、14%络氨铜水剂 350 倍液、12%绿乳铜乳油 600 倍液。每 667m^{2}喷兑好的药液 40～50L。油菜对铜剂敏感，要严格掌握用药量，以避免产生药害。

第六节　油菜根肿病

一、症状

油菜根肿病主要为害根部，主根或侧根膨大成纺锤状或指形至不规则形的肿瘤（图 6－14），后肿瘤表皮变暗粗糙，地上部生长不良，造成叶片变黄萎蔫。

图 6－14　油菜根肿病症状

二、病原

油菜根肿病病原为芸薹根肿菌（*Plasmodiophora brassicae* Woron），属黏菌。休眠孢子囊在寄主细胞里形成，球形或卵形，壁薄，无色，单胞，大小（5.6～6.0）μm×（1.6～5.6）μm，萌发产生游动孢子。游动孢子洋梨形或球形，直径 2.5～3.5μm，前端具两根长短不等的鞭毛，在水中能游动，静止后呈变形体状，从油菜的根毛侵入寄主细胞内，经过一系列演变和扩展，从根部皮层进入形成层，刺激寄主薄壁细胞分裂、膨大，致根系形成肿瘤，最后病菌又在寄主细胞内形成大量休眠孢子囊（图 6-15），肿瘤烂掉后，休眠孢子囊进入土中越冬。

图 6-15　油菜根肿病原芸薹根肿菌的休眠孢子囊

三、病害循环

油菜根肿病病菌以休眠孢子囊在土壤中或黏附在种子上越冬，并可在土中存活 10～15 年。孢子囊借雨水、灌溉水、害虫及农事操作等传播，萌发产生游动孢子侵入寄主，经 10d 左右根部长出肿瘤。

四、发病规律

油菜根肿病病菌在9～30℃均可发育，适温23℃。适宜相对湿度50%～98%。土壤含水量低于45%病菌死亡。适宜pH 6.2，pH 7.2以上发病少。

五、防治方法

1. 加强对种子检疫与处理 进入病害区的种子，一定要用药剂浸种杀菌灭毒，或用908杀菌剂将种子喷洒后再播种。

2. 轮作种植。

3. 改造酸性土壤 可在本地区建一个粉煤灰复合肥厂，从根本上改造酸性土壤和黏土质，提高农作物的抗病、防病能力，缓解根肿病害发生。

第七节 油菜猝倒病

一、症状

油菜猝倒病主要为害幼苗。油菜出苗后，在茎基部近地面处产生水渍状斑，后缢缩折倒，湿度大时病部或土表生白色棉絮状物（图6-16），即病菌菌丝、孢囊梗和孢子囊。

图6-16 油菜猝倒病症状

二、病原

油菜猝倒病病原为瓜果腐霉［*Phthium aphanidermatum* (Eds.) Fitzp.］，菌丝体生长繁茂，呈白色棉絮状。菌丝无色，无隔膜，直径2.3～7.1μm。菌丝与孢囊梗区别不明显。孢子囊丝状或分枝裂瓣状，或呈不规则膨大，大小（63～725）μm×(5.9～15.8)μm。泡囊球形，内含6～26个游动孢子。藏卵器球形，直径14.9～34.8μm。雄器袋状至宽棍状，同丝或异丝生，多为1个，大小（5.6～15.4）μm×(7.4～10)μm。卵孢子球形，平滑，不满器，直径14.0～22.0μm（图6－17）。该菌在年平均气温高的地方出现频率较高。

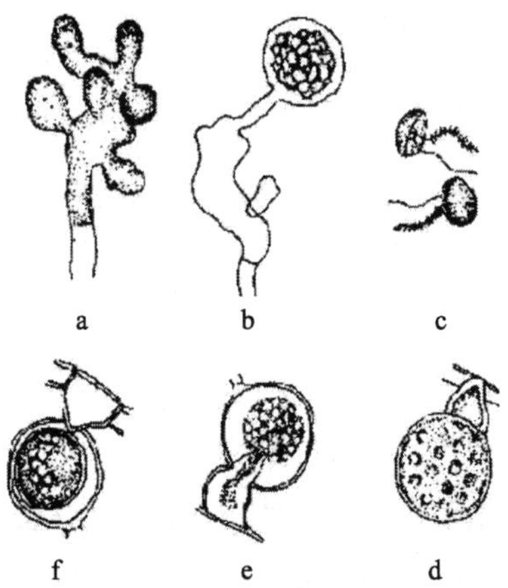

图6－17　油菜猝倒病原瓜果腐霉

a. 孢子囊　b. 孢子囊萌发形成孢囊　c. 游动孢子　d. 发育中的藏卵器　e. 藏卵器和雄器交配　f. 藏卵器、雄器和卵孢子

三、病害循环

油菜猝倒病病菌以卵孢子在12～18cm表土层越冬，并在土

中长期存活。翌春，遇有适宜条件萌发产生孢子囊，以游动孢子或直接长出芽管侵入寄主。此外，在土中营腐生生活的菌丝也可产生孢子囊，以游动孢子侵染幼苗引起猝倒。田间的再侵染主要靠病苗上产出孢子囊及游动孢子，借灌溉水或雨水溅附到贴近地面的根茎上引致更严重的损失。病菌侵入后，在皮层薄壁细胞中扩展，菌丝蔓延于细胞间或细胞内，后在病组织内形成卵孢子越冬。

四、发病规律

油菜猝倒病病菌生长适宜温度 15～16℃，适宜发病地温 10℃，温度高于 30℃受到抑制，低温对寄主生长不利，但病菌尚能活动，尤其是育苗期出现低温、高湿条件，利于发病。当幼苗子叶养分基本用完，新根尚未扎实之前是感病期，这时真叶未抽出，碳水化合物不能迅速增加，抗病力弱，遇有雨、雪等连阴天或寒流侵袭，地温低，光合作用弱，幼苗呼吸作用增强，消耗加大，致幼茎细胞伸长，细胞壁变薄病菌乘机侵入，因此，该病主要在幼苗长出 1～2 片叶之前发生。

五、防治方法

1. 选用耐低温、抗寒性强的品种　如陇油 2 号、蓉油 3 号、江盐 1 号、豫油 2 号等。

2. 种子处理　可用种子质量 0.2％的 40％拌种双粉剂拌种或土壤处理。药剂处理土壤方法参见大豆猝倒病。必要时可喷洒 25％瑞毒霉可湿性粉剂 800 倍液，或 3.2％恶・甲水剂 300 倍液、95％恶霉灵精品 4 000 倍液、72.2％普力克水剂 400 倍液，每平方米喷兑好的药液 2～3L。

3. 栽培措施　合理密植，及时排水、排渍，降低田间湿度，防止湿气滞留。

第八节　油菜根腐病

一、症状

油菜根腐病主要为害幼苗根部和根茎部，引起未出土或刚出土幼苗茎基部初呈水渍状，后变褐，致油菜幼苗根茎腐烂（图 6－18）。

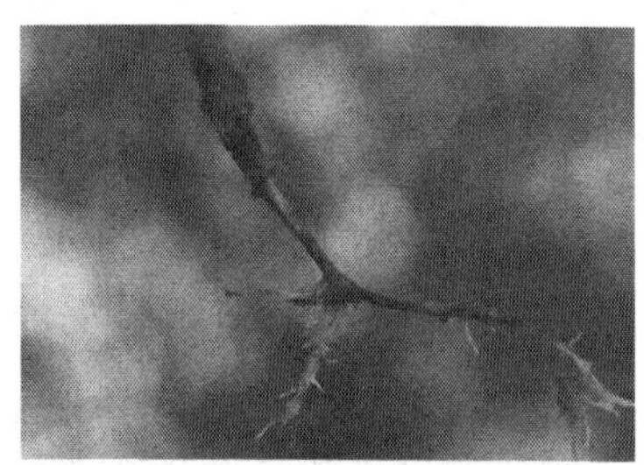

图 6－18　油菜根腐病症状

二、病原

油菜根腐病为多种真菌侵染引起。主要病原有链格孢（*Alternaria tenuis* Nees）、尖孢镰孢（*Fusarium oxysporum* Sehlecht）、德巴利腐霉（*Phthium debaryanum* Hesse），此外还有齐整小核菌（*Sclerotium rolfsii* Sacc.）。

三、病害循环

链格孢以菌丝体和分生孢子在病残体上或随病残体遗落土中越冬，翌年产生分生孢子进行初侵染和再侵染。该菌寄生性虽不强，但寄主种类多，分布广泛，在其他寄主上形成的分生孢子，也是该病的初侵染和再侵染源。尖孢镰孢主要以菌丝体、分生孢子及厚垣孢子等随植株病残体在土壤中或种子上越夏或越冬，未腐熟的粪肥也可带菌。病菌可随雨水及灌溉水传播，从根部伤口或根尖直接侵入，侵入后经薄壁细胞到达维管束，在维管束中，病菌产生镰刀菌素等有毒物质，堵塞导管，致植株萎蔫枯死。德巴利腐霉病菌以卵孢子在土壤中存活或越冬。翌年条件适宜产生孢子囊，以游动孢子或直接长出芽管侵入寄主。齐整小核菌以菌核随病残体遗落土中越冬。翌年条件适宜时，菌核产生菌丝进行初侵染。病株产生的绢丝状菌丝延伸接触邻近植株或菌核借水流传播进行再侵染，使病害传播蔓延。

四、发病规律

连作或土质黏重及地势低洼或高温多湿的年份或季节发病重。

五、防治方法

1. 重病地避免连作。

2. 提倡施用日本酵素菌沤制的堆肥或充分腐熟有机肥。

3. 及时检查，发现病株及时拔除、烧毁，病穴及其邻近植株淋灌5%井冈霉素水剂1 000～1 600倍液，或50%田安水剂500～600倍液、20%甲基立枯磷乳油1 000倍液、90%敌克松可湿性粉剂500倍液，每株（穴）淋灌0.4～0.5L；或用40%拌种灵加细沙配成1∶200倍药土，每穴100～150g，隔10～15d 1次。

4. 用培养好的哈茨木霉0.4～0.45kg，加50kg细土，混匀后撒覆在病株基部，能有效地控制该病扩展。

第九节 油菜立枯病

一、症状

叶柄染病近地面处有凹陷斑，湿度大时病斑上生浅褐色蛛丝状菌丝。茎基部染病初生黄色小斑，渐成浅褐色水渍状，后变为灰黑色凹陷斑，有的侵染茎部，并形成大量菌核（图6－19）。

图 6-19　油菜立枯病症状

二、病原

油菜立枯病病原为立枯丝核菌（*Rhizoctonia solani* Kühn）AG2-1 和 AG-4 菌丝融合群，属半知菌亚门真菌。该菌不产生孢子，主要以菌丝体传播和繁殖。初生菌丝无色，后为黄褐色，具隔，粗 8～12μm，分枝基部缢缩，老菌丝常呈一连串桶形细胞。菌核近球形或无定形，0.1～0.5mm，无色或浅褐至黑褐色。担孢子近圆形，大小（6～9）μm×（5～7）μm。有性态为瓜亡革菌［*Thanatephorus cucumems*（Frank）Donk］，属担子菌亚门真菌（图 6-20）。

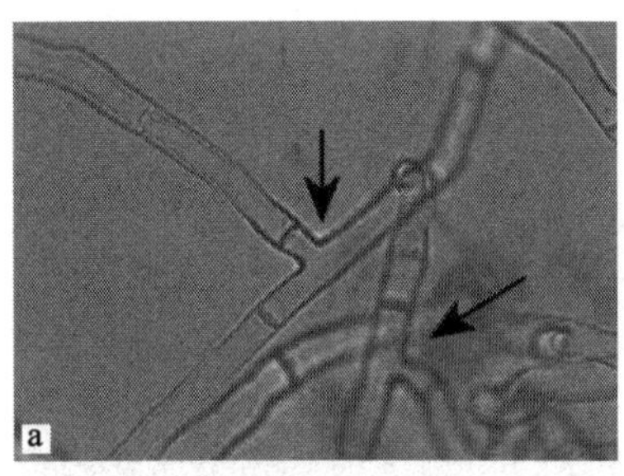

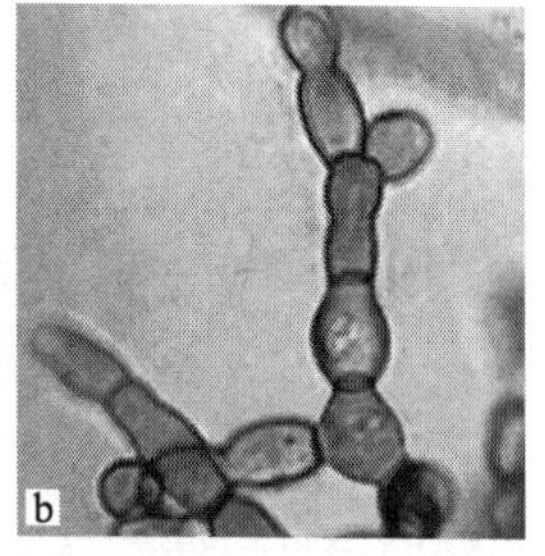

图 6-20　油菜立枯病病原立枯丝核菌

a. 菌丝（箭头所指为直角形的菌丝分支）　b. 念珠状细胞

三、病害循环

油菜立枯病病菌以菌核或厚垣孢子在土壤中休眠越冬。翌年地温高于10℃开始萌发，进入腐生阶段，油菜播种后遇有适宜发病条件，病菌从根部的气孔、伤口或表皮直接侵入，引起发病。后病部长出菌丝继续向四周扩展。也有的形成子实体，产生担孢子在夜间飞散，落到植株叶片上以后，产生病斑。此外该病还可通过雨水、灌溉水、肥料或种子传播蔓延。

四、发病规律

土温11～30℃、土壤湿度20%～60%均可侵染。高温、连阴雨天多、光照不足、幼苗抗性差易染病。

五、防治方法

1. 农业防治 实行轮作，避免重作。油菜直播地尽量做到不连续两年重播，避开十字花科作物重茬。选择无病田育苗，减少根腐病初侵染途径。因地制宜确定适宜播种期，不宜过早播种。要及时翻耕晒垡，整畦挖沟，施用腐熟的农肥。精细整地，清沟沥水。对于低洼易积水的田块，应采用高畦深沟栽培。合理密植，适时间苗，去除病弱苗，增强苗床透光通风性，降低植株间湿度，培育壮苗。

2. 药剂防治 苗床整畦时，用70%敌克松可湿性粉剂15kg/hm^{2}加干细土450kg，拌匀成药土，播种前撒施畦内。发病初期喷70%敌克松可湿性粉剂1 000倍液，或用75%百菌清可湿性粉剂600～700倍液，或50%多菌灵可湿性粉剂800～1 000倍液，或20%甲基立枯磷乳油1 200倍液。重病田隔7d喷1次，连续2～3次。

第十节　油菜软腐病

一、症状

油菜软腐病在我国芥菜型、白菜型油菜上发生较重。初在茎基部或靠近地面的根茎部产生水渍状斑（图 6－21a），后逐渐扩展，略凹陷，表皮微皱缩，后期皮层易龟裂或剥开，内部软腐变空，植株萎蔫（图 6－21b）。严重的病株倒伏干枯而死。

图 6－21　油菜软腐病症状
a. 发病初期　b. 发病后期

二、病原

油菜软腐病病原为胡萝卜软腐欧文氏菌胡萝卜软腐致病变种［*Erwiinia carotovora* subsp. *carotovora* (Jones) Bergey et al］，属细菌。菌体短杆状，周生 2～8 根鞭毛，无荚膜，不产生芽孢，革兰氏染色阴性（图 6－22）。在肉汁胨培养基上菌落乳白色，半透明，具光泽，全缘。生长发育温度范围在 4～48℃，最适 27～30℃，适宜 pH 5.3～9.2，中性最适。

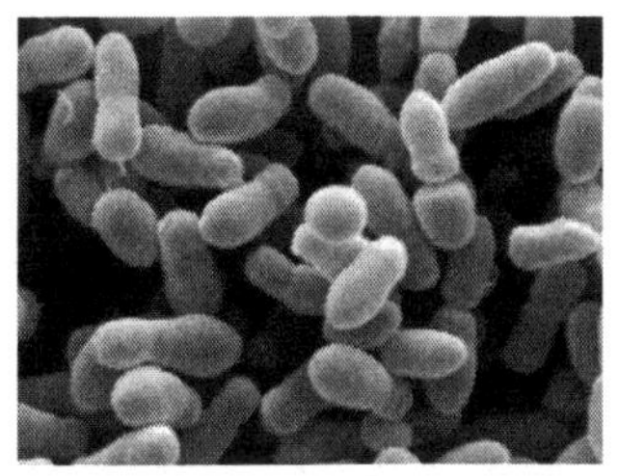

图 6 - 22　油菜软腐病病原胡萝卜软腐欧文氏菌的杆状菌体

三、病害循环

带病植株、病残体、有机肥、土壤和生产工具等都是油菜软腐病侵染来源。病原可随流水、浇（灌）水、土壤和土壤中的害虫等传播、扩散。病菌多从伤口、幼芽和根毛等处侵入，经维管束不断向地上部转移。土壤中的病菌可存活 120 多天，土温 5℃以下可长期存活，15℃以上 1～2d 会死亡。病菌侵入油菜后会产生果胶酶，分解胶质物等致使细胞组织分解并崩溃。

四、发病规律

油菜连作田发病多且重；白菜型和芥菜型油菜发病比甘蓝型重。春季阴雨、潮湿和温暖的天气有利于发病，会明显加重病情；稻茬和土壤湿度高的油菜地，如降湿措施不到位，该病发生也将偏多、偏重；偏施或只施用速效化肥的田块，发病多而重。稻茬油菜比旱茬作物（特别是白菜等十字花科作物）油菜发病少而轻，如稻茬油菜采用深沟、高畦栽培，则有利于抑制该病的发生。早播的油菜比晚播的发病多；春季晴、冷、阴雨、风寒等交替频繁，会导致该病暴发、流行。排水不良、地下水位高和易积（渍）水的田块，该病也会多发、重发；受冻伤的油菜植株极易染病。

五、防治方法

1. 播前 20d 耕翻晒土，施用酵素菌沤制的堆肥或充分腐熟的有机肥。

2. 合理掌握播种期，采用高畦栽培，防止冻害，减少伤口。

3. 药剂防治 发病初期喷洒 72%农用硫酸链霉素可溶性粉剂 3 000～4 000 倍液，或 47%加瑞农可湿性粉剂 900 倍液、30%绿得保悬浮剂 500 倍液、14%络氨铜水剂 350 倍液，隔 7～10d 1 次，连续防治 2～3 次。油菜对铜制剂敏感，要严格控制用药量，以防药害。

第十一节　大豆孢囊线虫病

一、症状

大豆孢囊线虫病主要为害根部，被害植株发育不良，矮小。苗期感病后子叶和真叶变黄，发育迟缓；成株感病地上部矮化和黄萎，结荚少或不结荚，严重者全株枯死。病株根系不发达，侧根显著减少，细根增多，根瘤稀少。发病初期拔起病株观察，可见根上附有许多白色或黄褐色小颗粒，即孢囊线虫雌成虫，这是鉴别孢囊线虫病的重要特征（图 6－23）。孢囊线虫以卵在孢囊

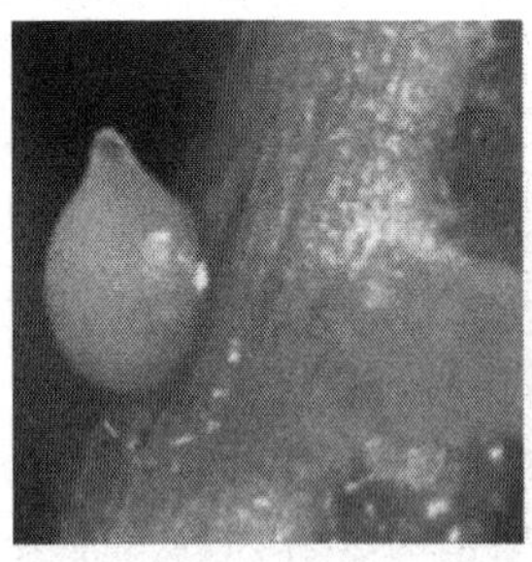

图 6－23　大豆孢囊线虫病症状

里于土壤中越冬，孢囊对不良环境的抵抗力很强。第二年春二龄幼虫从寄主幼根的根毛侵入，在大豆幼根皮层内发育为成虫，雌虫体随内部卵的形成而逐渐肥大成柠檬状，突破表层而露出寄主体外，仅用口器吸附于寄主根上。

二、病原

大豆孢囊线虫病病原为大豆孢囊线虫（*Heterodera glycines*），雌雄成虫异形又异皮。雌成虫柠檬形，皮先白后变黄褐，大小 0.51～0.85mm。壁上有不规则横向排列的短齿花纹，具有明显的阴门圆锥体，阴门小板为两侧半膜孔型，具有发达的下桥和泡状突。雄成虫线形，皮膜质透明，尾端略向腹侧弯曲，平均体长 1.24 mm。卵长椭圆形，一侧稍凹，皮透明，大小 108.2μm×45.7μm。幼虫一龄在卵内发育，蜕皮成二龄幼虫，二龄幼虫卵针形，头钝尾细长，三龄幼虫腊肠状，生殖器开始发育，雌雄可辨。四龄幼虫在三龄幼虫旧皮中发育，不卸掉蜕皮的外壳（图 6 - 24）。

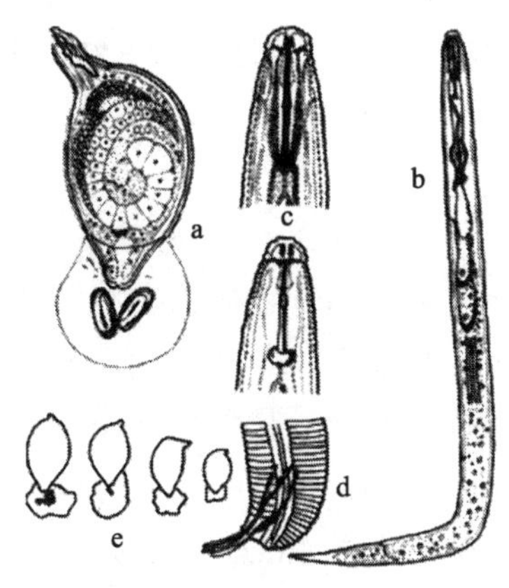

图 6 - 24　大豆孢囊线虫

a. 雌虫及卵囊　b. 雄虫　c. 头部　d. 雄虫尾部　e. 卵囊

三、病害循环

孢囊线虫以卵、胚胎卵和少量幼虫在孢囊内于土壤中越冬，有的黏附于种子或农具上越冬，成为翌年初侵染源，孢囊角质层厚，在土壤中可存活10年以上。虫卵越冬后，以二龄幼虫破壳进入土中，遇大豆幼苗根系侵入，寄生于根的皮层中，以口针吸食，虫体露于其外。雌雄交配后，雄虫死亡。雌虫体内形成卵粒，膨大变为孢囊。孢囊落入土中，卵孵化可再侵染。二龄线虫只能侵害幼根。秋季温度下降，卵不再孵化，以卵在孢囊内越冬。

四、发病规律

气温在18～25℃发育最好，最适相对湿度为60%～80%，过湿、氧气不足易使线虫死亡。过于黏重、通气不良的土壤，不利于线虫的存活。需要通气良好的土壤，如冲积土、轻壤土、沙壤土、草甸棕壤土等粗结构的土壤和瘠薄少岗地等土壤中孢囊密度大，线虫病发生早而重，减产幅度大。此外，在偏碱性的土壤内，发生也重。多年连种大豆的地块，土壤内线虫数量便逐年增多，危害也逐年加重，大豆产量也越来越低。

五、防治方法

1. 轮作 与禾谷类等非寄主作物实行3年以上轮作，轮作年限越长，防治效果越显著。

2. 选育和利用抗病品种 品种资源中的小黑豆、北京小黑豆等可作为抗源使用。吉林和黑龙江都已获得一些高世代的抗病品系。黑龙江的抗线一号适合在盐碱地重病区应用，1991年已开始推广。耐线虫品种在生产上利用虽可增产6%～15%，但不能减少土中的孢囊数量，因此不能减轻以后的发病。

3. 药剂防治 目前溴甲烷、克百威、硫环磷等化学药剂因破坏大气臭氧层和高毒高残留等问题而陆续被限制使用，有效药剂越来越少。

第十二节 大豆镰刀菌根腐病

一、症状

大豆镰刀菌根腐病主要发生在苗期。病株根及茎基部产生褐色长条形至不规则形凹陷斑，后扩展成环绕主根的大斑块，有的为害侧根。该菌主要为害皮层，造成病苗出土很慢，子叶褪绿，侧根、须根少，后期根部变黑，表皮腐烂，病株发黄变矮，下部叶提前脱落（图 6－25）。病株一般不枯死，但结荚少，粒小。

图 6－25 大豆镰刀菌根腐病症状

二、病原

大豆镰刀菌根腐病病原有两种，一种为尖镰孢菌嗜管专化型（*Fusarium oxysporum* f. sp. *tracheiphilum*），属半知菌亚门真菌。分生孢子座褐色或橘红色，黏稠状。小型分生孢子卵形，单胞无色。大型分生孢子镰刀形，具3～5个分隔，无色，基部细胞脚状（图6-26）。厚垣孢子单生或双生，间生或顶生。另一种为直喙镰孢（*F. orthoceras*），属半知菌亚门真菌。子座淡肉色或紫色。菌丝棉絮状，淡红色。大型分生孢子圆筒形或纺锤形至镰刀形3个隔膜的大小（15～61）μm×（2.4～4.8）μm。小型分生孢子1～2个细胞。

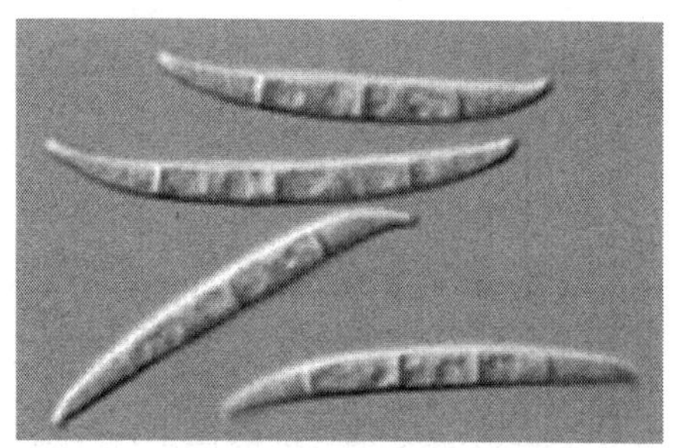

图6-26　大豆镰刀菌根腐病病原尖镰孢菌嗜管专化型的大型分生孢子

三、病害循环

大豆镰刀菌根腐病菌寄主范围广，是土壤习居菌之一，主要以厚垣孢子、休眠菌丝或菌核过冬或度过不良环境，成为翌年初侵染源。种子带菌的可引致幼苗出土前发病。

四、发病规律

病菌直接穿透寄主表皮或从气孔及次生根上的伤口侵入，有的还能从下胚轴的气孔侵入，菌丝在细胞间生长、蔓延，引起病变。该菌系兼性寄生菌，凡不利幼苗生长发育的条件，常利于根腐病发生。春季低温及低洼地或下水头、连续降雨、根、茎基部伤口多易发病。播种过深、过早、幼苗出土慢及重茬、耕作粗放地块发病重。

五、防治方法

1. 选用抗病品种　如黑河 3 号、红丰 3 号等。

2. 栽培措施　适时早播，掌握播种深度，实行深松耕法；合理轮作；选用无病种子等。

3. 种子处理　用种子质量 0.3%的 50%拌种双拌种，有一定防效。

4. 药剂防治　参见大豆疫霉根腐病。

5. 必要时喷洒植物动力 2003 或多得稀土营养剂。

第十三节　大豆根结线虫病

一、症状

豆根受线虫刺激，形成节状瘤，病瘤大小不等，形状不一，有的小如米粒，有的形成“根结团”，表面粗糙，瘤内有线虫(图 6－27)。病株矮小，叶片黄化，严重时植株萎蔫枯死，田间成片黄黄绿绿，参差不齐。

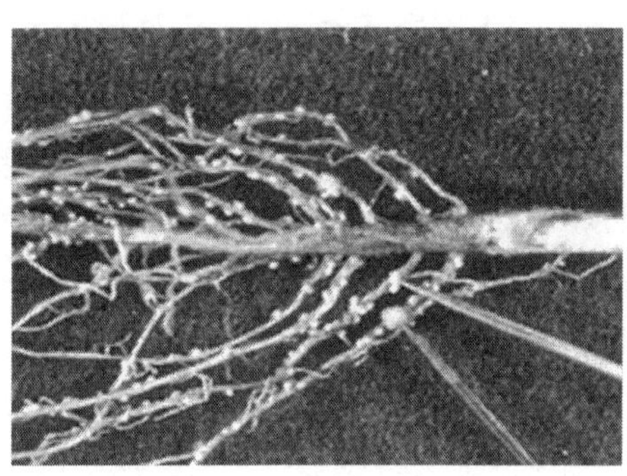

图 6－27　大豆根结线虫病症状

二、病原

大豆根结线虫病病原主要有南方根结线虫（*Meloidogyne incognita*）、花生根结线虫（*M. arenaria*）（图 6-28）、北方根结线虫（*M. hapla*）、爪哇根结线虫（*M. javanica*）4 种，均属植物寄生线虫。

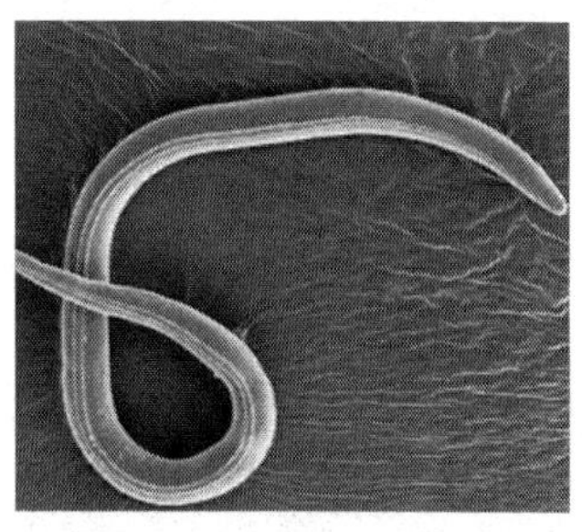

图 6-28　大豆根结线虫病病原花生根结线虫的雄虫虫体

三、病害循环

大豆根结线虫以卵在土壤中越冬，带虫土壤是主要初侵染源。翌年气温回升，单细胞的卵孵化形成一龄幼虫，蜕一次皮形成二龄幼虫出壳，进入土内活动，在根尖处侵入寄主，头插入维管束的筛管中吸食，刺激根细胞分裂膨大，幼虫蜕皮形成豆荚形三龄幼虫及葫芦形四龄幼虫，经最后一次蜕皮性成熟成为雌成虫，阴门露出根结产卵，形成卵囊团，随根结逸散入土中，通过农机具、人畜作业以及水流、风吹随土粒传播。是一种定居型线虫，由新根侵入。

四、发病规律

温度适宜大豆根结线虫病随时都可侵入为害。连作大豆田发病重。偏酸或中性土壤适于线虫生育。沙质土壤、瘠薄地块利于线虫病发生。

五、防治方法

1. 与非寄主植物进行3年以上轮作　在鉴别清楚当地根结线虫种类基础上有效轮作。北方根结线虫分布区与禾本科作物轮作，南方根结线虫区宜与花生轮作，不能与玉米、棉花轮作。

2. 因地制宜地选用抗线虫病品种　同一地区不宜长期连续使用同一种抗病品种。

3. 化学药剂防治　种衣剂拌种，一般含有克百威（呋喃丹）蔬菜、果树等作物禁用成分。土壤施药，3%呋喃丹颗粒处理土壤。一般每公顷使用呋喃丹颗粒剂150～180kg。

4. 生物防治　大豆保根菌剂每公顷所需大豆种子用液1 500～2 250mL拌种，以高剂量防效更好。也可每公顷用大豆采根菌剂1 050kg与种肥混施。另外可用豆丰1号生防颗粒剂，每公顷75～150kg，与种肥混施。

第十四节　大豆菌核病

一、症状

大豆菌核病主要为害地上部，苗期、成株均可发病，花期受害重，产生苗枯、叶腐、茎腐、荚腐等症。苗期染病茎基部褐变，呈水渍状，湿度大时长出棉絮状白色菌丝，后病部干缩呈黄褐色枯死，表皮撕裂状。叶片染病始于植株下部，初叶面生暗绿色水渍状斑，后扩展为圆形至不规则形，病斑中心灰褐色，四周暗褐色，外有黄色晕圈；湿度大时亦生白色菌丝，叶片腐烂脱落。茎秆染病多从主茎中下部分杈处开始，病部水渍状，后褪为浅褐色至近白色，病斑形状不规则，常环绕茎部向上、下扩展，致病部以上枯死或倒折。湿度大时在菌丝处形成黑色菌核（图 6-29）。病茎髓部变空，菌核充塞其中。干燥条件下茎皮纵向撕裂，维管束外露似乱麻，严重的全株枯死，颗粒不收。豆荚染病现水渍状不规则病斑，荚内、外均可形成较茎内菌核稍小的菌核，多不能结实。

图 6-29　大豆菌核病症状

二、病原

大豆菌核病病原为核盘菌（*Sclerotinia sclerotiorum*），属子囊菌亚门真菌。菌核圆柱状或鼠粪状，大小（3～7）μm×（1～4）μm，内部白色，外部黑色。子囊盘盘状，上生栅状排列的子囊。子囊棒状，内含 8 个子囊孢子。子囊孢子单胞，无色，椭圆形，大小（9～14）μm×（3～6）μm。侧丝无色，丝状，夹生在子囊间。菌丝在 5～30℃均可生长，适温 20～25℃。菌核萌发温度范围在 5～25℃，适温 20℃。菌核萌发不需光照，但形成子囊盘柄需散射光才能膨大形成子囊盘。

三、病害循环

大豆菌核病病原菌以在土壤中和混在种子间的菌核越冬，种子亦可带病。越冬后的菌核，在大田封垄后，在土壤温度和湿度适宜时，萌发产生子囊盘，子囊孢子为初次侵染源，可以气传，最远能传30m。大豆扬花期病原孢子落到花上，利用花的养分萌发，在花开过以后侵染进入植株。病原菌在茎内部生长向上发展，然后转到茎秆的外部，显症。菌核在土壤中可存8～10年，但在潮湿土壤中存活时间短。

四、发病规律

向日葵茬种大豆、重迎茬大豆、低洼地大豆、密度大长势繁茂的大豆发病重，7月底至8月降雨多的年份，发病重。

五、防治方法

1. 病害预测预报 加强长期和短期测报以正确估计本年度发病程度，并据此确定合理种植结构。

2. 轮作 实行与非寄主作物3年以上的轮作。菌核在非寄主轮作的生长季也可以萌发，无效侵染而死。

3. 选用抗耐病品种的无病种子 选用株型紧凑、尖叶或叶片上举、通风透光性能好的耐病品种，如合丰26、黑河7号、九丰3号、内豆1号等。种子在播种前要过筛，清除混在种子中的菌核。

4. 栽培措施 及时排水，降低豆田湿度，避免施氮肥过多，收获后清除病残体。发生严重地块后，豆秆要就地烧毁，实行秋季深翻，使遗留在土壤表层的菌核、病株残体埋入土下腐烂死亡。

5. 药剂防治 发病初期开始喷洒40%多·硫悬浮剂600～700倍液，或70%甲基硫菌灵可湿性粉剂500～600倍液、50%混杀硫悬浮剂600倍液、80%多菌灵可湿性粉剂600～700倍液、50%扑海因可湿性粉剂1 000～1 500倍液、12.5%治萎灵水剂500倍液、40%治萎灵粉剂1 000倍液、50%复方菌核净1 000倍液，此外，每667m^{2}施用真菌王肥200mL与50%防霉宝（多菌灵盐酸盐）600g，兑水 60L 于初花末期或发病初期喷洒，防效优异。或选择 50％速克灵可湿性粉剂每公顷用药量 1 500g，兑水喷雾，40％纹枯利可湿性粉剂 800～1 200 倍液。也可选择 50％农利灵可湿性粉剂每公顷用药量 1 500g，兑水喷雾，25％施保克乳油每公顷 1 050mL，兑水喷雾。一般于发病初期防治一次，7～10d 后再喷一次，但一定要喷得均匀周到，才能得到较好效果。

第十五节　大豆纹枯病

一、症状

湿度大时病叶似烫伤状枯死。天晴时病斑呈褐色，逐渐枯死脱落，并蔓延至叶柄和分枝处，严重时全株枯死（图 6－30）。荚上形成灰褐色，水渍状病斑，上生白色菌丝，后形成褐色菌核。种子被害后腐败。

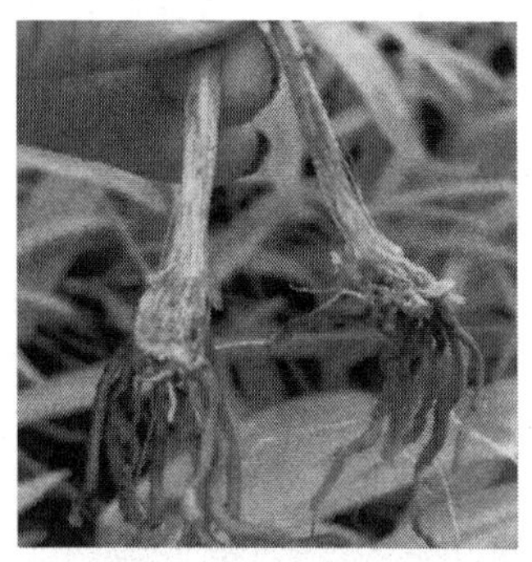

图 6－30　大豆纹枯病症状

二、病原

大豆纹枯病病原为立枯丝核菌（*Rhizoctonia solani* Kühn），

可分为 AG-1A 和 AG-1B 菌丝融合群，属半知菌亚门真菌。有性世代为瓜亡革菌［*Thanatephorus cucumeris*（Frank）Donk］，属担子菌亚门真菌。

三、病害循环

大豆纹枯病病菌以菌核在土壤中越冬，也能以菌丝体和菌核在病残体上越冬，落在土壤中的菌核生活力极强，经多年才能死亡，成为下一次大豆或水稻作物的初侵染菌源。在适宜的温、湿度条件下，菌核萌发长出菌丝继续为害大豆或水稻。7～8 月田间往往一条垄上一株或几株接连发病，病株常上下大部分叶片均被感染。

四、发病规律

大豆纹枯病是一种在高温、高湿条件下才发生的病害，高温多雨，大豆田积水或种植过密，通风不良，利于大豆纹枯病的发生，与水稻轮作或水稻田埂上的大豆易发病。

五、防治方法

1. 选种抗病品种。
2. 合理密植，实行 3 年以上轮作。
3. 秋收后及时清除田间遗留的病株残体，秋翻土地将散落于地表的菌核及病株残体深埋土里，可减少菌源，减轻下年发病。
4. 必要时喷洒 20％甲基立枯磷乳油 1 200 倍液。

第十六节 大豆疫霉根腐病

一、症状

大豆疫霉根腐病在大豆各生育期均可发病。出苗前染病引起种子腐烂或死苗。出苗后染病引致根腐或茎腐，造成幼苗萎蔫或死亡。成株染病茎基部变褐腐烂，病部环绕茎蔓延至第10节，下部叶片叶脉间黄化，上部叶片褪绿，造成植株萎蔫，凋萎叶片悬挂在植株上（图6-31）。病根变成褐色，侧根、支根腐烂。

图6-31　大豆疫霉根腐病症状

二、病原

大豆疫霉根腐病病原为大豆疫霉（*Phytophthora megasperma* f. sp. *glycinea* Kuan Erwin）。有性态产生卵孢子（图6-32），卵孢子球形，壁厚，单生在藏卵器里。雄器侧生。卵孢子发芽长出芽管，形成菌丝或孢囊。孢囊无乳状突起，萌发后形成游动孢子或直接萌发生出芽管。形成游动孢子适温15℃，最低5℃，孢子囊直接萌发适温25℃。卵孢子在水中4d后萌发，每天需光照2h以上。24～27℃卵孢子萌发率

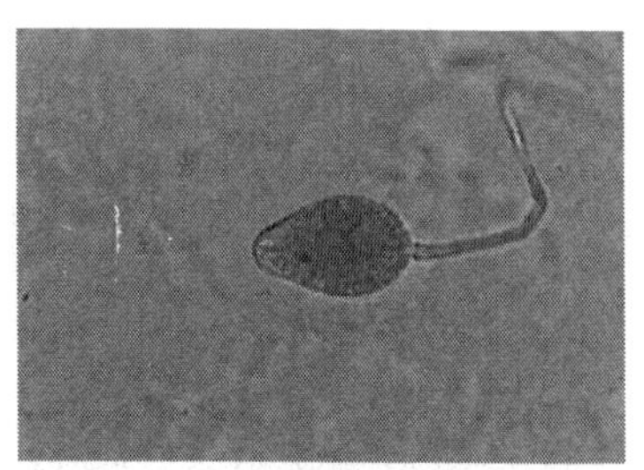

图6-32　大豆疫霉根腐病病原大豆疫霉的孢子囊

高达78%，15℃或30℃萌发率只有8%～9%。该菌已划分出24个生理小种。

三、病害循环

病菌以卵孢子在土壤中存活越冬成为大豆疫霉根腐病初侵染源。带有病菌的土粒被风雨吹或溅到大豆上能引致初侵染，积水土中的游动孢子遇上大豆根以后，先形成休眠孢子，后萌发侵入，产生菌丝在寄主细胞间蔓延，形成球状或指状吸器汲取营养，同时还可形成大量卵孢子。土壤中或病残体上卵孢子可存活多年。卵孢子经30d休眠才能萌发。

四、发病规律

湿度高或多雨天气、土壤黏重，易发病。重茬地发病重。

五、防治方法

1. 选用对当地小种具抵抗力的抗病品种。

2. 加强田间管理，及时深耕及中耕培土。雨后及时排除积水防止湿气滞留。

3. 播种时沟施甲霜灵颗粒剂，使大豆根吸收可防止根部侵染。

4. 播种前用种子质量0.3%的35%甲霜灵粉剂拌种。

5. 必要时喷洒或浇灌25%甲霜灵可湿性粉剂800倍液，或58%甲霜灵·锰锌可湿性粉剂600倍液、64%杀毒矾可湿性粉剂500倍液、72%杜邦克露或72%霜脲·锰锌可湿性粉剂700倍液、69%安克·锰锌可湿性粉剂900倍液。

6. 还可搭配喷洒植物动力2003或多得稀土营养剂。

第十七节　花生根腐病

一、症状

苗期受害引致根腐、苗枯（图 6－33a）成株期受害引致根腐、茎基腐和荚腐，病株地上部表现矮小、生长不良、叶片变黄，终致全株枯萎。该病发病部位主要在根部及维管束，使病株根变褐腐烂，维管束变褐，主根皱缩干腐，形似老鼠尾状，患部表面有黄白色至淡红色霉层（图 6－33b）。

图 6－33　花生根腐病症状
a. 受害幼苗　b. 受害成株根部

二、病原

花生根腐病由半知菌亚门的镰刀菌侵染引起。包括尖孢镰孢（*Fusarium oxysporum*）、腐皮镰孢菌（*F. solani*）（图 6－34）、粉红色镰孢菌（*F. roseum*）、三线镰孢（*F. tricinctum*）和串珠镰孢菌（*F. moniliforme*）5 种，它们都可产生无性态的小孢子、大孢子和厚垣孢子。小孢子卵圆形至椭圆形，无色，多为单胞，大小（2～3）μm×（5～12）μm。大孢子镰刀形或新月形，具 3～5 个分隔。厚垣孢子近球形，单生或串生，直径 7～11μm。

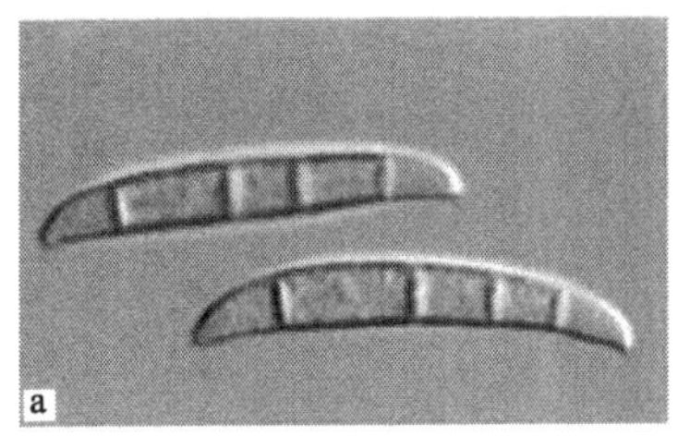

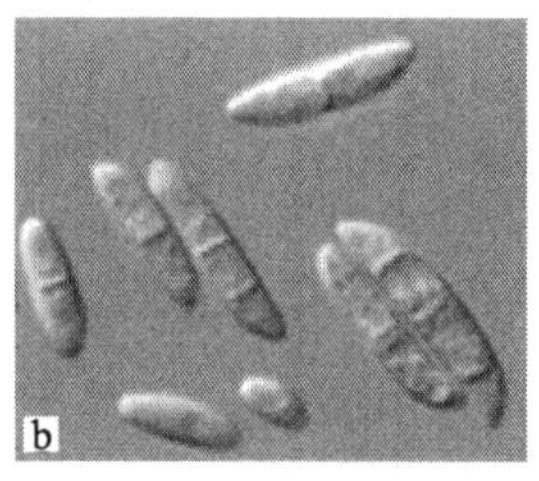

图 6-34 花生根腐病病原腐皮镰孢菌

a. 大型分生孢子 b. 小型分生孢子

三、病害循环

病菌主要随病残体在土壤中越冬并成为病害主要初侵染源，带菌的种仁、荚果及混有病残体的土杂肥也可成为病害的初侵染源。病菌主要借流水、施肥或农事操作而传播。初侵接种体主要是厚垣孢子，再侵接种体为大、小分生孢子，能从寄主伤口或表皮直接侵入，在维管束内繁殖蔓延。

四、发生规律

通常植地连作，地势低洼，土层浅薄，持续低温阴雨或大雨骤晴、少雨干旱的不良天气发病较重。

五、防治方法

1. 把好种子关 做好种子的收、选、晒、藏等工作，播前翻晒种子，剔除变色、霉烂、破损的种子，并用种子质量 0.3% 的 40%三唑酮、门神、多菌灵可湿性粉剂加新高脂膜拌种，密封 24h 后播种。

2. 合理轮作 因地制宜确定轮作方式、作物搭配和轮作年限。

3. 抓好以肥水为中心的栽培管理 整治排灌系统，提高植地防涝抗旱能力，雨后及时清沟排渍降湿；增肥改土，精细整地，提高播种质量；视天气条件适期播种；注意施用基肥，抓好田间卫生，增肥改土，注意施用不带病残体的净粪，适当增施磷、钾肥。在花生前期管理中应及时喷施促花王3号，抑制主梢旺长，促进花芽分化，合理追肥浇水，并在开花前期、幼果期、果实膨大期喷施根块膨，使地下果营养输导管变粗，提高地果膨大活力，增加花生的产量。

4. 采用特效杀菌剂+叶面肥混合灌根或茎基部喷施 可结合防治花生叶斑病、花生疮痂病，选用30%丙环唑·苯醚甲环唑（爱苗）20mL或50%氯溴异氰脲酸40g或60%吡唑醚菌酯·代森联水分散粒剂（百泰）16g+中联化工药肥合剂粒粒宝50mL兑水30～50kg喷雾，隔10～15d喷1次，连喷2～3次，交替施用，喷足淋透。如果田间有蚜虫、棉铃虫发生，可同时加入10%吡虫啉20～25g、5.5%高效氯氰菊酯1 500倍液或1.8%阿维菌素3 000倍液兼治。

第十八节　花生茎腐病

一、症状

花生茎腐病病菌从子叶或幼根侵入植株，在根颈部产生黄褐色水渍状病斑，后变黑褐色，引起根基组织腐烂（图6－35a）。当潮湿环境时，病部产生分生孢子器（即黑色小突起），病部表皮易剥落，纤维组织外露。当环境干燥时，病部表皮凹陷，紧贴茎上，成株期感病后，10～30d全株枯死，发病部位多在茎基部贴地面，有时也出现主茎和侧枝分期枯死现象（图6－35b）。

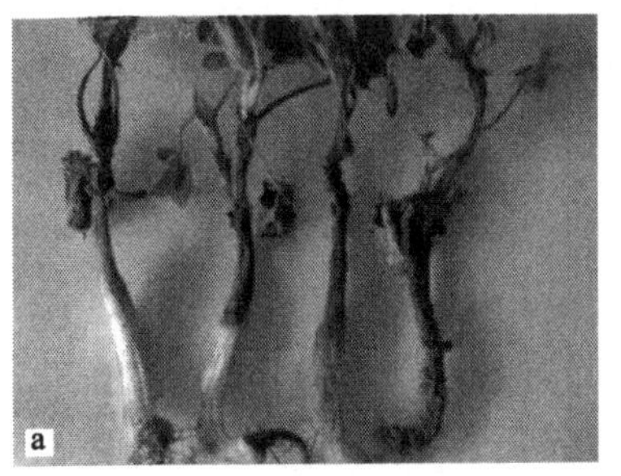
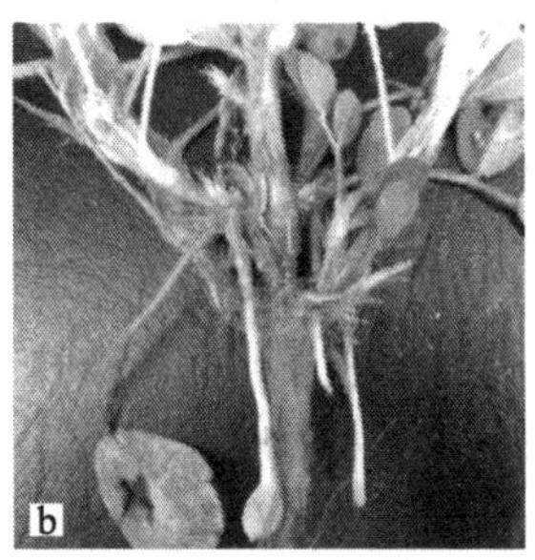

图 6-35　花生茎腐病症状
a. 感病幼苗　b. 感病成株

二、病原

花生茎腐病病原为棉壳色单隔孢（*Diplodia gossypina* Cooke），属无性菌类壳色单隔孢属。有性态为柑橘囊孢壳（*Physalospora rhodian* Berk. & Curt.），属子囊菌门囊孢壳属真菌。病部小黑点即病原菌的分生孢子器，常突出于体表，黑色，近球形，直径 220～230μm，顶端孔口呈乳头状突起（图 6-36）。分生孢子梗细长，不分枝，无色。分生孢子初期无色，透明，单细胞，椭圆形，后期变为暗褐色，双胞，大小（20.9～26.6）μm×

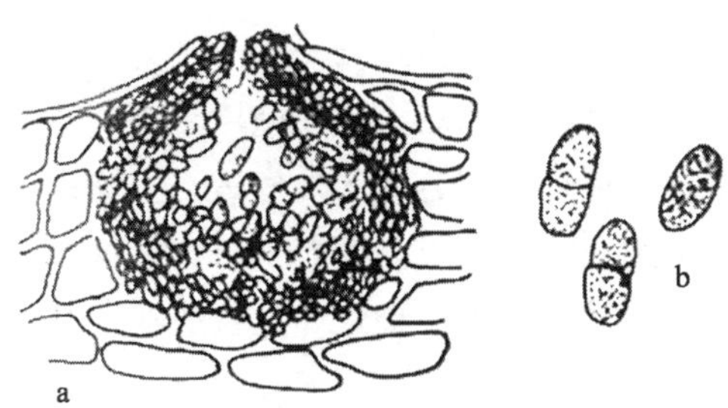

图 6-36　花生茎腐病病原棉壳色单隔孢
a. 分生孢子器　b. 分生孢子

(13.3～17.4)μm。两种分生孢子都能萌发。菌丝生长温度10～40℃，最适温度23～35℃，致死温度55℃ 10min，在－1～－3℃下经27d仍有侵染力。

三、病害循环

病菌主要在种子和土壤中的病残株上越冬，成为第二年发病的来源。病株作为饲料或用荚果壳饲养牲畜后粪便，以及混有病残株所堆积的土杂肥也能传播蔓延。在田间传播，主要是靠田间雨水径流，其次是大风，农事操作过程中携带病菌也能传播。

四、发生规律

花生茎腐病的发生流行同种子、天气、栽培管理和品种抗性等因素有密切关系。通常不霉捂的种子带菌率为2%左右，而霉捂的荚果带菌率可达37%以上，籽仁带菌率可达65%以上。从发病重的地区调运花生种子往往带菌率高，容易传播病原菌。另外，多年延用常规品种白沙1016，忽略花生品种的提纯复壮，会造成品种老化，抗病性差。温暖多雨，土壤湿度大，或大雨骤晴，土温变化剧烈；气候干旱，土表温度高，植株受灼伤，往往易诱发该病；干旱15d以上，又遇连阴雨天气，更容易出现症状；收获期雨水多，种荚未充分晒干就入库或入库后保管不善，易造成种荚发霉，种子生活力降低，种子带菌率增加，播种后易发病。连作地，土壤结构和肥力差或施用带病残体的土杂肥的地块，发病较重；早播花生较迟播的发病重。土壤多年单一施用化肥，多数农户不用有机肥造成土壤有机质含量低，地力下降，土壤板结，土壤通透性差，也会导致花生长势弱，抗病力差。

五、防治方法

1. 防止种子发霉，保证种子质量 适时收获，避免种子受潮湿、防止发霉；晒干种子，保证含水量不超过10%；安全贮藏，注意通风防潮；不使用霉种子、变质种子播种；选用抗病品种。

2. 轮作 合理轮作，最好和小麦、高粱、玉米等禾本科作物轮作。

3. 施用腐熟肥料，加强田间管理。

4. 药剂防治 用25%或50%多菌灵可湿性粉剂，按种子质量的0.3%～0.5%拌种或按种子质量0.5%～1%药剂兑水配成药液浸种，以能淹没种子为准，浸泡24h取出播种。

第十九节 花生白绢病

一、症状

花生根、荚果及茎基部受害后，初呈褐色软腐状，地上部根茎处有白色绢状菌丝（故称白绢病），常常在近地面的茎基部和其附近的土壤表面先形成白色绢丝，病部渐变为暗褐色而有光泽（图6－37）。植株茎基部被病斑环割而死亡。在高湿条件下，染病植株的地上部可被白色菌丝束所覆盖，然后扩展到附近的土面而传染到其他的植株上。在极潮湿的环境下，菌丝簇不明显，而

图6－37 花生白绢病症状

受害的茎基部被淡褐色乃至红色软木状隆起的长梭形病斑所覆盖。在干旱条件下，茎上病痕发生于地表面下，呈褐色梭形，长约 0.5cm。并有油菜籽状菌核，茎叶变黄，逐渐枯死，花生荚果腐烂。该病菌在高温高湿条件下开始萌动，浸染花生，沙质土壤、连续重茬、种植密度过大、阴雨天发病较重。

二、病原

花生白绢病病原为齐整小核菌（*Sclerotium rolfsii* Sacc.），属半知菌亚门真菌。有性态为齐整阿太菌［*Athelia rolfsii* (Curzi) Tu. &Kimbrough.］，属担子菌门阿太菌属真菌。自然条件下很少产生。在生活史中主要靠无性世代产生两种截然不同的营养菌丝和菌核。

三、病害循环

病菌以菌核或菌丝在土壤中或病残体上越冬，可以存活 5～6 年，大部分分布在 1～2cm 的表土层中。菌核在 2.5cm 以下发芽率明显减少，在土中 7cm 处几乎不发芽。翌年菌核萌发，产生菌丝，从植株根茎基部的表皮或伤口侵入，也可侵入子房柄或荚果。种子也可带菌。病菌在田间靠流水或昆虫传播蔓延。

四、发生规律

高温、高湿、土壤黏重、排水不良、低洼地及多雨年份易发病。雨后马上转晴，病株迅速枯萎死亡。连作地、播种早的发病重。

五、防治方法

1. 收获后及时清除病残体，深翻。
2. 与水稻、小麦、玉米等禾本科作物进行 3 年以上轮作。
3. 提倡施用酵素菌沤制的堆肥或腐熟有机肥，改善土壤通透条件。

4. 春花生适当晚播，苗期清棵蹲苗，提高抗病力。

5. 选用无病种子，用种子质量 0.5％的 50％多菌灵可湿性粉剂拌种。

6. 发病后用 50％拌种双粉剂 1kg 混合细干土 15kg 制成药土盖病穴，每穴用药土 75g。发病初期喷淋丰治根保 600～800 倍液，或 50％苯菌灵可湿性粉剂、50％扑海因可湿性粉剂、50％腐霉利（速克灵）可湿性粉剂，每株喷淋兑好的药液 100～200mL。

第二十节　花生青枯病

一、症状

花生青枯病是典型的维管束病害，主要自花生根茎部开始发生。特征性症状是植株急性凋萎和维管束变色。该病从苗期至收获期均可发生，以盛花期最多。感病初期通常是主茎顶梢叶片失水萎蔫，早晨叶片张开晚，傍晚提早闭合。随着病势发展，全株叶片自上而下急剧凋萎，整个植株青枯死亡（图 6 - 38a）。拔起病株，主根尖端变褐湿腐，纵切根茎可见维管束变黑褐色，条纹状，后期病株髓部呈湿腐状，挤压切口处，有白

图 6 - 38　花生青枯病症状

a. 感病初期　b. 感病后期

色的菌脓溢出（图 6-38b）。

二、病原

花生青枯病病原为茄劳尔氏菌［*Pseudomonas solanacearum* (Smith) Smith］，属细菌，薄壁菌门劳尔氏菌属。菌体短杆状，两端钝圆，大小（0.9～2）μm×（0.5～0.8）μm，具极生鞭毛 1～4 根（图 6-39），无芽孢和荚膜，革兰氏染色阴性。在牛肉汁琼脂培养基上菌落圆形，直径 2～5mm，光滑，稍有突起，乳白色，具荧光反应，6～7d 后渐变褐色后失去致病力。国外发现该菌有 3 个生理小种。其中小种Ⅰ侵染番茄等多种植物，小种Ⅱ侵染香蕉和海里康，小种Ⅲ侵染马铃薯。该菌寄主包括茄科、蝶形花科、菊科等 200 多种植物。

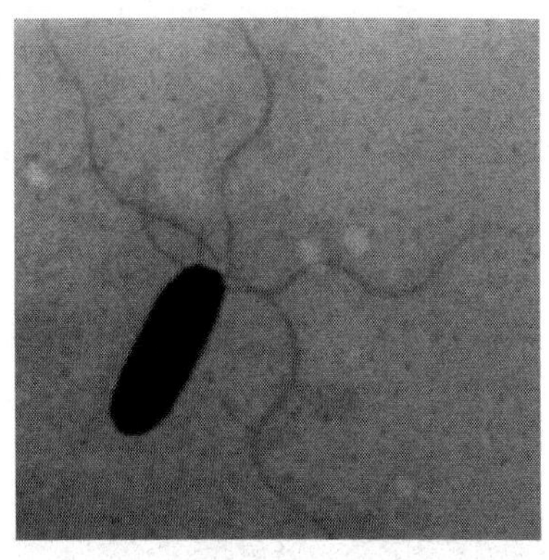

图 6-39　花生青枯病病原茄劳尔氏菌的杆状菌体

三、病害循环

花生青枯菌主要在土壤中、病残体及未充分腐熟的堆肥中越冬，成为翌年主要初侵染源。在田间主要靠土壤、流水及农具、人畜和昆虫等传播。该菌通过根部伤口和自然孔口侵入，通过皮层进入维管束，由导管向上蔓延，病菌还可突破导管进入薄壁细胞，把中胶层溶解致皮层烂腐，腐烂后的根系病菌散落至土壤中，再通过土壤流水侵入附近的植株进行再侵染。

四、发生规律

花生播种后日均气温20℃以上，5cm深处土温稳定在25℃以上6～8d开始发病，旬均气温高于25℃，旬均土温30℃进入发病盛期。

五、防治方法

1. 选用抗病品种　如抗青10号、抗青11、鲁花3号、鄂花5号、中花2号、粤油92、桂油28、泉花3121、粤油22、粤油320、粤油250等。播种前用新高脂膜800倍液浸种（可形成保护膜，隔离病原菌，提高种子发芽率），时间不宜过长；播种后应及时在地面喷施新高脂膜800倍液保墒，防水分蒸发、防土层板结，隔离病虫源，提高出苗率。

2. 大力推广水旱轮作或花生与冬小麦轮作　提倡进行3～4年以上轮作，以控制病菌基数。由于青枯病的寄主范围较广，轮作时要考虑茬口的安排，与甘薯、玉米或采用水旱轮作的方式较为适宜，避免与茄科、豆科、芝麻等作物连作。

3. 加强田间管理　深耕土壤，增施有机肥，雨后及时排水，防止湿气滞留。在花生生长期应及时喷施促花王3号，抑制主梢疯长，促进花芽分化；在开花前期、幼果期、果实膨大期喷施地果壮蒂灵，使地下果营养输导管变粗，提高地果膨大活力，增加花生的产量。采用配方施肥技术，施足基肥，增施磷、钾肥，早施氮肥，促进花生稳长早发。对酸性土壤可施用石灰，播种前每667m^2施石灰35～50kg，降低土壤酸度，减轻病害发生。田间发现病株，应立即拔除，带出田间深埋，并用石灰消毒。花生收获时及时清除病株与残余物，减少土壤病源。通过深耕、深翻、严整土地、改良旱坡地等措施，提高土壤保水、保肥能力。

第二十一节　花生根结线虫病

一、症状

花生根结线虫病主要为害植株的地下部，因地下部受害引起地上部生长发育不良。幼苗被害，一般出土半个月后即可表现症状，植株萎缩不长，下部叶变黄，始花期后，整株茎叶逐渐变黄，叶片小，底叶叶缘焦灼，提早脱落，开花迟，病株矮小，似缺肥水状，田间常成片成窝发生。雨水多时，病情可减轻。花生播种半个月后，当主根开始生长时，线虫便可侵入主根尖端，使之膨大形成纺锤形虫瘿（根结），初期为乳白色，后变为黄褐色，直径一般 2～4mm，表面粗糙。以后在虫瘿上长出许多细小的须根，须根尖端又被线虫侵染形成虫瘿，经这样多次反复侵染，根系就形成乱丝状的须根团。被害主根畸形歪曲，停止生长，根部皮层往往变褐腐烂。在根颈、果柄上可形成葡萄穗状的虫瘿簇（图 6－40）。在果壳上则形成疮痂状虫瘿，初为乳白色，后变为

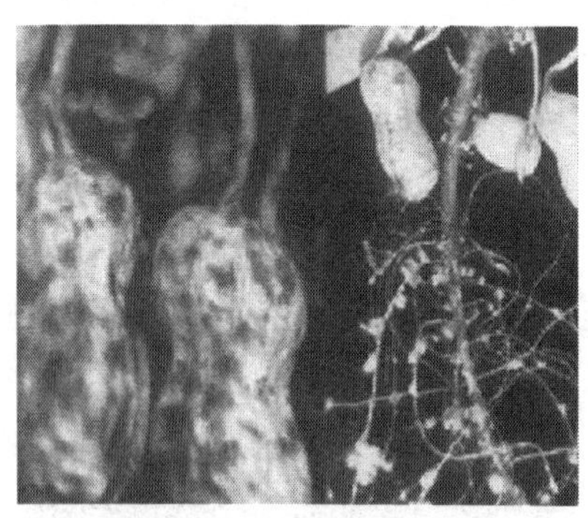

图 6－40　花生根结线虫病症状

褐色，较少见。剖视虫瘿，可见乳白色针头大小的雌线虫。病株根瘤少，结果亦少而小，甚至不结果。

二、病原

花生根结线虫病的病原线虫有 3 个种，即花生根结线虫（*Meloidogyne arenaria* Neal）（图 6－41）、北方根结线虫（*M. hapla* Chitwood）和爪哇根结线虫（*M. javanica* Treub.）。我国北方发生的主要是北方根结线虫，在广东湛江和海南发生的有花生根结线虫，均属侧尾腺口纲、根结线虫属。

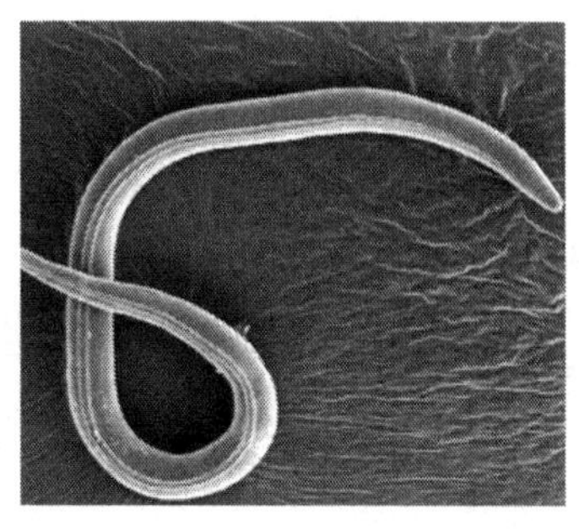

图 6－41 花生根结线虫病病原花生根结线虫的雄虫虫体

三、病害循环

病原线虫在土壤中的病根、病果壳虫瘤内外越冬。翌年气温回升，卵孵化变成一龄幼虫，蜕皮后为二龄幼虫，然后出壳活动，从花生根尖处侵入，在细胞间隙和组织内移动。变为豆荚形时头插入中柱鞘吸取营养，刺激细胞过度增长导致巨细胞形成。主要靠病田土壤传播，也可通过农事操作、水流传播，调运带病荚果可引起远距离传播。

四、发病规律

干旱年份易发病，雨季早、雨水大，植株恢复快发病轻。沙壤土或沙土、瘠薄土壤发病重。

五、防治方法

1. 加强检疫工作 加强检疫，不从病区调运花生种子，如确需调种时，应剥去果壳，只调果仁，并在调种前将其干燥到含水量10%以下，在调运其他寄主植物时，也应实施检疫。

2. 轮作倒茬 与非寄主作物或不良寄主作物轮作2～3年。

3. 清洁田园 清洁田园，深刨病根，集中烧毁。增肥改土，增施腐熟有机肥。

4. 加强田间管理 加强田间管理，铲除杂草，重病田可改为夏播。修建排水沟。忌串灌，防止水流传播。

5. 药剂防治 用10%防线一号乳油，每667m^2用药剂2～2.5kg加细土20kg制成毒土撒入穴内，覆土后播种。或5%克线磷颗粒剂2～12kg，播种时要分层播种，防止药害。同时要注意人畜安全。用呋喃丹等内吸杀菌剂制成种衣剂，播前2d处理种子，药液浓度宜在30以上。熏蒸剂防治如D-D混剂、棉隆（必速灭）等使用方法参见大豆孢囊线虫病。

6. 生物防治 应用淡紫拟青霉和厚垣孢子轮枝菌能明显起到降低线虫群体和消解其卵的作用。

第二十二节　花生立枯病

一、症状

幼苗发病后在近土表茎基部产生褐色凹陷病斑，病斑发展环绕茎基和根部引起植株枯死（图6-42a）。病菌侵染根系，引起根系腐烂。成株通常在底部叶片和茎开始发生发病（图6-42b）。受病菌侵染在茎、叶尖和叶缘产生暗褐色病斑，在潮湿条件下，病斑迅速扩展，使叶片变黑褐色干枯卷缩。蛛丝状菌丝由下部向植株中、上部茎和叶片蔓延。在病部产生的灰白色棉絮状菌丝中形成灰褐色或黑褐色小颗粒菌核。发病轻时，底叶腐烂，提前脱落，严重时植株干枯死亡。病菌侵染入土果针和荚果，受侵染荚果品质下降或引起腐烂。

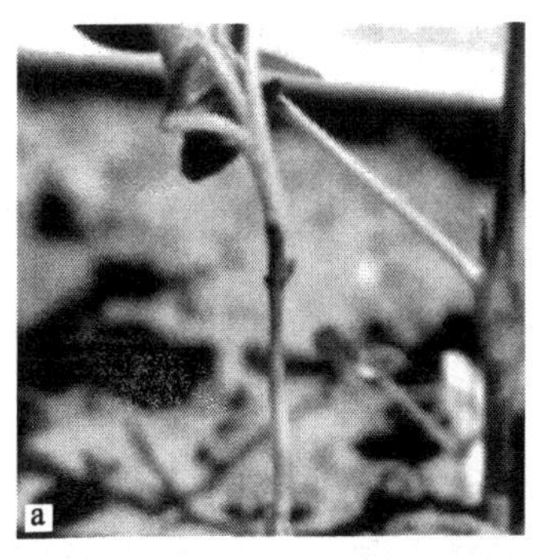

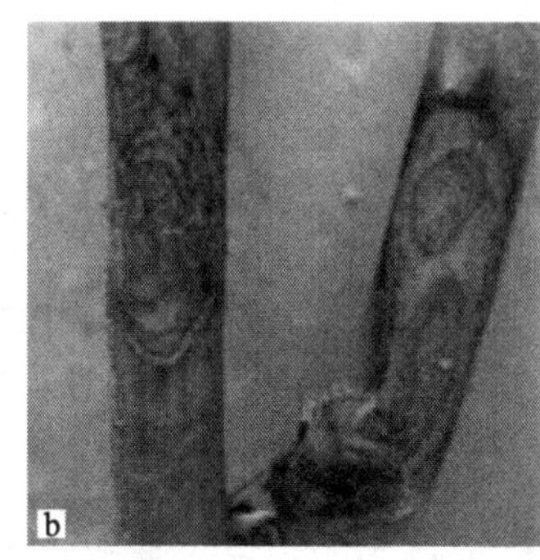

图 6－42　花生立枯病症状
a. 发病幼苗　b. 发病成株（茎部）

二、病原

花生立枯病病原为立枯丝核菌（*Rhizoctonia solani* Kühn）AG1、AG2 和 AG4 菌丝融合群，属半知菌亚门真菌。从花生种子和荚果上分离到的属多核（各细胞 4 核以上）AG2 和 AG4 菌丝融合群。叶片和茎上分离到的属 AG1 和 AG4 菌丝融合群。有性态为 *Thanatephorus cucumeris*（Frank）Donk。在马铃薯葡萄糖琼脂（PDA）培养基上菌丝呈直角分枝，基部稍缢缩，具分隔，白色至深褐色。菌核初呈白色，后变黑褐色，圆形或不规则形。

三、病害循环

病菌以菌核或菌丝体在病残体或土表越冬，菌核翌年萌发菌丝侵染花生，病部长出菌丝接触健株并传染，产生的菌核可借风雨、水流等进行传播。

四、发病规律

该病原菌生长温度范围 10～38℃，最适温度 28～31℃。菌核在 12～15℃开始形成，以 30～32℃形成最多，40℃以上则不形成。高温多雨、积水有利于发病。偏施氮肥、生长过旺、田间郁闭发病重。前茬水稻等纹枯病重的花生纹枯病也较重，水地较旱地重。

五、防治方法

1. 轮作倒茬 避免连作或与纹枯病重的水稻田轮作。

2. 加强田间管理 搞好排灌系统，及时排除积水，降低田间湿度。合理密植，不偏施过施氮肥，增施磷、钾肥。

3. 药剂防治 发病初期喷洒 3%井冈霉素 800～1 000 倍液，或 50%多菌灵可湿性粉剂 600～800 倍液、70%甲基硫菌灵可湿性粉剂 600～800 倍液、60%防霉宝可湿性粉剂 600～800 倍液、50%纹枯利乳剂 600～800 倍液、50%甲基立枯磷可湿性粉剂 1 000 倍液、5%田安（甲基胂酸铁铵）乳剂 400 倍液，每 667m^2 用药液 60～75L，隔 10～15d 一次，连防 2～3 次。

第二十三节　芝麻立枯病

一、症状

芝麻立枯病初发病时，幼苗茎基部或地下部一侧呈黄色至黄褐色条斑，逐渐凹陷腐烂，后绕茎部扩展到茎四周，最后茎部缢缩成线状。遇有天气干旱或土壤缺水时，下部叶片萎蔫，甚至枯死。病菌侵染根系，引起根系腐烂（图 6－43）。发病轻的尚可恢复生长。

图 6－43　芝麻立枯病症状

二、病原

芝麻立枯病病原菌为立枯丝核菌（*Rhizoctonia solani*），属担子菌无性型丝核菌属真菌。

三、病害循环

病菌在土壤中越冬，生活力可维持 2～3 年，带病土壤是主要传染来源。翌年地温高于 10℃开始萌发，进入腐生阶段。遇适宜的环境条件，病菌从根部的气孔、伤口或表皮直接侵入，引起发病。该病还可通过雨水、灌溉水、肥料或种子传播蔓延。

四、发病规律

在土温 11～30℃、土壤湿度 20%～60%时，易侵染。芝麻播种后 1 个月内，如降雨多、土壤湿度大，常可引起大量死苗，造成田间缺苗。光照不足、幼苗抗性差易染病。

五、防治方法

1. 选择耐渍性强，抗病性强的优良品种种植，以减少立枯病侵染概率。并使用新高脂膜配合杀菌剂进行处理后再行播种，可避免种子带菌传播，减少立枯病侵染源。

2. 采用高畦栽培的方法进行种植，并在芝麻幼苗出土后适时喷施护树大将军，其表面迅速形成一层荧光保护膜，可窒息性杀菌、防止病毒复制和感染，防治多种皮层病症。

3. 加强田间管理，适时中耕除草。发现立枯病为害症状后，及时喷施新高脂膜 600 倍液配合高强性药剂进行防治，以减少对芝麻为害。并根据芝麻染病情况酌情连喷 2～3 次，以有效防控立枯病为害，保护植株茁壮成长。

第二十四节　芝麻青枯病

一、症状

芝麻感染青枯病后，初在茎秆上出现暗绿色斑块，后变为黑褐色条斑，顶梢上常有 2～3 个梭形溃疡状裂缝，起初檀株顶端萎蔫，后下部叶片萎凋，呈失水状（图 6 - 44a）。发病轻时夜间尚可恢复，几天后不再复原，剖开根茎可见维管束变成褐色，不久蔓延至髓部，出现空洞，湿度大时有菌脓溢出，逐渐形成漆黑色晶亮的颗粒，病根变成褐色，细根腐烂（图 6 - 44b）。病株的叶脉出现墨绿色条斑，纵横交叉呈网状，对光观察呈透明油浸

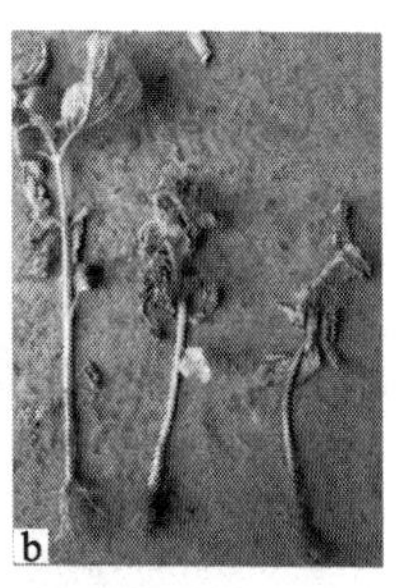

图 6 - 44　芝麻青枯病症状

a. 染病初期　b. 染病后期

状，叶背的脉纹呈黄色波浪形扭曲突起，后病叶褶皱或变褐枯死。蒴果初呈水渍状病斑，后也变为深褐色条斑，蒴果瘦瘪，种子小不能发芽。

二、病原

芝麻青枯病病原为茄劳尔氏菌［*Pseudomonas solanacearum* (Smith) Smith］，属细菌。该菌与花生青枯病是同一种病原，但两者的致病性有差异，存有生理专化现象。

三、病害循环

病原细菌主要随病残体在土壤中越冬，从根部或茎基部伤口或自然孔口侵入。在田间主要通过灌溉水、雨水、地下害虫、农具或农事操作传播。

四、发病规律

田间地温 12.8℃病菌开始侵染，在 21～43℃范围内，温度升高发病重。

五、防治方法

1. 选用抗病品种。
2. 芝麻与禾本科作物或棉花及甘薯进行 2～3 年以上轮作。
3. 加强芝麻田的管理，雨后及时排水，防止湿气滞留。避免大水漫灌。

第二十五节　芝麻枯萎病

一、症状

芝麻枯萎病在苗期、成株期均可发病。苗期染病出现猝倒或枯死。成株期发病较多，发病后根系和茎秆半边枯死或仅侧枝枯死，病部现红褐色干枯条斑，发病的一侧叶片变黄、萎蔫后枯死，是典型的维管束病害，湿度大时出现粉红色霉层，即病原菌的分生孢子梗和分生孢子（图 6－45）。

图 6－45　芝麻枯萎病症状

二、病原

芝麻枯萎病病原为尖孢镰孢芝麻专化型［*Fusarium oxysporum* f. sp. *sesami*（Zaprometoff）Castellani］，属半知菌亚门真菌。分生孢子有大型和小型两种，大型分生孢子镰刀形，无色，具隔膜 2～3 个。小型分生孢子卵圆形，单胞无色。病菌最适生长温度为 30℃。

三、病害循环

病菌以菌丝潜伏在种子内或随病残体在土壤中越冬。翌年侵染幼苗的根，从根尖或伤口侵入，也能直接侵染健根，进入导管，向上蔓延到植株各部。

四、发病规律

连作地、土温高、湿度大的瘠薄沙壤土易发病。品种间抗病性有差异。

五、防治方法

1. 选用抗病品种　如宁津八筒白、巨野大歪嘴、金乡芝麻、平邑白芝麻、荣城黑芝麻、即墨权芝麻等。

2. 轮作　进行3～5年轮作。收获后及时清除病残体。

3. 种子处理　选用无病种子或种子用种子质量0.5％的96％硫酸铜浸种30min。

4. 注意防治地下害虫。

5. 采用地膜覆盖栽培可减轻发病。

6. 用百菌清进行土壤处理。

第二十六节　芝麻茎点枯病

一、症状

芝麻茎点枯病主要为害芝麻幼嫩或衰老的组织，多在苗期和开花结果期发病。幼苗根部变褐，地上部萎蔫枯死，幼茎上密生黑色小点（图6－46a）。开花结果期从根部开始发病，后向茎扩

图6－46　芝麻茎点枯病症状

a. 苗期发病　b. 开花结果期发病

展，有时从叶柄基部侵入后蔓延至茎部。根部染病主根、支根变褐，剥开皮层可见布满黑色小菌核，致根部枯死。茎部染病多发生在中下部，初呈黄褐色水渍状，后扩展很快绕茎一周，中心有银灰色光泽，其上密生黑色小粒点，表皮下及髓部产生大量小菌核，茎秆中空易折断（图 6-46b）。病部以上茎秆枯死，蒴果呈黑褐色干枯，病种子上生有小黑点状菌核。

二、病原

芝麻茎点枯病病原为菜豆壳球孢（*Macrophomina phaseolina*），属子囊菌无性型壳球孢属真菌。该菌在芝麻、豆科植物等寄主上形成分生孢子器，位于寄主表皮角质层下，椭圆形至近球形，深褐色，大小（112～224）μm×（112～200）μm。分生孢子单胞无色，椭圆形，大小（18～29）μm×（7～10）μm，内含油球。该菌在其他寄主上仅能形成小菌核，菌核球形至不规则形，深褐色，大小（48～112）μm×（48～96）μm（图 6-47）。菌丝生长适温 30～32℃。分生孢子萌发适温 25～30℃。该菌存在不同的生理小种。此外芝麻茎点霉（*phorna sesami*），也是该病病原。

图 6-47　芝麻茎点枯病病原菜豆球壳孢

a. 分生孢子器　b. 菌核

三、病害循环

病菌以分生孢子器或小菌核在种子、土壤及病残体上越冬。

病株的种子带菌率48%，越冬病株上的病菌87%可存活，土壤中的小菌核能存活2年。气温25℃、湿度大时菌核萌发，以菌丝进行初侵染，以分生孢子进行再浸染，该菌主要从伤口、根部及叶痕处侵入，条件适宜时分生孢子萌发后直接侵入。均温25℃时，潜育期6～8d。该病在芝麻生长期间有感病-抗病-感病3个阶段：即苗期处在感病阶段，现蕾至结顶前进入抗病阶段，结顶后又感病。每年的发病高峰期都出现在高温季节，发病后8～10d产生分生孢子器。

四、发病规律

芝麻品种抗病性差异明显。生产上种植感病品种、菌源量大、气温高于25℃，利于病菌侵入和扩展。7～8月雨日多、降水量大，发病重。湖北7～8月旬降水50～70mm，雨日3～8d，平均发病率低于5%，属小发生年。旬降水130mm以上，雨日7d左右，发病率高于20%，为大发生年。种植过密、偏施氮肥、种子带菌率高发病重。

五、防治方法

1. 种子处理 用种子质量0.2%的50%多菌灵可湿性粉剂，或50%苯菌灵可湿性粉剂、80%喷克可湿性粉剂拌种，对控制苗期茎点枯病有效。

2. 化学防治 成株在发病初期用36%甲基硫菌灵悬浮剂600倍液，或50%苯菌灵可湿性粉剂1 500倍液、70%甲基硫菌灵可湿性粉剂400～500倍液、50%多菌灵可湿性粉剂600～700倍液、40%百菌清悬浮剂（顺天星1号）600倍液喷茎、荚，防效可达90%以上。此外喷洒波尔多液1∶1∶150倍液，或47%加瑞农可湿性粉剂、12%绿乳铜乳油600倍液也有效。

第二十七节　芝麻疫病

一、症状

芝麻疫病主要为害叶、茎和蒴果。叶片染病初现褐色水渍状不规则斑，湿度大时病斑扩展迅速呈黑褐色湿腐状，病斑边缘可见白色霉状物，病健组织分界不明显（图 6－48a）。干燥时病斑为黄褐色。在病情扩展过程中遇有干湿交替明显的气候条件时病斑出现大的轮纹圈；干燥条件下，病斑收缩或成畸形（图 6－48b）。茎部染病初为墨绿色水渍状，后逐渐变为深褐色不规则形斑，环绕全茎后病部缢缩，边缘不明显，湿度大时迅速向上下扩展，严重的致全株枯死。生长点染病嫩茎收缩变褐枯死，湿度大时易腐烂。蒴果染病产生水渍状墨绿色病斑，后变褐凹陷。

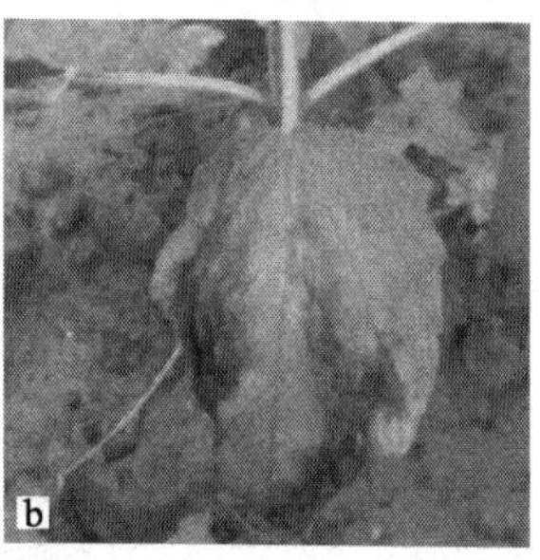

图 6－48　芝麻疫病症状

a. 初染病叶片　b. 病情扩展叶片

二、病原

芝麻疫病病原为烟草疫霉（芝麻疫霉）（*Phtophthora nicotianae*）。孢囊梗假单轴分枝，顶端圆形或卵圆形；孢子囊梨形至椭圆形，顶端具乳突，单胞无色，大小（37.4～51）μm×（23.8～27.2）μm，萌发产生游动孢子。卵孢子圆形，平滑，双层壁，黄色，萌发时形成芽管（图 6-49）。

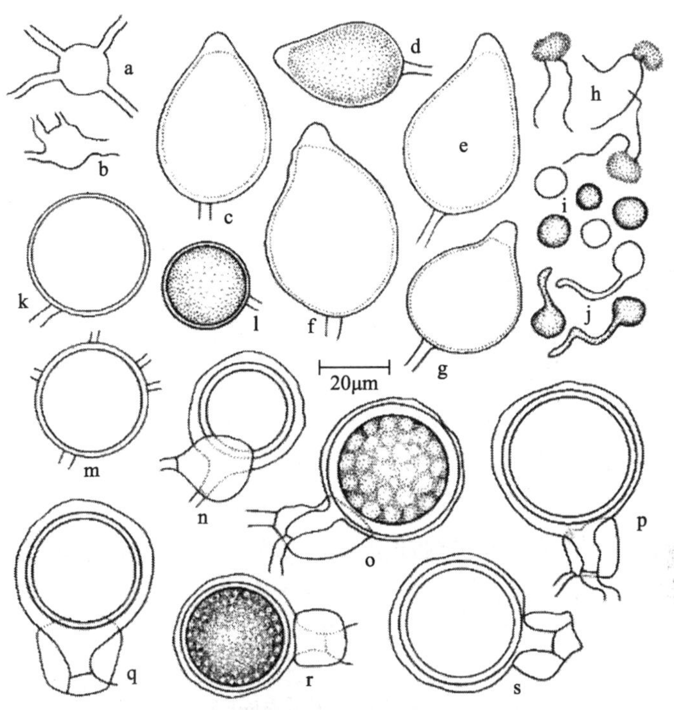

图 6-49　芝麻疫病病原烟草疫霉

a～b. 菌丝膨大体　c～g. 孢子囊　h. 游动孢子　i～j. 休止孢子及其萌发

k～m. 厚垣孢子　n～s. 藏卵器、雄器及卵孢子

三、病害循环

病菌以菌丝在病残体上或以卵孢子在土壤中越冬，苗期进行初侵染，病菌从茎基部侵入，10d 左右病部产生孢子囊。芝麻现

蕾时开始发病。病菌产生的游动孢子借风雨传播进行再侵染。菌丝生长适温23～32℃，产生孢子囊适温24～28℃，高温高湿病情扩展迅速，大暴雨后或夜间降温利于发病。

四、发病规律

遇高温高湿病情扩展迅速，大暴雨后降温利于发病。土壤温度在28℃左右，病菌易于侵染和引起发病；土温为37℃左右时，病害出现延迟。

五、防治方法

1. 选用抗病品种。
2. 采用高畦栽培，雨后及时排水，防止湿气滞留。
3. 实行轮作。
4. 合理密植，不可过密。
5. 发病初期及时喷洒58%甲霜灵锰锌可湿性粉剂600倍液，或75%百菌清可湿性粉剂600倍液、50%甲霜铜可湿性粉剂500倍液、64%杀毒矾可湿性粉剂400倍液、72%杜邦克露可湿性粉剂800～900倍液，对上述杀菌剂产生抗药性的地区，可改用69%安克锰锌可湿性粉剂1 000倍液。

第二十八节　向日葵菌核病

一、症状

向日葵菌核病在整个生育期均可发病，造成茎秆、茎基、花盘及种仁腐烂。常见的有根腐型、茎腐型、叶腐型、花腐型4种症状，其中根腐型、花腐型受害重。根腐型从苗期至收获期均可发生，苗期染病时幼芽和胚根生水渍状褐色斑，扩展后腐烂，幼苗不能出土或虽能出土，但随病斑扩展萎蔫而死。

成株期染病根或茎基部产生褐色病斑，逐渐扩展到根的其他部位和茎，后向上或左右扩展，长可达 1m，有同心轮纹，潮湿时病部长出白色菌丝和鼠粪状菌核（图 6－50a）重病株萎蔫枯死，组织腐朽易断，内部有黑色菌核。茎腐型主要发生在茎的中上部，初生椭圆形褐色斑，后扩展，病斑中央浅褐色具同心轮纹，病部以上叶片萎蔫，病斑表面很少形成菌核。

叶腐型病斑褐色椭圆形，稍有同心轮纹，湿度大时迅速蔓延至全叶，天气干燥时病斑从中间裂开穿孔或脱落。花腐型初在花盘背面生褐色水渍状圆形斑，扩展后可达全花盘（图 6－50b）组织变软腐烂，湿度大时长出白色菌丝，菌丝穿过花盘在籽实之间蔓延，最后形成网状黑色菌核，花盘内外均可见到大小不等的黑色菌核，果实不能成熟。

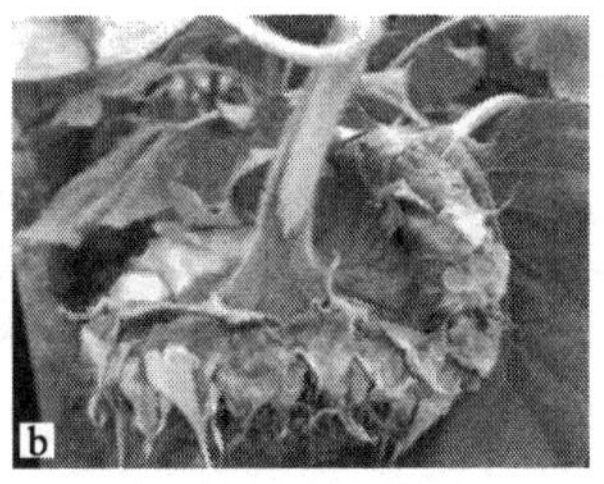

图 6－50　向日葵菌核病症状

a. 染病根部及茎基　b. 染病花盘

二、病原

向日葵菌核病病原为核盘菌［*Sclerotinia sclerotiorum* (Lib.) de Bary］，属子囊菌亚门真菌。菌丝体绒毛状白色，菌核初期白色渐变为浅灰绿色或灰黑色，形状各异。菌核萌发形成子囊盘，子囊盘褐色，圆形，大小 4～9mm。盘内列生子囊和侧丝。子囊棍棒形，无色，大小（108～135）μm×（9～10）μm，内生子囊孢子 8 个。子囊孢子，单胞，无色，椭圆形，大小（10.2～15.3）μm×（5.6～7.0）μm。分生孢子无色透明，单胞（图 6-2）。

三、病害循环

病菌以菌核在土壤内，病残体中及种子上越冬。翌年气温回升至 5℃以上，土壤潮湿，菌核萌发产生子囊盘，子囊孢子成熟由子囊内弹射出去，借气流传播，遇向日葵萌发侵入寄主。种子上的越冬病菌可直接为害幼苗。菌核上长出菌丝也可侵染茎基部引起腐烂。病菌生长温限 0～37℃，最适温度 25℃。菌核形成温限 5～30℃，最适 15℃，菌核经 3～4 月休眠期，从菌核上产生子囊盘。形成子囊盘温限 5～20℃，最适温度 10℃。菌核埋入土中 7cm 以上很难萌发。子囊孢子萌发温限 0～35℃，5～10℃萌发最快，该菌能侵染 41 科 200 余种植物。

四、发病规律

春季低温、多雨则茎腐重，花期多雨则盘腐重。适当晚播，错开雨季发病轻。连作田土壤中菌核量大，病害重。

五、防治方法

1. 轮作　与禾本科作物实行 5～6 年轮作。

2. 将地面上菌核翻入深土中使其不能萌发。

3. 种植耐病品种　如龙葵杂 1 号、Ro-924 等。

4. 田间管理　清除田间病残体，发现病株拔除并烧毁。

5. 适当晚播，增施磷、钾肥。

6. 种子处理　用 35～37℃温水浸种 7～8min 并不断搅动，菌核吸水下沉，捞出上层种子晒干。种子内带菌采用 58～60℃

恒温浸种 10～20min 灭菌。

7. 药剂防治　用种子质量 0.32%的 50%腐霉利或 40%菌核净可湿性粉剂拌种。花盘期喷洒 40%纹枯利可湿性粉剂 800～1 200 倍液，或 50%农利灵（乙烯菌核利）可湿性粉剂 1 000 倍液、50%腐霉利可湿性粉剂 1 500～2 000 倍液、70%甲基硫菌灵 1 000 倍液、60%防霉宝超微可湿性粉剂 1 000 倍液，重点保护花盘背面。

第二十九节　向日葵黄萎病

一、症状

向日葵黄萎病主要在成株期发生，开花前后叶尖叶肉部分开始褪绿，后整个叶片的叶肉组织褪绿，叶缘和侧脉之间发黄，后转褐（图 6 - 51a）；后期病情逐渐向上位叶扩展，横剖病茎维管束褐变。发病重的植株下部叶片全部干枯死亡，中位叶呈斑驳状（图 6 - 51b），严重的花前即枯死，湿度大时叶两面或茎部均可出现白霉。

图 6 - 51　向日葵黄萎病症状

a. 叶片褪绿　b. 叶片斑驳

二、病原

向日葵黄萎病病原为黄萎轮枝菌或黑白轮枝菌（*Verticillium albo-atrum* Reinke et Berthold），属半知菌亚门真菌。不产生微菌核而形成黑菌丝，菌丝分隔、膨大，胞壁增厚形成厚垣孢子状至念珠状黑菌丝。在病部老熟分生孢子梗基部变暗色是其独有特征。分生孢子长卵形，大小（3～7）μm×（1.5～3）μm，有时具1隔膜（图6-52）。生长适温20～22.5℃，高于30℃不能生长。此外有报道大丽菌轮枝孢（*Verticillium dahlia*），也是该病病原。病菌休眠体为微菌核，是由菌丝分隔、膨大、芽殖形成形状各异的紧密的组织体，大小（35～215）μm×（21～69）μm。孢子梗常由2～4层轮枝和一个顶枝组成。每轮有小枝3～4根，每小枝顶生1至数个分生孢子。分生孢子长卵圆形，无色单胞，大小（2.3～9.1）μm×（1.5～3.0）μm。

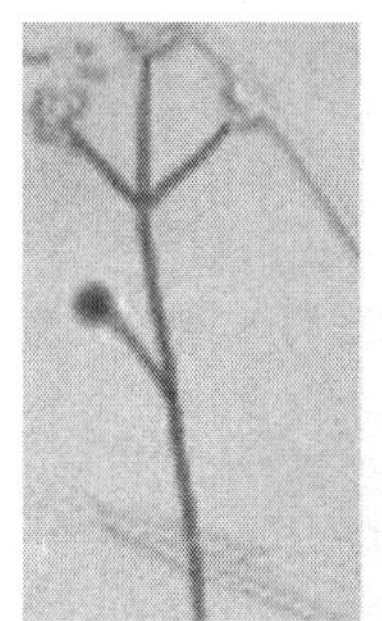
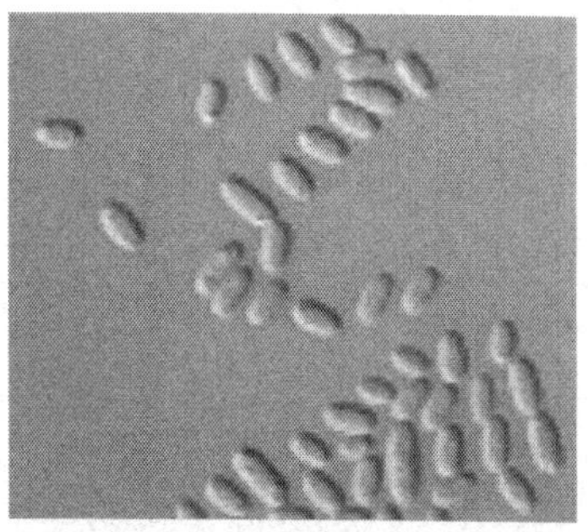

图6-52　向日葵黄萎病病原黄萎轮枝菌的分生孢子梗及分生孢子

三、病害循环

病菌在土壤、病残体和种子中越冬。种子果皮带菌，胚和胚乳不带菌。病菌在土中可长期存活。播种后病菌从伤口或幼根直接侵入发病，潜育期一般为7d。病菌生长温度10～33℃，以23℃最适。

四、发病规律

重茬年限越长发病越重。低洼地、种植密度大易发病。

五、防治方法

1. 种植抗病品种　如长岭大棵、Sunbred277等。

2. 轮作　与禾本科作物实行3年以上轮作。

3. 清除病残株　田间应清除病残株，并烧毁。

4. 药剂拌种　用50%多菌灵或50%甲基硫菌灵可湿性粉剂按种子质量的0.5%拌种，也可用80%抗菌剂402乳油1 000倍液浸泡种子30min，晾干后播种。还可用农抗120水剂50倍液，于播种前处理土壤，每667m^{2}用兑好的药液300L。必要时用20%萎锈灵乳油400倍液灌根，每株灌兑好的药液500mL。

第三十节　胡麻立枯病

一、症状

胡麻立枯病主要发生在苗期，为害茎基部。先在茎基部的一边出现淡黄色病斑，后变为红褐色，逐渐凹陷腐烂，严重时扩展到茎基四周，病部细缩，易从地表部折倒死亡，致地上部叶片萎蔫，叶变黄（图6-53a）。发病轻的麻株，地上部不表现症状，只在地下茎或直根部位形成不规则的褐色稍凹陷病痕（图6-53b）。条件适宜时，病部现褐色小菌核，别于炭疽病。

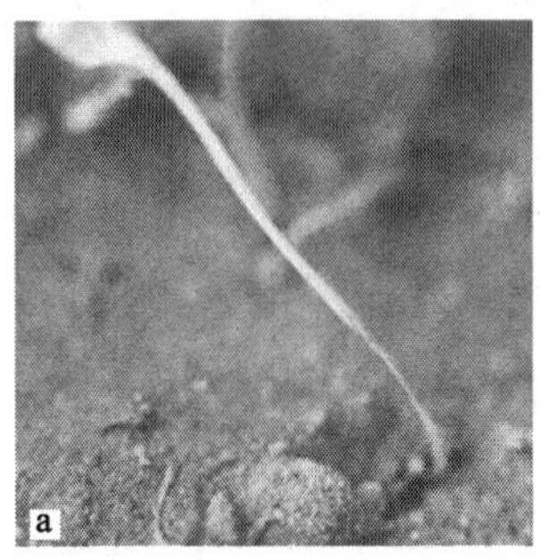

图 6-53 胡麻立枯病症状
a. 发病重植株 b. 发病轻植株

二、病原

胡麻立枯病病原为立枯丝核菌（*Rhizoctonia solani* Kühn），属半知菌亚门真菌（见图 6-20）。

三、病害循环

病菌在土壤中腐生或附着在种子上越冬，翌春播种后出苗期侵染根茎部或幼根。该菌在土壤中还可为害多种农作物或杂草，没有寄主时在土壤中或有机质上营腐生生活。

四、发病规律

生产上遇有低温阴湿条件或土质黏重易发病。

五、病害综合治理

1. 与禾本科作物轮作，严禁连作或迎茬。
2. 收获后及时深耕。
3. 适当密植，雨后土壤易板结，应及时松土，以利植株生长。

4. 播种前用种子质量 0.2%～0.3%的 40%五氯硝基苯或 40%的敌菌酮拌种，还可兼治苗期其他病害。

第三十一节　胡麻枯萎病

一、症状

胡麻枯萎病在苗期至成株期均可发病。苗期染病幼茎萎蔫，叶片黄枯，根部变为灰褐色（图 6－54a）。成株染病病株矮小黄化，顶梢垂萎，剖开病茎维管束变褐，严重的全株萎蔫枯死（图 6－54b）。湿度大时病部可见粉红色霉状物，即病原菌分生孢子梗和分生孢子。该病流行时，危害严重。

图 6－54　胡麻枯萎病症状

a. 苗期染病　b. 成株染病

二、病原

胡麻枯萎病病原为尖孢镰孢亚麻专化型［*Fusarium oxysporum* f. sp. *lini* (Bolley) Snyder et Hansers］，属半知菌亚门真菌。分生孢子梗丛生。子座无色至褐灰色或肉色。培养时易产生大量小型孢子，单胞者大小（6～12）μm×（2～3）μm，双胞（9～23）μm×（2～3）μm。分生孢子座上有时产生大型分生孢子，纺锤形或镰刀形，无色至肉红色，多为3个隔膜，大小(21～41)μm×(2.5～5.5)μm。厚垣孢子顶生或间生，球形或梨状，平滑或皱缩，直径5～13μm，灰黄色。

三、病害循环

胡麻枯萎病菌以潜伏在种皮内的菌丝体和黏附在种子表面的孢子或在病残组织内、土壤中的菌丝体及厚垣孢子越冬，成为翌年初侵染源。早期病死株上的病原菌通过雨水或农事活动进行传播，从根系侵入为害。

四、发病规律

侵染适温16～32℃，此时土壤湿度高利其侵入和扩展。生产上连作地发病重。

五、防治方法

1. 亚麻选用陇亚7号、天亚5号、晋亚6号、定亚17、德国1号高株、黑亚6号、美国亚麻、抗38、瑞士红、伊亚1号、美国高油、黑亚2号、新亚1号等抗枯萎病的品种。胡麻选用胡麻新品系-83059。

2. 用种子质量0.2%的15%粉锈宁可湿性粉剂，或0.3%～0.4%的25%多菌灵可湿性粉剂、0.2%的40%福美双粉剂拌种。

3. 实行5年以上轮作。

4. 前作收获后及时深耕晒田，熟化土壤，最好采用机播，每667m^{2}播量控制在4.5～5.5kg，保苗22万～30万株。

5. 每667m^{2}施用酵素菌沤制的堆肥2 000kg，纯氮6kg，P_2O_5 3kg，尤其是增施磷肥，能促进根系发育，提高抗病力。

6. 合理灌水。采用小地块、小流量、小定额灌溉，提高单方水的效益，防止该病发生。

第三十二节　胡麻菌核病

一、症状

胡麻菌核病病菌最初侵染近土表的茎秆，湿度大时病部长出白色绒毛状菌丝，后在茎秆内外产生黑色鼠粪状菌核，植株倒伏枯死（图6-55）。

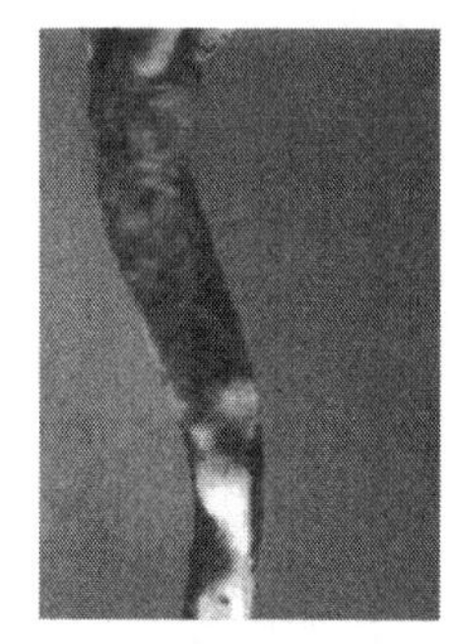

图6-55　胡麻菌核病症状

二、病原

胡麻菌核病病原为核盘菌［*Sclerotinia sclerotiorum*（Lib.）de Bary］，属子囊菌亚门真菌。由菌核生出1～9个盘状子囊盘，初为淡黄褐色，后变褐色，上生有很多平行排列的子囊及侧丝。子囊椭圆形或棍棒形，无色，大小（91～125）μm×（6～9）μm；子囊孢子单胞，椭圆形，排成一行，大小（9～14）μm×（3～6）μm（图6-2）。

三、病害循环

胡麻菌核病菌以菌核在土壤中或混在种子中越冬，成为翌年初侵染源。子囊孢子借风雨传播，侵染老叶或花瓣，田间再侵染多通过菌丝进行，菌丝的侵染和蔓延有两个途径：一是脱落的带病组织与叶片、茎秆接触菌丝蔓延其上；二是病叶与健叶、茎秆直接接触，病叶上的菌丝直接蔓延使其发病。

四、发病规律

菌核萌发温度范围5～20℃，15℃最适，相对湿度85%以上，利于该病发生和流行。

五、防治方法

1. 实行3年轮作。

2. 从无病株上选留种子或播前用10%盐水洗种，除去菌核后再用清水冲洗干净，晾干播种。

3. 发病初期开始喷洒50%速克灵、50%扑海因或50%农利灵可湿性粉剂1 000～1 500倍液、70%甲基硫菌灵可湿性粉剂800倍液、50%多菌灵可湿性粉剂800～1 000倍液。

第七章 果树土传病害

第一节 果树根癌病

根癌病又称冠瘿病，是一种世界性病害。1853 年欧洲最早记载。该病寄主范围很广，目前据统计可为害林木（樱花、丁香、秋海棠、天竺葵、蔷薇、梅花等）、果树（苹果、梨、葡萄、枣、桃等）和花卉（月季、大丽花等）等 142 属的 300 多种植物。

一、症状

根癌主要发生在根颈处，也可发生在根部及地上部。病初期出现近圆形的小瘤状物（图 7－1），以后逐渐增大、变硬，表面粗糙、龟裂，颜色由浅变为深褐色或黑褐色，瘤内部木质化。瘤大小不等，大的似拳头大小或更大，数目几个至十几个不等。由于根系受到破坏，故造成病株生长缓慢，重者全株死亡。

图 7－1 果树根癌病症状

二、病原

根癌病病原为根癌土壤杆菌［*Agrobacterium tumefactions* (Smith et Towns.) Conn.］，属原核生物界薄壁菌门土壤杆菌属。细菌菌体短杆状，大小（0.4～0.8）μm×（1.0～3.0）μm（图 7-2）。单极生 1～4 根鞭毛，在水中能游动。有荚膜，不生成芽孢，革兰氏染色阳性。发育温度为 10～34℃，最适温度为 25～28℃，致死温度为 51℃，耐酸碱范围 pH 5.7～9.2，最适 pH 7.3。以氨基酸、硝酸盐和铵盐作为碳源。

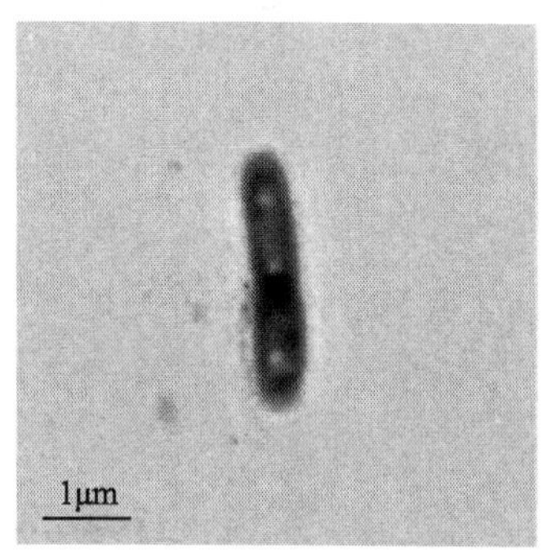

图 7-2　根癌土壤杆菌电镜照片

三、发病规律

病原菌在病瘤组织表皮（存活多年）及土壤中存活越冬（可存活 1 年以上），随病组织残体在土壤中可存活 1 年以上。病原菌随病苗、病株向远距离传播。田间传病主要依靠雨水、灌溉水及地下害虫，线虫等媒介传播扩散。

病原菌主要通过伤口（嫁接伤、机械伤、虫伤、冻伤等）侵入寄生植物，也可通过自然孔口（气孔）侵入。

每年的生长期都可发生为害，6～10 月以 8 月发生最多。细菌侵入植株后，可在皮层的薄壁细胞间隙中不断繁殖，并分泌刺激性物质，使邻近细胞加快分裂、增生，形成癌瘤症。细菌进入植株后，可潜伏存活（潜伏侵染），待条件合适时发病。22℃左右的土壤温度和60%的土壤湿度最适合病菌的侵入和肿瘤的形成，如超过30℃时不形成肿瘤。中性至偏碱的土壤有利于发病、pH小于5的土壤不会发病，苗木嫁接方式及嫁接后管理都与病害发生的轻重有关，一般切接、枝接比芽接发病重，土壤黏重、排水不良的苗圃和果园发病重，连作利于发病，根部伤口多则发病重。

四、防治方法

1. 加强检疫　购买树苗要确保树苗质量符合种植标准。应优选抗病性较强的砧木，且严禁采购带病苗木。对怀疑有病的苗木可用500～2 000mg/L链霉素液浸泡30min或1%硫酸铜液浸泡5min，清水冲洗后栽植。

2. 土壤消毒　重病区实行2年以上轮作或用氯化苦（仅限于土壤熏蒸）消毒土壤后栽植。可用硫黄降低中性土和碱性土的碱性。

3. 栽培措施　优先选择无根瘤菌、无盐碱、疏松、不重茬且有良好排水性能的土壤来种植果树，从而使根癌病的发生概率降低。在进行耕作的过程中，严禁使根颈部以及周围的根受到创伤，避免病菌入侵寄主。改劈接为芽接，嫁接用具可用0.5%高锰酸钾消毒。

4. 药剂防治　重病株要刨除，轻病株可用抗菌剂402 300～400倍液浇灌，或切除瘤后用500～2 000mg/L链霉素、500～1 000mg/L土霉素、5%硫酸亚铁涂抹伤口。另据报道用甲冰碘液（甲醇50份、冰醋酸25份、碘片12份）涂瘤有治疗作用。

5. 生物防治　从保护苗木伤口入手阻止病菌的侵染，K84

菌剂在土壤中具有较强的竞争能力，优先定殖于伤口周围，并产生对根癌病菌有专化性抑制作用的细菌素，预防根癌病发生，与化学农药相比具有防病效果好、持效时间长和不污染环境等优点。K84 菌剂用 WY 培养基生产，菌剂含活菌量≥10^8 cfu/g，4～20℃下菌剂保质贮藏期 4～6 个月，应用时拌种比例 1∶5（W/W），苗木假植或定植前蘸根比例为每千克菌剂处理 40～50 株。

6. 防治地下害虫 地下害虫为害后造成根部受伤，其伤口会增加发病机会。因此，及时防治地下害虫，可以减轻发病。主要地下害虫为小地老虎，可以采用人工捉虫和毒饵防治相结合的方式防治。

第二节 果树紫纹羽病

果树紫纹羽病主要为害苹果、梨、葡萄和桑树等多种树木，一般以老果园树龄大的发病严重。

一、症状

紫纹羽病主要为害果树根系，细根先发病，然后逐渐扩展至侧根、主根直至树干基部。病根初期形成黄褐色不规则形的斑块，外表较健康者略深，不明显，内部皮层组织呈褐色病变。病根表面有浓密的暗紫色绒毛状菌丝层，并长有暗色菌索，尤以病健部交界处明显（图 7－3）。菌丝层及菌索的色泽，在开始时较红，以后逐渐转深，后期病根皮层组织易腐烂，但表皮仍然完好地在外边。秋后在病根周围的黏土层或深土层中，特别是缝隙处可见到大小形状不定的菌丝块，其内有时还夹有病残组织或白沙。地上部分生长衰弱，小叶发黄色，枝条节间缩短或部分干枯。一般情况下，病株往往要经过数年才会死亡。

图 7-3　苹果紫纹羽病症状

二、病原

紫纹羽病病原为桑卷担菌（*Helicobasidium mompa* Tanaka），属真菌界担子菌亚门桑卷担属。由 5 层组成，外层为子实层，其上生有担子。担子圆筒状无色，由 4 个细胞组成，大小 (25～40)μm×(6～7)μm，向一方弯曲。再从各胞伸出小梗，小梗无色，圆锥形，大小 (5～15)μm×(3～4.5)μm。小梗上着担孢子，担孢子无色、单胞，卵圆形，顶端圆，基部尖，大小 (16～19)μm×(6～6.4)μm，多在雨季形成。病原菌在土壤中垂直分布于 0～30cm 土层内，大部分集中在 10～25cm 土层。

三、发病规律

紫纹羽病以菌丝体、根状菌索或菌核随着病根遗留在土壤中越冬。条件适宜时，根状菌索产生菌丝体，接触寄主直接侵入为害。侵入果树新根的柔软组织，被害细根软化腐朽以至消失，以后逐渐延及粗大的根。病菌的根状菌索能在土壤中生存多年，并能横向扩展，侵害邻近的健根。土壤潮湿、土壤有机质缺乏、酸性程度高以及定植过深或培土过厚、根部受伤等，都利于病害发生。果园若建在原为槐树、杨树、柳树及蜡条林迹地的发病较重，而以臭椿、松树和柏树为前茬者则较轻。另外，定植过深以及树势衰弱的树亦易发病。

紫纹羽病菌可侵染果树苗木，并通过苗木的调运而进行远距离传播。在带菌土壤中育苗或栽培果树易发生根部病害。果园管理不当造成的机械伤、害虫造成的虫伤（如木蠹蛾为害处）等可加重紫纹羽病的发病程度。不良的土壤管理是诱发根病的重要因素。土壤板结、积水，土壤瘠薄、肥水不当，这些均可引起根部发育不良，降低其抗病性，有利于病原的侵染与扩展，加重根病的危害。

四、防治办法

防治果树紫纹羽病，应采取以农业管理为主，药物防治为重点的防治策略。

1. 科学选址 不在林迹地建园。果园周围不用刺槐作防护林。如用要挖根隔离，以防病菌随根系传入果园。果园内不要间作甘薯、马铃薯、大豆、瓜类及茄科等易感病植物，以防相互传染。选择地势高燥、排灌方便的地块建园。

2. 加强果园管理 低洼地积水应及时排出。增施有机肥，促进土壤中抗生菌的繁殖，抑止病菌的生长。苗木定植时，接口要露出土面。酸性土壤容易发生紫纹羽病，可每667m^2施入生石灰100～150kg改良土壤，也可结合施有机肥时混合施入碳铵或草木灰等改良酸性土壤。整形修剪，加强对其他病虫害的防治，增强树体抗病力。在病区或病树外围挖1m深的沟，隔离或阻断病菌的传播。

3. 选用无病苗木，并对苗木进行消毒处理 可以用50%甲基硫菌灵或50%多菌灵可湿性粉剂800～1 000倍液，或用0.5%～1%的硫酸铜溶液浸苗10～20min。

4. 病树的治疗处理 对于发病较轻的植株，可扒开根部土壤，找出发病的部位，并仔细清除病根。然后用50%的代森铵水剂 400～500 倍液或 1%硫酸铜溶液进行伤口消毒，最后涂波尔多液等保护剂。对于已经腐烂的根，把烂根切除，再浇施药液或撒施药粉。刮除的病斑，切除的霉根及病根周围扒出的土壤，都要携出果园之外，并换上无病新土。对于将要死亡的果树或已经枯死的果树，挖除树木并集中烧毁残根。病穴土壤可灌浇五氯酚钠 150 倍液或撒施石灰粉消毒。当病死果树较多、病土面积大时，用石灰氮消毒，每公顷用量为 750～1 125kg。

第三节　果树白纹羽病

白纹羽病主要为害果树根部，是果树重要的土传病害之一。该病在我国普遍发生，寄主植物多，已查明寄主植物有 43 科 83 种，包括常见树木、蔬菜和禾本科作物，大多数果树树种在该病的为害范围，如苹果、柑橘、梨、葡萄等。果树发病后引起根腐，1～3 年后整株死亡。该病潜伏在地下，果树发病初期同正常树差别不大，等到地上部分出现症状，即失去早期防治的机会而无可救药。如防控不当会向全园蔓延，造成毁园。

一、症状

果树感病后，初期地上部分仅表现为树势衰弱，外观与健株差异不大，随后叶片自上而下变黄、凋萎、早期脱落，嫩枝干枯。感病果树不抗风，容易被大风刮倒，或从土中拔出，手摇树干明显感到树根固地不牢，感病果树不久死亡。苗木感病后几周内即枯死，大树感病当年逐渐枯死，有的拖到第 2 年或第 3 年才枯死。秋季未枯死的树，翌年春季发芽晚、长势弱，叶片小而黄、徒长枝发生少、果实不能正常膨大且成熟期提早。

地上部出现症状后，细根软化腐烂，延及粗大的根，表现黑褐色腐烂，外面干枯病皮如鞘状套在木质部外，木质部也变黑。

挖出根部可看到病根表面缠绕大量白色或灰白色网状菌丝，酷似蜘蛛网，老根或主根上形成略带棕褐色的菌丝层或菌丝索，结构比较疏松柔软（图 7－4）。菌丝索可以扩散到土壤中，变成较细的菌索，填满土壤孔隙。菌丝层上可生长出黑色的菌核。

图 7－4　柿树白纹羽病症状

二、病原

白纹羽病菌为褐座坚壳菌，属子囊菌亚门，褐座坚壳属［*Rosellinia necatrix*（Hart.）Berl］，无性时期为 *Dematophora necatrix* Harting，属半知菌类。在自然条件下，病菌主要形成菌丝体、菌索、菌核，有时也形成子囊壳。子囊壳黑褐色、炭质、近球形，集生于死根上。子囊圆柱形，内含 8 个子囊孢子。子囊孢子单胞，纺锤形，褐色至黑色。子囊孢子作用较小，主要靠菌丝体及其变态来繁殖和传播。

三、发生规律

白纹羽病菌以菌丝体、根状菌索、菌核在病根或土壤上越冬，可潜伏在土壤中多年，并且能寄生多种果树，引起根腐，最后导致全株死亡，是重要的土传病害。当病菌接触到林木根部时，从根部表面皮孔侵入，引起根腐。该病菌生长温度为 12～30℃，最适温度为25℃左右。在北方地区的7～9月，由于温度高、湿度大、降雨多，易引发该病，特别是在低洼潮湿、土壤呈酸性及黏重板结的地区，受该病危害更重。凡树体衰老或因其他病虫为害而树势很弱的果树，一般多易于发病。

四、防治方法

果园一旦发病，难以治愈，很难根除，应以预防为主。带菌土壤、带病苗木是发病的直接原因。

白纹羽病寄主范围很广，最好不在新伐林地开辟果园，若在新伐林地建果园，一定要把烂根清拣干净，种植三四年其他农作物后再栽果树。发现病树应及时挖除，并开沟隔离，以防蔓延；果园内应经常追施有机肥，注意中耕排水，促进根系发育，提高抗病能力。加强苗木检疫工作，杜绝病害远距离传播。

1. 选栽无病苗木　栽植前用10%的硫酸铜溶液，或20%的石灰水、70%甲基硫菌灵可湿性粉剂500倍液浸渍1h后再栽植。也可用47℃的温水浸渍40s，以杀死苗木根部的菌丝。

2. 挖沟隔离　在病株或病区外围挖1m以上的深沟进行封锁，并在沟中泼施20%龙克菌悬浮剂300倍液，以防止病害向四周蔓延、扩大。

3. 及时拔除病株　发现病株应尽早连根挖除，带出园外处理或烧毁，病穴用40%甲醛100倍液或生石灰粉消毒。同时，用20%噻菌铜悬浮剂300倍液，或20%三唑酮乳油6 000倍液、50%多菌灵可湿性粉剂800～1 000倍液、70%甲基硫菌灵可湿性粉剂1 000～1 200倍液浇根。也可用25%丙环唑乳油2 500倍液，或30%恶霉灵1 000倍液＋12.5%烯唑醇可湿性粉剂2 000倍液或70%敌磺钠800倍液，或嘧菌酯1 500倍液浇灌，用药前若土壤潮湿，建议晾晒后再灌透。

4. 加强管理　加强果园管理，增施有机肥，以增强树势。

注意排除积水，合理轮作。合理施肥，氮、磷、钾肥要按适当比例施用，尤其应注意不偏施氮肥，适当施钾肥。合理修剪，加强其他病虫害的防治。适当喷施激素复合肥等微肥，可有效增强树势，提高树体抗病害的能力。

第四节　果树白绢病

白绢病又称茎基腐病，在我国大部分地区均有发生。该病的寄主植物种类繁多，可危害苹果、梨、桃、葡萄、梧桐、泡桐、核桃、马尾松、水仙、吊兰、菊等多种果树和园林花木，同时，也能侵染花生、甘薯、烟草、瓜类、茄子等许多农作物。

一、症状

果树被害，主要是根颈部腐烂，造成植株枯死。发病初期，根颈表面形成白色菌丝，表皮出现水渍状褐色病斑。菌丝继续生长，直到根颈全部覆盖如丝绢状的白色菌丝层，故称白绢病（图7－5a）。在潮湿条件下，菌丝层能蔓延到发病部位周围的地面，当发病部位进步发展时，根颈部的皮层腐烂，有酒糟味，并溢出褐色汁液。发病后期，在发病部位或者附近的地表裂缝中长出许

图7－5　果树白绢病症状

a. 发病初期　b. 发病后期

多棕褐色或茶褐色油菜籽状的菌核。病株地上部症状是叶片变小发黄，枝条节间缩短，结果多，但果实小。茎基部皮层腐烂，病斑环绕树干后，在夏季会突然全株枯死（图 7－5b）。

二、病原

白绢病病原为齐整小核菌（*Sclerotium rolfsii*），是一种根部习居菌，以菌丝和菌核在土壤中、杂草上或病株残体上越冬，菌核在土壤中存活时间长，可达 5～6 年。病菌可通过病苗、病土和雨水进行传播，可直接从植株的皮孔或伤口处侵入。在适宜的温湿度条件下，菌核萌发产生菌丝，侵入植物体，导致植株发病。该病 6 月上旬开始发生，7～8 月为发病盛期，9 月基本停止蔓延。该病病菌在高温（28～38℃）、高湿的条件下，从菌核萌发至新菌核的形成仅需 8～9d。该病在土壤 pH 5～7，土质黏重板结，且苗木栽植过密、生长不良、管理粗放的地方发病率高。病菌的侵染能力很强，大树从发病至植株死亡一般为 2～3 年，幼树为 0.5～1 年，菌核少至 1 个也能使植株致病死亡。

三、发病规律

病害于生长季均可发生，但以 7～8 月雨季高温时发展最快，往往春季还正常发育的树在夏季突然迅速枯死。病株地上部分表现减生型症状，叶小而黄，枝条节间缩短，果多而小。此病在鲁中地区多分布在滩地或土质黏重、排水不良的果园。寄生于各种植物，包括仁果、核果、葡萄、杨、柳、酸枣等。果树受侵染后主要在根茎部发生，表现褐色斑点，逐渐扩大，并生一层白色菌丝，很快缠绕根颈，皮层随之腐烂，环切一周则全株枯死。病部为黄褐色或红褐色湿腐，后期皮层组织腐烂如泥，撕开有刺鼻酸味，木质部青黑色是白绢病的主要特征之一。

四、防治方法

1. 选地育苗建园　育苗建园时，应避免在病地和种过易感病植物的地块育苗建园。避免使用老果树或杨、柳及酸枣的林迹地，也不要刺槐等作防护林。苗木引进或调运时，严格检查，杜绝引入或流出染病苗木。选择抗病性强的树种造林。

2. 春秋天扒土晾根　树体地上部分出现症状后，将树干基部主根附近土扒开晾晒，可抑制病害的发展。晾根时间从早春 3 月至秋天落叶均可进行，雨季来临前可填平树穴以防发生不良影响。在扒土晾根的同时，检查是否有白色菌丝，树皮是否变褐色或有酒糟气味，发现病症立即治疗。在晾根时寻找发病部位，将根颈部病斑彻底刮除，并用抗菌剂消毒伤口，外层涂波尔多液作为保护剂，涂刷时要均匀涂刷整个根颈部，直至大主根部分。同时，在病株周围挖隔离沟，封锁病区，防止病菌扩散蔓延。另外，栽植果树时，嫁接口一定要露出地面，防止伤口侵染。土壤黏重地区的果园，要在扒开穴的一侧挖排水沟，以防穴中积水。

3. 选用无病苗木　调运苗木时，严格进行检查，剔除病苗，并对健苗进行消毒处理。消毒药剂可用 70%甲基硫菌灵或多菌灵 800～1 000 倍液、2%的石灰水、0.5%硫酸铜溶液浸 10～30min，然后栽植。也可在 45℃温水中，浸 20～30min，以杀死根部病菌。

4. 病树治疗　用刀将须根部病斑彻底刮除，并用抗菌剂 401 50 倍液或 1%硫酸铜液消毒伤口，再外涂波尔多液等保护剂，然后覆盖新土。

5. 挖隔离沟　在病株外围，开挖隔离沟，封锁病区。

6. 生物防治　用哈茨木霉（*Trichoderma harzianum* Rifai）二级菌种粉剂 1kg，拌消毒的麦皮 50kg，每株施 2kg。

第五节 果树根朽病

果树根朽病最主要的特点是在被害根的皮层内及皮层与木质部之间长出一层白色至淡黄色、呈扇形扩展的菌丝层，该菌丝层在黑暗处能显出蓝绿色的荧光。在高温多雨的季节，病树根颈周围的土面上，常常长出成丛的、蜜黄色的蘑菇，为该病菌的子实体。根朽病可为害苹果、梨、桃、杏、山楂、杨柳、榆树等多种树木。从树龄上看，一般幼树很少发病，而成年株特别是老树较易受害。

一、症状

假蜜环菌和蜜环菌根朽病，地上部均表现为树势衰弱。病树地上部分表现为局部枝条或全株叶片变小变薄，同时从下而上逐渐黄化，甚至脱落；新梢变短但结果却多，果实小且味差。根部发病可从小根、大根或根颈部与病根接触处或有伤口处开始，然后迅速向根颈部蔓延。病害主要在根颈部为害，发展很快，可沿主干和主根上下扩展，同时往往造成环割现象，致使病株枯死。

假蜜环菌根朽病主要为害根颈部呈环割状，病部水渍状，紫褐色，有的溢有褐色液体，该菌能分泌果胶酶致皮层细胞果胶质分解，使皮层形成多层薄片状扇形菌丝层，并散发出蘑菇气味，有时可见蜜黄色子实体。

蜜环菌根朽病的特征是树体基部现黑褐色或黑色根状菌索或蜜环状物，病根树皮内生出白色或浅黄色菌丝，在木质部和树皮之间出现白色扇形菌丛团（图 7－6）。我国以假蜜环菌根朽病较为常见。

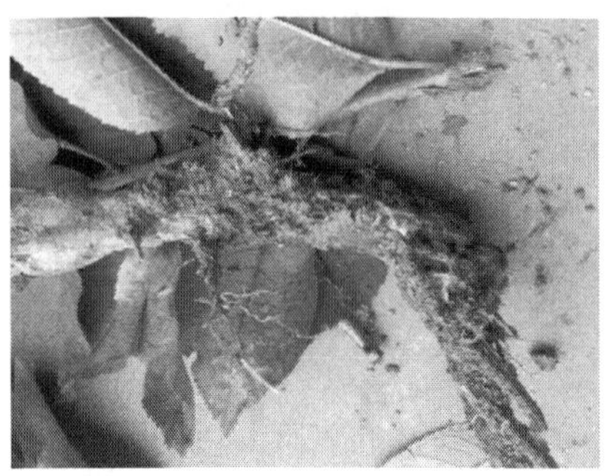

图 7-6　枣树根朽病

二、病原

假蜜环菌根朽病病原为发光假蜜环菌［*Armillariella tabescens*（Scop. et Fr.）Singer］，属担子菌亚门真菌。病部在 7～8 月多雨季节往往长有簇生的子实体（即蘑菇）。病部现扇状菌丝层，白色，初具荧光现象，老熟后变为黄褐或棕褐色，菌丝层上长出多个子实体。菌盖初为扁球形，后变平展，浅黄色。直径 2.6～8cm，菌柄长 4～9cm。直径 0.3～1.1cm，浅杏黄色，具毛状鳞片，担孢子近球状，单胞、光滑、无色，大小（7.3～11.8）μm×(3.6～5.8)μm。

蜜环菌根朽病病原为小蜜环菌［*Armillariella mellea*（Vahl ex Fr.）Karst.］，属担子菌亚门真菌。可寄生在针叶树、阔叶树的基部，如苹果、梨、草莓、马铃薯等作物上，引致根腐。小蜜环菌菌丛团及子实体丛生，菌盖宽 4～14cm，浅土黄色，边缘具条纹。菌柄长 6～13cm，粗 6～18mm，土黄色，基部略膨大。白色菌环生于柄上部。松软、菌褶近白色直生或延生。担孢子光滑无色，椭圆形，大小为（7～11）μm×(5～7.5)μm。

三、发生规律

根朽病菌以菌丝体或根状菌索及菌索在病株根部或残留在土

壤中的根上越冬。主要靠病根或病残体与健根接触传染，病原分泌胶质黏附后，再产生小分枝直接侵入根中，也可从根部伤口侵入。此外，有报道从病菌子实体上产生的担孢子，借气流传播，落到树木残根上后，遇有适宜条件，担孢子萌发，长出的菌丝体侵入根部，然后长出根状菌索，当菌索尖端与健根接触时，便产出分支侵入根部。

小蜜环菌主要通过根状菌索或菌传播，当小蜜环菌吸附到寄主根上以后，通过酶解或压力侵入。在采伐不久的林地，或排水良好的沙质土易发病。由于败育假蜜环菌和小蜜环菌寄生性弱，可在残根上长期存活，引致新果园发病，生产上老苹果园发病重。

四、防治方法

1. 加强果园管理，提高树体的抗病能力 做好果树的修剪和整枝，注意防治病虫害，及时除草。对于土壤板结的果园，应深翻改土，逐渐加深熟土层，增施有机肥，改良土壤性状。干旱地区的果园，应注意在春天解冻后，及时刨树盘保墒，有条件的果园要及时灌水。要积极种植绿肥，或用秸秆、柴草覆盖树盘，从而减少树下水分蒸发，并能改良土壤。地下水位高的果园，积水时应及时排水，防止长时间浸泡根系。

2. 预防措施 在早春、夏末、秋季及果树休眠期，在树干基部挖3～5条辐射状沟，然后可选用浇灌50%甲基硫菌灵可湿性粉剂800倍液、50%苯菌灵可湿性粉剂1 500倍液、70%甲基硫菌灵可湿性粉剂800倍液、50%代森铵水剂500倍液、0.2%硫酸铜液、10波美度石硫合剂、五氯酚钠500倍液等，均有较高防效。

3. 发现染病后，寻找病根和发病部位 先扒开病树根际土层，挖至主根基部，注意检查根颈部，发现病斑后，沿病斑向下追寻主根、侧根和支根的发病点。对整条腐烂根，须从根基砍除，并细心刮除病部，直至将病根挖除。操作时，应注意保护健根，伤口要用高浓度杀菌剂消毒后，再涂波尔多液等保护剂。常用药剂有：1%～2%硫酸铜溶液，5 波美度石硫合剂、50%退菌特可湿性粉剂 200 倍液、50%多菌灵可湿性粉剂 300 倍液和五氯酚钠 300 倍液等。药土配制：70%五氯硝基苯可湿性粉剂与土的比例为 1∶50，混合均匀后撒于根部。用药量因树龄而异，10 年左右的大树用药量为 0.25kg。

4. 促进树势恢复 轻病树，只要清除病根，进行消毒保护，换上药土或无病土即可；重病树，先重剪地上部分，减少水分蒸腾，然后在根颈部桥接新根，或在根颈周围栽植健壮苗木，再桥接到主干上。同时增施速效肥，适当浇水，促使树势尽快恢复。

5. 清理病树 对于已枯死或濒死树，应尽早将病株根系清除干净，并及时外运或烧毁。病穴土壤可用 40%甲醛 100 倍液或五氯酚钠 150 倍液消毒，换无毒新土后，再行补植。

第六节 苹果圆斑根腐病

苹果圆斑根腐病在陕西关中地区，山西运城地区，太原、河南西部，辽宁西部的朝阳和锦州地区等均有发病，局部地区受害较重。圆斑根腐病的寄主范围很广泛，主要为害苹果、梨、桃、杏，而葡萄、核桃、柿、枣等果树次之，甚至桑树、刺槐、苦楝、五角枫、柳树、臭椿、花椒、杨树、榆树、梧桐、丝兰等多种树木和草本植物也可发病。

一、症状

地上部的症状要在苹果萌芽后的 4～5 月才较为集中地表现出来。由于植株受侵发病的久暂、严重程度以及当时气候条件的影响，病株地上部分的症状表现有以下几种不同类型。

1. 萎蔫型　患病多年而树势衰弱的大树多数属此类型。病株在萌芽后整株或部分枝条生长衰弱，叶簇萎蔫，叶片向上卷缩，形小而色浅；新梢的抽生十分困难；有的甚至花蕾皱缩不能开放，或开花后不坐果；枝条亦呈现失水，甚至皮层皱缩，有时表皮还可干死翘起，呈油皮状。

2. 青干型　上一年或当年感病而且病势发展迅速的病株，在春旱而又气温较高时常呈现这种症状。病株叶片骤然失水青干，多数从叶缘向内发展，但也有沿主脉向外扩展的。在青干与健全叶肉组织分界处有明显的红褐色晕带，青干严重的叶片即行脱落。

3. 叶缘焦枯型　是在病势发展较缓，同时春季又不干旱时表现的症状。病株叶片的尖端或边缘发生枯焦，而中间部分保持正常，病叶也不会很快脱落。

4. 枝枯型　是根部腐烂严重，大根已烂至根颈部时呈现的症状。病株上与烂根相对应的少数骨干枝发生坏死，皮层变褐下陷，坏死皮层与好皮层分界明显，并沿枝干向下蔓延。后期坏死皮层崩裂，极易剥离，其上不着生小黑点状真菌病症。枯枝木质部导管变褐，而且一直与地下烂根中变褐的导管相连接（图 7－7）。

图 7－7　苹果圆斑根腐病症状

病株地下部分发病，是先从须根（吸收根）开始，病根变褐枯死，然后延及其上部的肉质根，围绕须根基部形成一个红褐色的圆斑。病斑的进一步扩大与相互融合，并深达木质部，致使整段根变黑死亡。病害就是这样从须根、小根逐渐向大根蔓延为害的。在这个过程中，病根也可反复产生伤愈组织和再生新根，因此最后病部变为凹凸不平，病健组织彼此交错。

由于病株的伤愈作用和萌发新根的功能，病情发展呈现时起时伏的状况。当水肥和管理条件较好，植株生长势健壮时，有的病株甚至可以完全自行恢复。

二、病原

苹果圆斑根腐病病原主要包括以下几种镰刀菌（属半知菌）。

1. 尖孢镰孢［*Fusarium oxysporum*（Mart.）App. et Wollenw.］　大分生孢子两头较尖，足胞明显，中段较直，仅两头弯曲，孢子的最大宽度在中部，分隔以 3～4 格为多，尺度为(16.3～50.0)μm×(3.8～7.5)μm。小孢子为卵圆至椭圆形，单胞，尺度为（3.8～12.5)μm×(2.3～5.0)μm。

2. 腐皮镰孢［*Fusarium solani*（Mart.）App. et Wollenw.］　大分生孢子两头较圆，足胞不明显，整个形状较为弯曲。孢子的最大宽度在中部，分隔具有 3～9 格，3 格大孢子的平均尺度为（30.0～50.0)μm×(5.0～7.5)μm，5 格大孢子的尺度为（32.5～51.3)μm×(5.0～10.0)μm。小孢子为长圆、椭圆或卵圆形，单胞或双胞，单胞小孢子的尺度为（7.5～22.5)μm×(3.0～7.5)μm；双胞小孢子的尺度为（12.5～25.0)μm×(3.8～7.5)μm。

3. 弯角镰孢（*Fusarium camptoceras* Wollenw. et Reink.）　大分生孢子需进行长期培养后才能少量产生。孢子大多数直立，但亦有稍弯曲的，长圆形，基部较圆，顶部较尖，最大宽度在离基部的 2/5 处。分隔 1～3 个，无足胞，3 格孢子的尺度为 (7.5～28.8)μm×(4.5～5.0)μm。小孢子易大量产生，长圆形至椭圆形，单胞或双胞。单胞孢子的尺度为（6.3～12.5）μm×(2.5～4.0)μm；双胞孢子尺度为（11.3～17.5)μm×(3.3～5.0)μm。

三、发生规律

作为病原的几种镰刀菌都是土壤习居菌，可在土壤中长期进行腐生存活，同时也可寄生为害寄主植物。在果园里，只有当果树根系衰弱时才会遭受到病菌的侵染而致病。因此干旱、缺肥、土壤盐碱化、水土流失严重、土壤板结通气不良、结果过多、大小年严重、杂草丛生以及其他病虫（尤其是腐烂病）的严重危害等导致果树根系衰弱的各种因素，都是诱发病害的重要条件。

四、防治方法

1. 增强树势，提高抗病力　增施有机肥，进行灌水，加强松土保墒，控制水土流失，加强其他病虫防治，合理修剪，控制大小年等。

2. 土壤消毒灭菌　每年苹果树萌芽和夏末进行两次，以根颈为中心，开挖 3～5 条放射状沟，深 70cm，宽 30～45cm，长到树冠外围。灌根有效的药剂有 75%五氯硝基苯可湿性粉剂 800 倍液、硫酸铜晶体 500 倍液、70%甲基硫菌灵可湿性粉剂 1 500 倍液、1 波美度石硫合剂、50%多菌灵可湿性粉剂 800 倍液、50%代森铵水剂 400 倍液、50%苯菌灵可湿性粉剂 1 000 倍液、2%农抗 120 水剂 200 倍液、50%退菌特可湿性粉剂倍液、10%双效灵水剂 200 倍液。

第七节　苹果疫腐病

苹果疫腐病又称实腐病、颈腐病，是由恶疫霉侵染所引起的发生在苹果上的病害，在我国山西、山东、北京和辽宁等地有发生。华冠苹果易感染，无论是果实或根茎，当湿度大时，均长出白色短毛，个别年份常严重发生。15 年生以上大树上发生较重。一些地区发病果园占果园近 50%，发病严重的果园枯死率达 20%。苹果疫腐病只有当空气相对湿度接近 100%才会发生，即每次降雨或者浇地后，特别是密闭果园，湿度大，通风透光差，发病严重。

一、症状

疫腐病主要为害果实、根颈及叶片。果实受害后果面产生不规则形，深浅不匀的暗红色病斑，边缘不清晰似水渍状（图 7－8）。有时病斑部分与果肉分离，表面呈白蜡状。果肉变褐腐烂后，果形不变呈皮球状，有弹性。病果极易脱落，最后失水干缩成僵果。在病果开裂或伤口处，可见白色棉毛状菌丝体。

图 7－8　苹果疫腐病症状

苗木及大树根颈部受害时，皮层呈褐色腐烂，病斑环割后，地上部枝条发芽迟缓，叶小色黄，最后全株萎蔫，枝干枯死。叶片受害产生不规则的灰褐色或暗褐色病斑，水渍状，多从叶边缘或中部发生，潮湿时病斑迅速扩展使全叶腐烂。

二、病原

疫腐病病原为恶疫霉［*Phytophthora cactorum*（Leb. et Cohn）J. Schröt.］，属卵菌。无性阶段产生游动孢子和厚垣孢子，有性阶段形成卵孢子。游动孢子囊无色、单胞、椭圆形，顶端具乳头状突起，大小（33～45）μm×（24～33）μm，每个游动孢子囊可形成游动孢子 17～18 个；孢子囊可形成游动孢子或直接产生芽管，菌丝可形成厚垣孢子。有性阶段产生无色或褐色球形卵孢子，大小 27～30μm，壁平滑，雄器侧位，大小（13～16）μm×（9～11）μm。病菌发育适温 25℃，最高 32℃，最低 2℃，游动孢子囊发芽温限 5～15℃，10℃最适。该种病原可侵染苹果、梨和桃等果树。

三、发病规律

翌年遇有降雨或灌溉时，形成游动孢子囊，产生游动孢子，随雨滴或流水传播蔓延，果实在整个生育期均可染病，每次降雨后，都会出现侵染和发病小高峰，因此，雨多、降水量大的年份发病早且重。尤以距地面 1.5m 的树冠下层及近地面果实先发病，且病果率高。生产上，地势低洼或积水、四周杂草丛生，树冠下垂枝多、局部潮湿发病重。

在栽培品种中，红星、印度、金冠、祝光、倭锦等易感病，红玉、伏花皮次之，国光、富士、乔纳金等较抗病。

四、防治方法

1. 疫腐菌在病残体的土壤中越冬，所以清除病残体，及时清理落地果实并摘除树上病果、病叶集中深埋，是一项重要的防病措施。

2. 由于疫腐病菌是以雨水飞溅为主要传播方式，所以果实越靠近地面越易受侵染而发病，以距地 60cm 以下的果实发病最多，一般最高不超过 1.5m，适当采取提高结果部位和地面铺草等方法，可避免侵染减轻危害。

3. 改善果园生态环境，排除积水，降低湿度，树冠通风透光可有力地控制病害。

4. 根颈部疫腐病的防治应采取预防为主和手术治疗相结合的方法。根颈部发病还未环割的植株，可在春季扒土晾晒，刮去腐烂变色部分，并用福美锌或石硫合剂消毒伤口，刮下的病组织烧毁，更换无病新土，覆土高度应略高于地面呈倒锅形。另外防止串灌水，排水系统健全，翻耕和除草时注意不要碰伤根颈部。必要时进行嫁接，可促使其提早恢复树势，增强树林的抗病性。

第八节　苹果根结线虫病

果树根结线虫病在我国分布较广，为害苹果、梨、山楂、柑橘、枣等果树。苹果组培苗在过渡移栽的栽培管理中，由于大棚温室土壤的连年使用，易造成根结线虫病的大发生，此病一旦发生，将会造成植株枯萎幼苗成片死亡。

一、症状

苹果根结线虫病主要为害根部，病原线虫寄生在根皮与中柱之间，使根组织过度生长，结果形成大小不等的根瘤（图 7－9）。因此，根部成根瘤状肿大，为该病的主要症状。在一般发病情况下，病株的地上部无明显症状，但随着根系受害逐步变得严重，树冠才出现枝短梢弱、叶片变小、长势衰退等病状。受害更重时，叶色发黄，无光泽，叶缘卷曲，呈缺水状。

图 7-9 果树根结线虫病

二、病原

苹果根结线虫病病原为苹果根结线虫［*Meloidogyne mali* Itoh. Ohshima et Ichinohe］，属植物寄生线虫。苹果根结线虫雌雄异形，雄成虫线状，尾部稍圆，无色透明。雌成虫梨状，多埋藏在寄主组织里，幼虫呈细长蠕虫状。卵聚焦在胶状介质中，似蚕茧状，稍透明，外壳坚韧。

三、发生规律

苹果根结线虫主要以卵或二龄幼虫在土壤中越冬，翌年 4～5 月新根长出后，幼虫从根的先端侵入，在根里生长发育。当虫体膨大成香肠状时，致根组织肿胀，8 月上旬形成明显的瘤子，8 月下旬后，在瘤子里产生明胶状卵包，并产卵，初孵化的幼虫又侵害新根，并在原根附近形成新的根瘤。秋末，以成虫、幼虫或卵在根瘤中越冬，翌年 5 月开始活动，并发育成下一虫态，苹果根结线虫 2 年发生 3 代，在土壤中随根横向或纵向扩展，多数生活在土壤耕作层内，有的可深达 23m。

四、防治方法

1. 培育无病苗木和加强苗木检疫。

2. 施用充分腐熟的有机肥，进行中耕。

3. 定植时，在6m×6m面积上，每隔30cm，穴施D-D混剂（1，3二氯丙烯和1，2二氯丙烷）5mL，深约20cm，半月后耕翻一次再定植。

4. 药剂防治：可用1.8%阿维菌素乳油2 000～3 000倍液，或50%辛硫磷乳油800倍液喷灌土壤；也可用50%辛硫磷乳油拌入有机肥施入土中。

第八章
蔬菜土传病害

第一节 白菜猝倒病

白菜猝倒病，常见于十字花科菜类生长期的一种由霉菌引起的严重病害。

一、症状

大白菜、黄芽白、菜薹、菜心等出苗后，在茎基部近地面处产生水渍状斑，后缢缩折倒（图 8－1）。湿度大时病部或土表产生白色棉絮状物，即病菌菌丝、孢囊梗和孢子囊。

图 8－1 白菜猝倒病症状

二、病原

白菜类猝倒病由腐霉类真菌引起，主要由瓜果腐霉（*Pythi-*

um aphanidermatum）（图 8－2）引起，属鞭毛菌亚门真菌。菌丝体发达，生长繁茂，在发病组织呈白色棉絮状；菌丝无色，无隔膜。菌丝与孢囊梗区别不明显。孢子囊丝状或分枝裂瓣状，或呈不规则膨大。泡囊球形，内含游动孢子。藏卵器球形，雄器袋状至宽棍状，同丝或异丝生，多为 1 个。卵孢子球形，平滑。

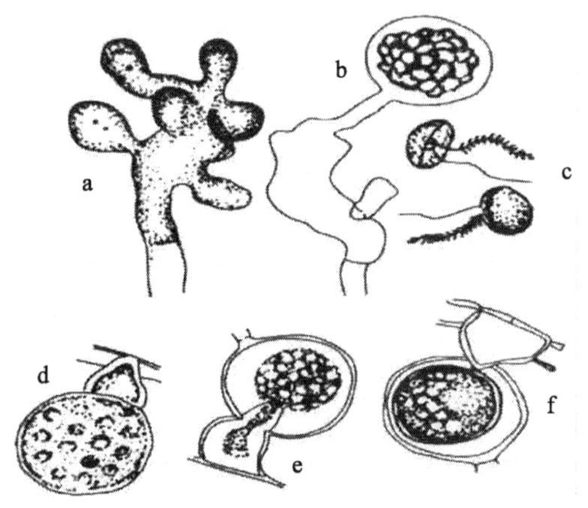

图 8－2　白菜猝倒病病原瓜果腐霉

a. 孢子囊　b. 孢子囊萌发形成泡囊　c. 游动孢子　d. 发育中的雄器和藏卵器　e. 雄器和藏卵器交配　f. 雄器、藏卵器卵孢子

三、病害循环

病菌以卵孢子在 12～18cm 表土层越冬，并在土中长期存活。翌年春天，环境条件适宜时萌发产生孢子囊，以游动孢子或直接长出芽管侵入寄主。此外，在土中营腐生生活的菌丝也可产生孢子囊，以游动孢子侵染幼苗引起猝倒。田间的再侵染主要靠病苗上产出孢子囊及游动孢子，借灌溉水或雨水溅附到贴近地面的根茎上。病菌侵入后，在皮层薄壁细

胞中扩展，菌丝蔓延于细胞间或细胞内，后在病组织内形成卵孢子越冬。

四、发病规律

育苗期出现低温、高湿条件，利于发病。该病主要在瓜果腐霉（*P. aphanidermatum*）等腐霉菌引起的白菜猝倒病地多发，病菌生长适宜地温15～16℃，温度高于30℃受到抑制；适宜发病地温10℃，幼苗长出1～2片真叶期发生，3片真叶后，发病较少。

五、防治方法

对瓜果腐霉等嗜高温菌引起猝倒病为主的地区，可用种子质量0.2%的40%拌种双粉剂拌种或土壤处理。必要时可选用25%瑞毒霉可湿性粉剂800倍液喷雾。

第二节　菜瓜蔓枯病

蔓枯病又可以称为黑腐病，是瓜类蔬菜的常见病，露地雨季常发生。

一、症状

菜瓜蔓枯病在田间主要发生在茎蔓上，致蔓枯死，但也能为害幼苗、茎部及果实。近地面的茎，初染病时，仅病斑与健全组织交界处呈水渍状，病情扩展后，组织坏死或流胶，在病部出现许多黑色小粒点，严重时整株死亡（图8－3a）；叶片染病，呈水渍状黄化坏死，严重时整叶枯死（图8－3b）；果实染病，产生黑色凹陷斑，龟裂或致果实腐败。

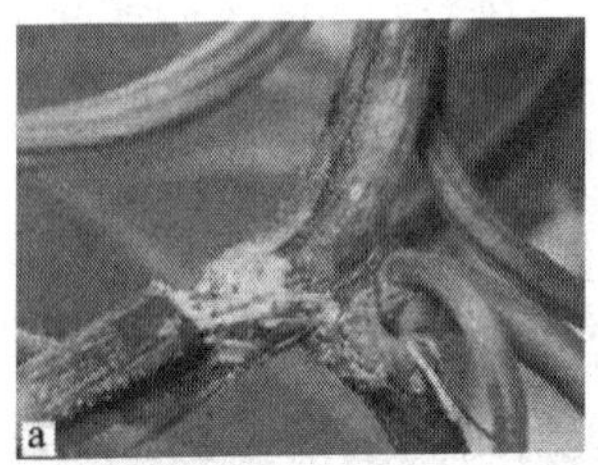

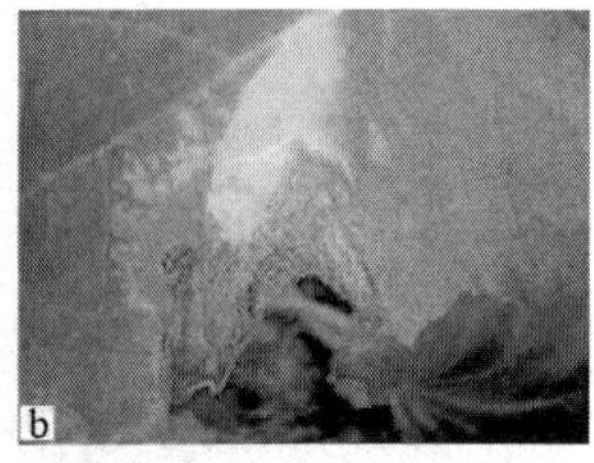

图 8-3 菜瓜蔓枯病症状

a. 染病茎部 b. 染病叶片

二、病原

菜瓜蔓枯病病原为真菌子囊菌亚门瓜黑腐小球壳菌［*Mycosphaerella melonis*（Pass.）Chiuet Walker］，无性态为真菌半知菌亚门瓜叶单隔孢菌（*Ascochyta Cucumis* Fautr. et Roum），病菌分生孢子器表面生，初埋生于寄主组织内，后突破表皮外露，浅褐色，球形至扁球形，直径 52～74.5μm。孔口明显，顶部呈乳状突起，直径 17.1～31μm（图 8-4a）。分生孢子长椭圆形，

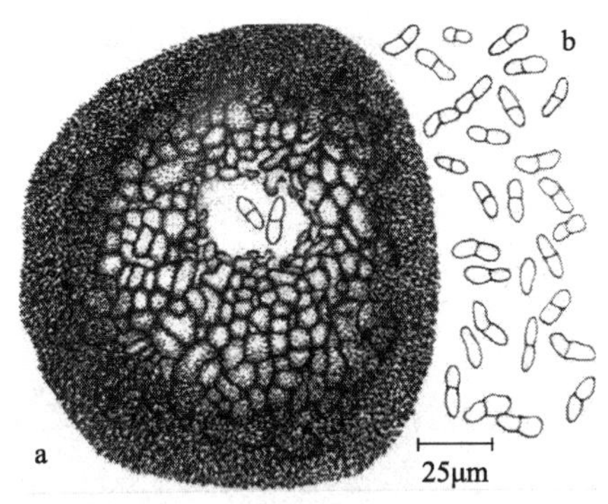

图 8-4 菜瓜蔓枯病病原

a. 分生孢子器 b. 分生孢子

无色透明，两端钝圆，初为单胞，后生一隔膜，分隔处常缢缩，大小为（9.2～16.4）μm×（3.3～5.2）μm（图8-4b）。

三、病害循环

病原菌以子囊壳、分生孢子器、菌丝体潜伏在病残组织上留在土壤中越冬，翌年产生分生孢子进行初侵染。植株染病后释放出的分生孢子借风雨传播，进行再侵染。7月中旬气温20～25℃，潜育期3～5d，病斑出现4～5d后，病部即产生小黑粒点。分生孢子在株间传播距离6～8m。

四、发病规律

病菌发育适温20～30℃，最高35℃，最低5℃，55℃经10min致死。据观察5d平均温度高于14℃，相对湿度高于55%，病害即可发生。气温20～25℃病害可流行，在适宜温度范围内，湿度高发病重。5月下旬至6月上、中旬降水次数和降水量作用该病发生和流行。连作易发病。此外密植田藤蔓重叠郁闭或大水漫灌的症状多属急性型，且发病重。

五、防治方法

1. 农业防治　选用龙甜1号等抗蔓枯病的品种，此外还可选用伊丽莎白、新蜜杂、巴的等早熟品种；合理密植，采用搭架法栽培对改变瓜田生态条件，减少发病作用明显。

2. 化学防治　可用40%福尔马林150倍液浸种30min，捞出后用清水冲洗干净再催芽播种，也可用50%甲基硫菌灵或多菌灵可湿性粉剂浸种30～40min，或40%拌种双粉剂悬浮液500倍液、80%代森锰锌可湿性粉剂500倍液，隔8～10d再喷1次，共喷2～3次。

第三节　菜瓜疫病

蔬菜疫病主要是茄科与葫芦科蔬菜的流行性病害，常造成菜瓜大面积死亡，甚至毁种。

一、症状

菜瓜疫病主要为害叶、茎和果实。叶片染病初生圆形水渍状暗绿色斑，扩展速度快，湿度大时呈水烫状腐烂，干燥条件下产生青白色至黄褐色圆形斑，干燥后易破裂。茎染病初生椭圆形水渍状暗绿斑，凹陷缢缩，呈暗褐色似开水烫过，严重时植株枯死，病茎维管束不变色（图 8－5a）。果实染病多始于接触地面处，初生暗绿色水渍状圆形斑，后病部凹陷迅速扩展为暗褐色大斑，湿度大时长出白色短棉毛状霉，干燥条件下产生白霜状霉，病果散发腥臭味（图 8－5b）。

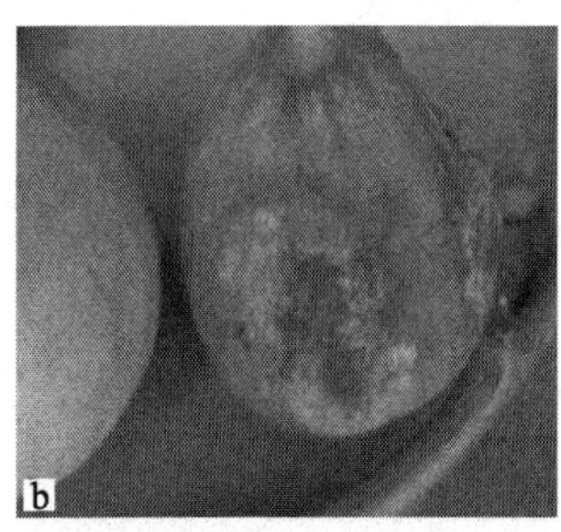

图 8－5　菜瓜疫病症状

a. 病茎　b. 病果

二、病原

菜瓜疫病病原为真菌鞭毛菌亚门甜瓜疫霉和掘氏疫霉

(*Phytophthora melonis* Katsura.)，甜瓜疫霉在PDA培养基上培养，菌丛呈灰白色，稀疏，菌丝无隔透明，直径4～7μm，后期菌丝产生不规则的肿胀或结节状突起，一般不产生孢子囊。在韦荣氏球菌选择（VS）培养基上，菌丛近白色，稀疏，产生孢子囊，孢子囊下部圆形，乳突不明显，有时也可看到少量孢子囊的乳突较高，可达4μm，大小（43～69）μm×（19～36）μm，新的孢子囊自前一个孢子囊中伸出，萌发时产生游动孢子，自孢子囊的乳突逸出，藏卵器近球形，直径18～31μm，无色，雄器围生；卵孢子球形，淡黄色，表面光滑，16～28μm（图8-6）。

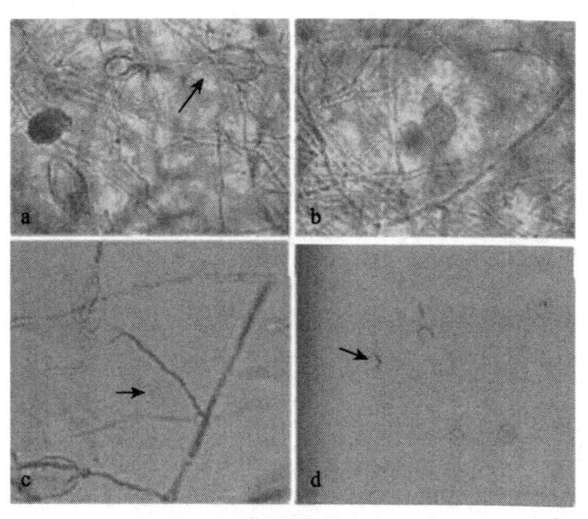

bar=400μm

图8-6　菜瓜疫病病原甜瓜疫病

a. 孢子囊的层出现象　b. 孢子囊及菌丝

c. 游动孢子破裂　d. 孢子出芽生长，长出菌丝

三、病害循环

病原菌主要以菌丝体和卵孢子随病残体组织遗留在土中越

冬，翌年菌丝或卵孢子遇水产生孢子囊和游动孢子，通过灌溉水和雨水传播到甜瓜上萌发芽管，产生附着器和侵入丝穿透表皮进入寄主体内，遇高温高湿条件2～3d出现病斑，其上产生大量孢子囊，借风雨或灌溉水传播蔓延，进行多次重复侵染。

四、发病规律

菜瓜疫病发生轻重与当年雨季到来迟早、气温高低、雨日多少、雨量大小有关。发病早、气温高的年份，病害重。一般进入雨季开始发病，遇有大暴雨迅速扩展蔓延或造成流行。生产上与瓜类作物连作、采用平畦栽培易发病，长期大水漫灌、浇水次数多、水量大发病重。

五、防治方法

1. 农业防治 选用白皮梢瓜、黄旦子、河套蜜瓜、新蜜1号、晋蜜瓜1号、新蜜杂7号等抗病品种，实行与瓜类作物3年以上轮作；采用高畦栽培，可减少与病菌接触；加强水肥管理，施用酵素菌沤制的堆肥，增施磷、钾肥，适当控制氮肥。

2. 化学防治 可选用72%霜脲锰锌可湿性粉剂800倍液、72%杜邦克露或72%克霜氰可湿性粉剂800～1 000倍液喷雾，隔10d左右施1次，视病情防治2～3次。

第四节　甜瓜萎蔫病

甜瓜萎蔫病又称细菌性枯萎病、青枯病，主要为害甜瓜。

一、症状

甜瓜萎蔫病发病初期叶片上出现暗绿色病斑，叶片仅在中午萎蔫，早、晚尚可恢复，该病扩展迅速，仅3～4d整株茎叶全部萎蔫，且不能复原，致叶片干枯，造成全株死亡。横剖维管束，用手挤压切口处可见大量细菌脓溢出，别于枯萎病（图 8－7）。

图 8－7 甜瓜萎蔫病症状

二、病原

甜瓜萎蔫病病原为嗜维管束欧文氏菌（黄瓜萎蔫病欧文氏菌）[*Erwinia tracheiphila* (Smith) Bergey et al.]。菌体杆状（图 8－8），周生多根鞭毛，肉汁胨琼脂平面上菌落白色，不能使马铃薯软腐。

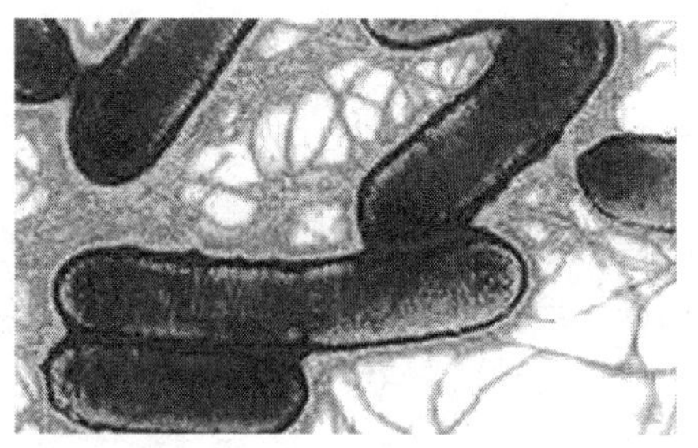

图 8－8 甜瓜萎蔫病病原

三、传播途径

由黄瓜甲虫传播，我国吉林已发生。

四、发病规律

病菌从根部伤口侵入，有时也可从茎基部侵入。

五、防治方法

1. 农业防治 选用中农5号、碧春、满园绿等抗细菌病害的品种；采用无病土育苗，与非瓜类作物实行2年以上轮作；加强田间管理，生长期及收获后清除病叶，及时深埋。

2. 物理防治 从无病瓜上选留种，瓜种可用70℃恒温干热灭菌72h或50℃温水浸种20min，捞出晾干后催芽播种。

3. 化学防治 发病初期或蔓延开始期喷洒14%络氨铜水溶剂300倍液，或50%琥铜·甲霜灵可湿性粉剂600倍液、50%琥胶肥酸铜可湿性粉剂500倍液喷雾处理，连续防治3～4次。

第五节　甜瓜猝倒病

猝倒病常见于十字花科菜类生长期，是一种由霉菌引起的严重病害。

一、症状

图8-9　甜瓜猝倒病症状

甜瓜猝倒病自播种后即可发生，早期染病种子发芽即坏死腐烂不能出土。出苗后露出土表的幼茎基部染病呈水渍状，迅速软化腐烂并缢缩，随后幼苗倒伏（图8-9）。有时瓜苗出土胚轴和子叶已腐烂变褐枯死。潮湿时病部产生少许絮状菌丝，病害严重时常造成幼苗成片死亡。

二、病原

甜瓜猝倒病病原为鞭毛菌瓜果腐霉真菌［*Pythium aplhanidermatum*（Eds.）Fitzp.］，菌落在玉米琼脂（CMA）培养基上呈放射状，气生菌丝棉絮状。菌丝发达，分枝繁茂，粗 2.8～9.8μm。孢子囊为膨大菌丝或瓣状菌丝、不规则菌丝组成，顶生或间生。出管长短不一，粗约 4.2μm；孢囊球形，内含 6～25 个或更多的游动孢子；游动孢子肾形，侧生双鞭毛，（13.7～17.2）μm×（12.0～17.2）μm；休眠孢子球形，直径 11.2～12.1μm。藏卵器球形，玉米粒状或瓢状，间生或顶生，同丝生或异丝生，每一藏卵器有 1～2 个雄器，授精管明显，（11.6～16.9）μm×（10.0～12.3）μm，平均 13.97μm×11.28μm。卵孢子球形，平滑，不满器，直径 19～22μm，壁厚 2.3～3.1μm；内含贮物球和折光体各一个。

三、病害循环

甜瓜猝倒病菌腐生性很强，可在土壤中长期存活，以菌丝体和卵孢子在病株残体上及土壤中越冬。第二年条件适宜时卵孢子萌发，先产生芽管，然后在芽管顶点膨大形成孢子囊及游动孢子。在土中营腐生生活的菌丝体也可产生游动孢子囊，以游动孢子侵染瓜苗引起猝倒病。

四、发病规律

甜瓜猝倒病病菌借助雨水、灌溉水传播。土温低于 15℃时土壤湿度高，光照不足，幼苗长势弱时发病迅速。幼苗子叶中养分快耗尽而新根尚未扎实之前，幼苗营养供应紧张，抗病力最弱，如果此时遇寒流或连续低温阴雨（雪）天气，易突发甜瓜猝倒病。甜瓜猝倒病多在幼苗长出 1～2 片真叶前发生，3 片真叶后发病较少。

五、防治方法

1. 农业防治 苗床用肥沃、疏松、无病的新床土，播种均匀而不过密，盖土不宜太厚。根据土壤湿度和天气情况，需洒水时，每次不宜过多，且在上午进行；床土湿度大时，撒干细土降湿。做好苗床保温工作的同时，多透光，适量通风换气。

2. 生物防治 发病初期，选用3亿cfu/g哈茨木霉菌根部型稀释1 500～3 000倍液喷雾处理。

3. 化学防治 发病初期，选用75%百菌清可湿性粉剂600倍液、70%代森锰锌可湿性粉剂500倍液，或58%甲霜灵·锰锌可湿性粉剂500倍液喷雾处理，每次间隔7～10d，一般防治1～2次即可。

第六节 番茄猝倒病

一、症状

瓜果腐霉引发的番茄猝倒病主要发生在育苗盘中或土耕或反季节栽培幼苗的茎基部。病部初呈水渍状，后缢缩，引起幼苗猝倒或枯死，有时种子刚发芽或未出土幼苗即染病，腐烂在土内，造成缺苗，严重的成片死亡，湿度大时病苗上或病苗附近的土面上长出白色絮状霉层，即腐霉菌菌丝体（图8-10）。

 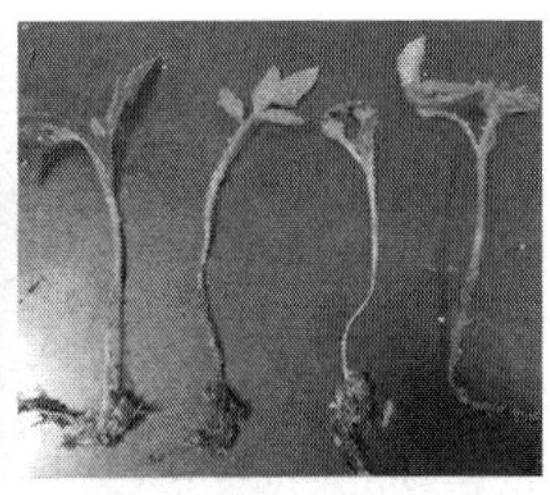

图8-10 番茄猝倒病症状

二、病原

番茄猝倒病病原为瓜果腐霉［*Pythium aphanidermatum* (Eds.) Fitzp.］。在CMA培养基上菌落无特殊形状，在平板计数琼脂（PCA）培养基上呈放射状，主菌丝宽6.2μm，孢子囊球形或近球形，多间生，个别顶生或切生，大小19～24μm；藏卵器球形，光滑多顶生，个别间生，大小20～23μm；雄器1～3个，多为1个，呈囊状弯曲，典型同丝生，无柄紧挨藏卵器，少数异丝生具柄，大小（9.2～12.3）μm×（5.5～7.7）μm；卵孢子球形、大小16～19μm，内含贮物球，折光体各1个（图8-11）。

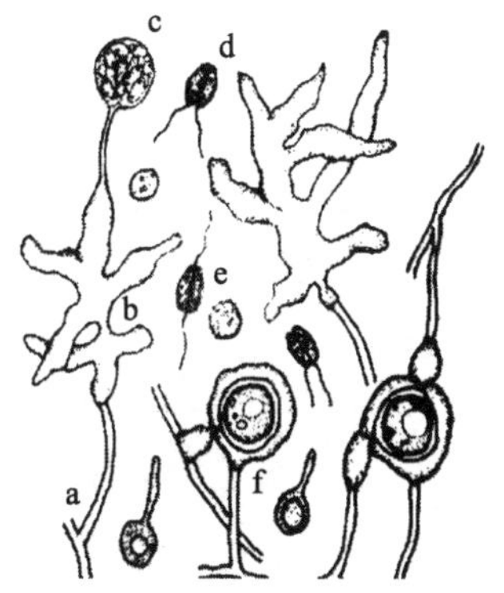

图8-11 番茄猝倒病病原瓜果腐病

a. 孢子梗 b. 孢子囊 c. 泡囊 d. 游动孢子 e. 卵孢子 f. 藏卵器

三、病害循环

病菌在10～25℃条件下，萌发产生游动孢子，或直接长出牙管侵染幼苗。初期只有个别幼苗发病，几天后会以此为中心向外蔓延扩展，最后引起成片的幼苗猝倒病。土温10℃左右，不利于菜苗生长，但病原菌能活动，因此，连阴雨、雪天及苗床浇水过多、通风排湿不良条件下易诱发病害。幼苗子叶养分用完，新根扎实和幼茎木栓化之前，其抗病能力最弱，土壤中的病原菌易侵入幼苗而发生猝倒。

四、发病规律

病菌腐生性很强，可在土壤中长期存活。春季条件适宜时，病苗上可产生孢子囊和游动孢子，借雨水、灌溉水、带菌粪肥、农具、种子传播。幼苗多在床温较低时发病，土温 15～16℃时病菌繁殖速度很快。苗床土壤高湿极易诱发此病，浇水后积水窝或棚顶滴水处往往最先形成发病中心。光照不足，幼苗长势弱、纤细、徒长、抗病力下降，也易发病。幼苗子叶中养分快耗尽而新根尚未扎实之前，幼苗营养供应紧张，抗病力最弱，如果此时遇寒流或连续低温阴雨（雪）天气，苗床保温不好，幼苗光合作用弱，呼吸作用增强，消耗加大，病菌趁机而入，此时就会突发此病。

五、防治方法

1. 农业防治　选用早杂 1 号、吉农早丰、晋番茄 1 号、河南 5 号等早熟或耐低温品种，或红杂 16 等早熟无支架品种。

2. 物理防治　选用无滴膜盖棚室，改善光照条件，增加光照度，以利光合作用提高幼苗抗病力。发现病苗立即拔除，及时喷洒青枯立克 50～100mL 兑水 15kg 连喷 2～3 次，3～5d 1 次。

3. 化学防治　在播种前 15～20d，每平方米苗床用 40%的拌种灵粉剂+50%福美双粉剂 1∶1 混合兑细干土 40kg，充分混匀后备用，播种前先浇透底水，待水渗下后，取 1/3 拌好的药土撒在床面上，然后再把催好芽的种子播好，最后把余下的 2/3 药土覆盖在种子上，覆土厚约 1cm，使种子夹在药土中间。

第七节　番茄茎基腐病

茎基腐病常见于茄果类蔬菜。

一、症状

番茄茎基腐病主要为害茎基部或地下主侧根，病部开始为暗褐色，以后绕茎基部扩展一周，使皮层腐烂，地上部叶片变黄、萎蔫（图 8－12a）。后期整株枯死，病部表面常形成黑褐色大小不一的菌核（图 8－12b）。

图 8－12　番茄茎基腐病症状
a. 发病初期　b. 发病后期

二、病原

番茄茎基腐病病原为半知菌门茄病镰孢 [*Fusarium solani* (Mart.) Sacc.]，分生孢子器深褐色，直径 100～270μm；分生孢子单细胞至双胞，两种孢子的比例变化很大，无色，大小 (4.5～17)μm×(2.5～5)μm（图 8－13）。

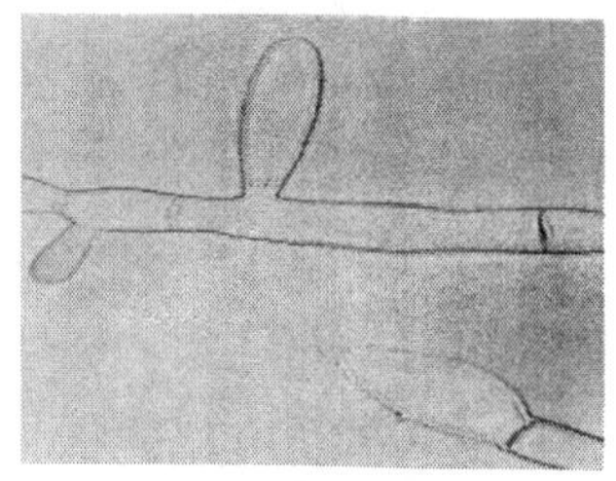

图 8－13　番茄茎基腐病病原

三、病害循环

茄病镰孢以菌丝体和厚垣孢子随病残体在土壤中越冬，湿度大时病菌从伤口侵入，引起发病。后者以子囊壳或分生孢子器在病部或病落叶上越冬，条件适宜时产生孢子借风雨传播进行初侵染和多次再侵染，致病害不断扩展。雨日多、湿气滞留易发病。

四、发病规律

病菌主要以菌丝体或菌核在土中或病残体中越冬。病菌在土壤中腐生性较强，可存活 2～3 年。条件适宜时，菌核萌发，产生菌丝侵染幼苗。病菌在田间由雨水、灌溉水、带菌农具、堆肥传播，形成反复侵染。病苗适宜生长温度为 24℃，在低于 12℃或高于 30℃时，生长受到抑制。春秋育苗期苗床或定植后棚室环境与病害关系密切，苗床或棚室温度高，土壤水分多，施用未腐熟肥料，以及通风不良、光线不足，此病最易发生，并造成流行。在山东寿光，番茄立枯病发病较早，番茄茎基腐病发病稍迟。两病在秋季大棚内 9 月上旬开始发展，10 月中、下旬至 11 月上旬是发病高峰。11 月中、下旬，主要以茎基腐病为主，病害发展缓慢。

五、防治方法

1. 农业防治　选棚外大田土壤配制育苗营养土，结合定植时间，适期育苗，并加强苗床管理；整地前，清除棚内病残体及杂草，深翻土壤，搞好土壤消毒。

2. 生态防治　加强通风管理。棚温白天保持在 20～25℃，晚上闭棚后保持 15～17℃，阴天在保证温度的情况下要及时通风排湿。

3. 物理防治　定植前 15～20d，扣好棚膜，关闭风口，密闭大棚15～20d，进行棚室消毒，使棚内气温达到60℃以上，持续5～7d，使棚内形成长时间的高温环境，杀死残存的病原菌，减轻病害发生。

4. 化学防治 用52.5%霜尿氰·恶唑菌酮可湿性粉剂800倍液、70%烯酰吗啉可湿性粉剂800倍液交替喷雾2～3次，或用77%氢氧化铜可湿性粉剂200倍液每株150～200mL，灌根1～2次，间隔5～7d。

第八节 番茄枯萎病

蔬菜枯萎病是瓜类、茄果类和豆类蔬菜上一种重要的土传病害。

一、症状

番茄枯萎病多在开花结果期发生，往往在盛果期枯死。发病初期，植株中、下部叶片在中午前后萎蔫，早、晚尚可恢复，以后萎蔫症状逐渐加重，叶片自下而上逐渐变黄，不脱落，直至枯死（图8-14）。有时仅在植株一侧发病，另一侧的茎叶生长正常。茎基部接近地面处呈水渍状，高湿时产生粉红色、白色或蓝绿色霉状物。拔出病株，切开病茎基部，可见维管束变为褐色。

图8-14 番茄枯萎病症状

二、病原

番茄枯萎病病原番茄尖孢镰孢番茄专化型（*Fusarium oxysporum* f. sp. *lycopersici* Snyder et Hansen）为半知菌亚门真菌。分生孢子有大小两型。小型分生孢子卵形至长椭圆形，无色单胞，大小（5～14）μm×（2～4.5）μm。大型分生孢子镰刀形或长纺锤形，无色，有 2～3 个分隔，多数为 3 个分隔，大小（19～45）μm×（3～5）μm。病菌在马铃薯蔗糖培养基上，菌落白色至紫红色，除大、小型的分生孢子外，并有厚垣孢子产生。厚垣孢子在菌丝上顶生或间生，圆形至椭圆形，单胞，黄褐色，大小（11.2～15.0）μm×（9.5～11.2）μm（图 8-15）。

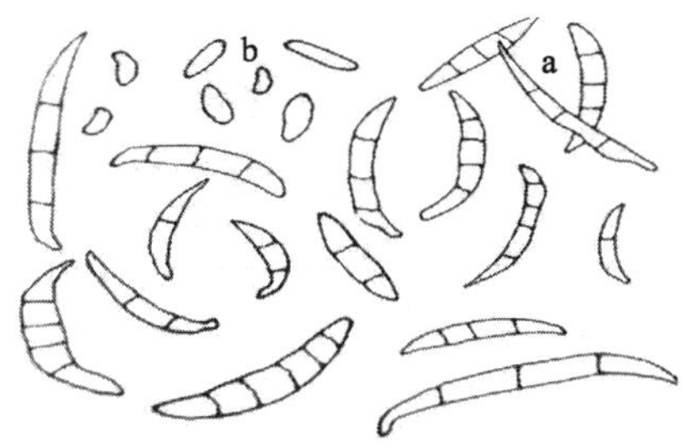

图 8-15　番茄枯萎病病原番茄尖孢镰孢番茄专化型
a. 大型分生孢子　b. 小型分生孢子

三、病害循环

病菌存在于土壤中，也可通过带菌种子进行远距离传病，病菌多在分苗、定植时从根系伤口、自然裂口、根毛侵入，到达维管束，在维管束内繁殖，堵塞导管，阻碍植株吸水吸肥，导致叶片萎蔫、枯死。高温高湿有利于病害发生。土温 25～30℃，土壤潮湿、偏酸、地下害虫多、土壤板结、土层浅，发病重。番茄连茬年限愈多，施用未腐熟粪肥，或追肥不当烧根，植株生长衰弱，抗病力降低，病情加重。

四、发病规律

病菌以菌丝体和厚垣孢子随病残体越冬，种子也可带菌，病菌还可在土壤中营腐生生活。从寄主根端细胞或伤口侵入，在病茎维管束蔓延，分生孢子萌发产生的菌丝聚集并阻塞导管，使水分不能往上输送，同时，可产生有毒物质致使植株叶片失水萎蔫黄枯、维管束变褐，加速植株死亡。病菌通过带菌土壤、流水传播，种子带菌也可远距离传病。病害发生的适宜温度为28℃，低于21℃或超过33℃都不利于病害发生。土壤湿度大发病重，土壤板结，通透性差，酸性土壤、连作地、移栽或中耕时伤根，多根结线虫为害造成伤口，也有利于病害发生。

五、防治方法

1. 农业防治　选用抗病品种，选用无病、包衣的种子，如未包衣则种子须用拌种剂或浸种剂灭菌；移栽前或收获后，清除田间及四周杂草；深翻地灭茬、晒土，促使病残体分解，减少病源和虫源；育苗的营养土要选用无菌土，用前晒3周以上；轮作倒茬，重病田与十字花科、瓜类及葱蒜类等蔬菜实行3～5年轮作。

2. 化学防治　土壤病菌多或地下害虫严重的田块，在播种前撒施或沟施灭菌杀虫的药土；植株生长期间要及时防治害虫，减少植株伤口，减少病菌传播途径；发病时及时清除病叶、病株，并带出田外烧毁，病穴施药或生石灰。

第九节　甘蓝菌核病

蔬菜菌核病是蔬菜生长过程中普遍发生的一种真菌性病害，

菌核病主要为害辣椒、茄子、番茄。

一、症状

甘蓝菌核病主要为害植株的茎基部，也可为害叶片，叶球叶柄、茎及种荚。苗期染病，在茎基部出现水渍状的病斑，后腐烂或猝倒。茎染病，主要发生在茎基部或分枝的岔口处，以留种表现尤为明显，产生水渍状不规则形病斑，扩大后环绕茎一周，淡色，边缘不明显，使植株枯死（图 8－16a）。叶片或叶球、叶柄染病，发病初始产生水渍状病斑，扩大后病斑呈不规则形，淡褐色，边缘不明显，呈湿腐状。田间湿度高时，病部产生一层白色棉絮状菌丝体及黑色鼠粪状菌核（图 8－16b）。种荚染病，荚表产生一层白色棉絮状菌丝体，荚内生出白色菌丝体和黑色菌核，使留种株结荚降低，种荚籽粒不饱满，从而影响种子的产量和品质。

图 8－16　甘蓝菌核病症状

a. 茎染病　b. 叶片染病

二、病原

甘蓝菌核病病原菌为核盘菌［*Sclerotinia sclerotiorum*（Libert）de Bary］，属子囊菌亚门真菌。菌丝无色、纤细、具隔。菌核长圆形至不规则形，成熟后为黑色，形状及大小与着生部位有关，菌核萌发产生1～50个子囊盘，一般4～5个。子囊盘初为杯状，直径2～8mm，大的可达14mm，淡黄褐色，盘下具柄，柄长受菌核埋在土层中深度影响。子囊排列在子囊盘表面，棍棒状，内含8个子囊孢子（图8-17）。子囊孢子椭圆形或梭形，无色，单胞，大小（8.7～13.6）μm×（4.9～8.1）μm。

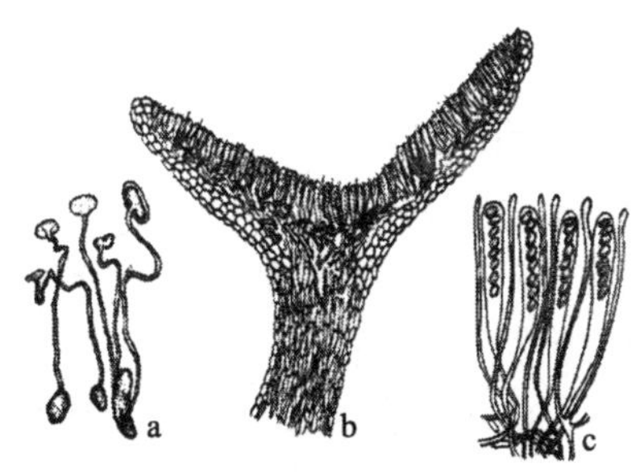

图8-17 甘蓝菌核病病原核盘菌

a. 菌核萌发形成子囊盘 b. 子囊盘 c. 子囊及侧丝

三、病害循环

病原主要靠菌核留在土壤中或混杂在种子中越夏或越冬。菌核在干燥的土中可存活3年，在潮湿的土壤中可存活1年。当条件适宜时菌核萌发，产生子囊盘，待其中子囊孢子成熟后弹射出来，借气流传播。首先侵染衰老叶片，然后通过菌丝向健康部分转移为害。

四、发病规律

病菌主要以菌核在土壤中或混杂在种子中越夏越冬。条件适宜时，菌核萌发产生出子囊盘，子囊孢子成熟后可弹射出来，借气流传播。孢子接触到寄主，首先在生活力衰弱的叶片及花瓣上侵染。发病后病部菌丝扩展或接触健部使之发病，病部不断扩大，病情加重。病菌喜较低温度和高湿度。菌丝发育适温 20℃，孢子萌发最适温度 5～10℃。相对湿度 85%以上发育良好，低于 70%病害扩展受阻。栽培条件对病害发生影响较大，一般排水不良，通透性差，偏施氮肥，或受霜害、冻害和肥害的田块，病害发生重。

五、防治方法

1. 农业防治 合理密植，有利于通风透光；合理使用氮肥，增施磷、钾肥，提高抗病力；收获后及时清除病残体，带出田外深埋或烧毁，深翻土壤，加速病残体的腐烂分解；种子在播前要做好种子处理，清除混杂在种子内的菌核。

2. 化学防治 发病初期施用 50%多菌灵可湿性粉剂 500～600 倍液，或 50%异菌脲可湿性粉剂 1 000 倍液、50%腐霉利可湿性粉剂 1 500 倍液、50%乙烯菌核利可湿性粉剂 1 000～1 500 倍液、35%多菌灵碳酸盐悬浮剂 800 倍液、40%菌核净可湿性粉剂 800 倍液喷雾处理，每隔 10d 左右 1 次，连续防治 2～3 次。

第十节　甘蓝根肿病

一、症状

甘蓝根肿病主要为害根部，使主根或侧根形成数目和大小不等的肿瘤（图 8－18）。初期表面光滑，渐变粗糙并龟裂，因有其他杂菌混生而使肿瘤腐烂变臭。因根部受害，植株地上部亦有明显病症，主要特征是病株明显矮小，叶片由下而上

图 8－18　甘蓝根肿病症状

逐渐发黄萎蔫，开始夜间还可恢复，逐渐发展成永久性萎蔫而致植株枯死。

二、病原

甘蓝根肿病病原为鞭毛菌亚门真菌芸薹根肿菌（*Plasmodiophora brassicae* Woronin）。根部发病，不正常膨大的细胞内长出大量鱼卵状排列的圆形或近圆形休眠孢子，聚合成不坚实的团，休眠孢子囊团淡黄色，单个休眠孢子囊无色，表面不光滑，直径 2.1～4.2μm，平均 2.9μm。扫描电镜放大 1 万倍时，可见休眠孢子囊并非紧密排列，有时可见到两个细胞中的休眠孢子囊团由一种絮状物连接，这种无色絮状物上有许多大小不一的暗色斑点，好似被溶蚀的空洞，电子显微镜测量休眠孢子囊直径为 2.0～2.5μm（图 8－19）。

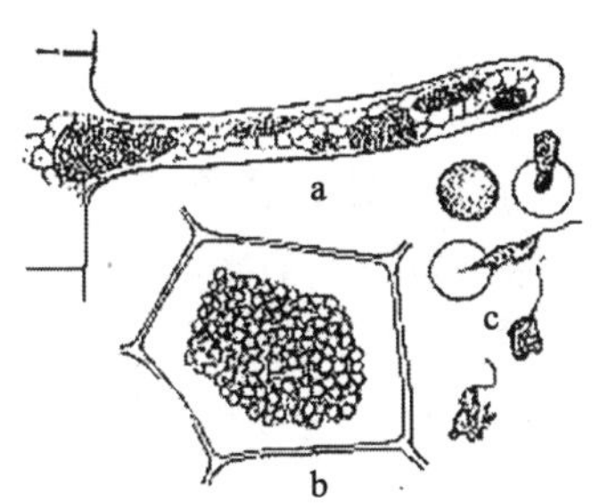

图 8－19 甘蓝根肿病病原芸薹根肿菌

a. 在寄主根毛内的幼变形体 b. 成熟的变形体在寄主根部细胞形成休眠孢子 c. 孢子发芽形成游动细胞

三、病害循环

病菌在被寄生的肿瘤细胞内形成大量似鱼卵状的休眠孢子囊，并随病根或病残体在土壤中越冬。它可在土壤中存活 10～15 年，通过灌溉流水、昆虫、土壤线虫和土壤耕作在田间传播，如果菜苗或根部土壤带菌，可传播病害扩大病区。在条件适宜时，休眠孢子囊萌发产生游动孢子，通过根毛侵入表皮细胞内，病菌刺激寄主细胞分裂增快、增大而形成肿瘤。该病菌每季只进行一次侵染。该病菌喜酸性土壤，酸碱度 pH 5.4～6.5、土壤温度 18～25℃、湿度 60%左右最适于此病发生。低洼地、连作地利于发病。

四、发病规律

甘蓝根肿病病菌能在土壤偏酸，pH 低于 7.2 时，土壤含水率 70%～90%，气温 19～25℃有利发病，9℃以下 30℃以上很少发病。在适宜条件下，经 18h 病菌即可完成侵入。低洼及水改旱菜地，发病较重。土壤酸碱度高于 7.2 的田块发病轻。过量施入化肥，易引起酸化，发病重。

五、防治方法

1. 农业防治 与非十字花科蔬菜实行 3 年以上轮作；发现病株立即拔除销毁，撒少量石灰消毒以防病菌向邻近扩散。

2. 化学防治 发病初期，可选用 40%五氯硝基苯粉剂 500 倍液、50%多菌灵可湿性粉剂 500 倍液，或 70%甲基硫菌灵可湿性粉剂 800 倍液喷根或淋浇，每株 0.3～0.5kg。

第十一节 甘蓝黑根病

一、症状

甘蓝黑根病又称立枯病，主要为害幼苗根茎部，引起病部变黑或缢缩，潮湿时病斑上生白色霉状物（图 8－20）。植株发病后数天叶片开始萎蔫、干枯，引起整株死亡。定植后一般停止扩展，但个别田仍继续死苗。

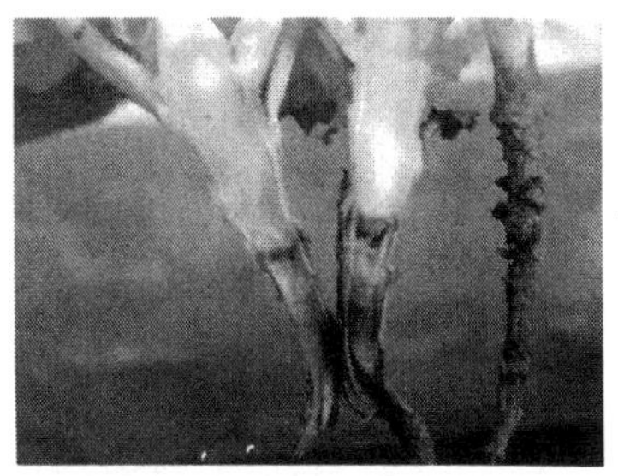

图 8 - 20　甘蓝黑根病症状

二、病原

甘蓝黑根病病原为半知菌亚门真菌立枯丝核菌（*Rhizoctonia solani* Kühn）。初生菌丝无色，后变黄褐色，具隔，直径 8～12μm，分枝基部变细，分枝处往往成直角。菌核不规则形，浅褐至黑褐色（图 8 - 21）。有性阶段为担子菌亚门真菌丝核薄膜革菌［*Pellicularia filamentosa*（Pa.）Rogers］。担孢子圆形，大小（6～9）μm×57μm，病菌主要以菌丝体传播和繁殖，其生长发育最适温度 24℃左右，最高 40～42℃，最低 13～15℃。

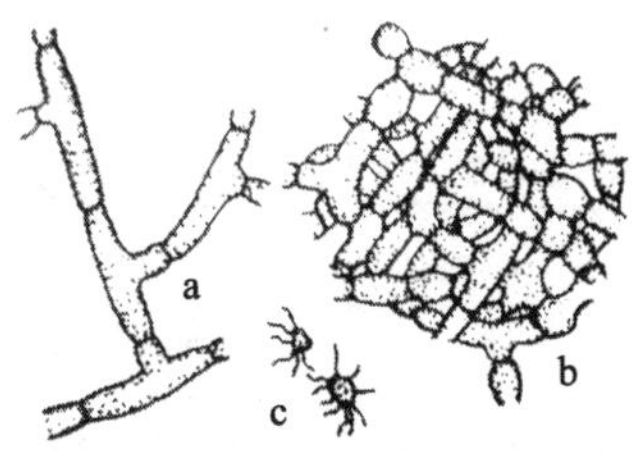

图 8 - 21　甘蓝黑根病病原立枯丝核菌

a. 直角状分枝的菌丝　b. 菌组织　c. 菌核

三、病害循环

病原主要在土壤和病残体内越冬，病原腐生性较强，在土壤中可腐生较长时间。种子也有可能带菌传病。在田间主要由接触传染，幼苗根、茎接触病土即可被土中病原侵染，在有水膜存在的条件下病健部接触也可传染。种子、农具及带菌堆肥等都可使病害传播蔓延。

四、发病规律

病原菌在土壤含水量维持20%～60%时腐生能力最强，发病重。土温过高或过低，土壤黏重潮湿，有利于发病。

五、防治方法

1. 农业防治 将苗床设在地势较高、排水良好的地方，并选用无病新土作苗床；使用充分腐熟的粪肥；播种不宜过密，覆土不宜过厚；苗床管理要看天气保温与放风，水分的补充宜多次少量，浇水后注意通风换气。

2. 化学防治 播前用50%福美双或65%代森锌可湿性粉剂拌种，用量为种子质量的0.3%；发病初期拔除病株，并及时用75%百菌清可湿性粉剂600倍液，也可以用60%多·福可湿性粉剂500倍液喷雾。

第十二节 甘蓝猝倒病

一、症状

甘蓝猝倒病常见症状有死苗和猝倒两种，死苗一般发生在播种后发芽出土前。种子尚未出土前遭受病菌侵染的称死苗；猝倒是指幼苗出土后真叶尚未展开前苗基部出现水渍状病斑，变软继而缢缩成细线状，导致幼苗地上部失去支撑能力而造成幼苗贴伏地面（图8-22）。据调查，此病多发生在连续阴雨后骤然暴晴的条件下。湿度大时病株附近常常长出白色棉絮状菌丝。

图 8-22 甘蓝猝倒病症状

二、病原

甘蓝猝倒病病原有鞭毛菌亚门真菌瓜果腐霉［*Pythium aphanidermatum*（Eds.）Fitzp］、异丝腐霉（*P. diclinum* Tokunaga）、宽雄腐霉（*P. dissotocum* Drechsler）、畸雌腐霉（*P. irregulare*）、刺腐霉（*P. spinosum* Sawada）。此外，甘蓝链格孢［*AIternaria brassicicola*（Schw.）Wits］也是该病病原。异丝腐霉菌落在PDA培养基上呈外密内疏圈状，在PCA培养基上呈近似放射状；孢子囊菌丝状，具膨大或稍膨大的侧枝，顶生或间生；藏卵器球形，顶生或间生，偶见2～4个串生，大小15～24μm，每个藏卵器具雄器1～2个，具柄；卵孢子单个存在，大小11～18.2μm。藏卵器球形至亚球形，顶生或间生，顶生时顶端常具一段处延菌丝，直径20～24.5μm，每器具雄器1～4个，多同丝生，偶见异丝生，形状为镰刀形至长卵形，具短柄，常见2雄器着生在藏卵器柄的同一部位；卵孢子球形至亚球形，壁光滑，不满器至近满器，直径18.5～22μm。适温25℃，最高35℃、最低5℃，在5～20℃释放游动孢子。

三、病害循环

病原在表土层越冬，能在土壤里腐生并存活2～3年。当条件适宜时进行初期侵染。病原主要通过风、雨和流水传播。

四、发病规律

病原菌生长适宜地温15～16℃，温度高于30℃受到抑制；适宜发病地温为10℃。育苗期出现低温、高湿条件，利于发病。病菌主要通过风、雨和流水传播。

五、防治方法

1. 农业防治 加强苗床管理，床土消毒首先应选用无病新土；苗床应选择地势高，地下水位低，排水良好的地块；播种要均匀出苗后尽量不浇水，必须浇水时，可用喷雾器喷洒混润地表，避免大水漫灌；当幼苗长到2～3片真叶时进行分苗，分苗后适当控水，并进行分次覆土。

2. 化学防治 用种子量0.3%的65%代森锰锌可湿性粉剂，或种子量的0.15%绿享1号进行拌种；幼苗发病后立即拔除病苗，并喷施药剂防治，药剂可选用75%百菌清可湿性粉剂600倍液、25%瑞毒霉可湿性粉剂800倍液、64%杀毒矾可湿性粉剂500倍液、72.2%普力克水溶剂500倍液，每隔7～10d喷1次，连喷2～3次。

第十三节　甘蓝立枯病

一、症状

甘蓝立枯病主要在苗期为害甘蓝，病菌主要侵染幼苗根茎部，致病部缢缩和变灰白（黑），潮湿时其上生白色霉状物，初期叶、根系较正常，植株感病数天后即见叶萎蔫，干枯，继而植株死亡（图8-23）。定植后受害较轻，极少量植株继续死亡，一般停止扩展。此外，该病还表现为猝倒状或叶腐。

图 8－23　甘蓝立枯病症状

二、病原

甘蓝立枯病病原为半知菌亚门真菌立枯丝核菌 AG－4 菌丝融合群（*Rhizoctonia solani* Kühn）AG－4，有性态为担子菌亚门真菌瓜亡革菌［*Thanatephorus cucumeris*（Frank）Donk］。在土壤中形成薄层蜡质状或白粉色网状至网膜状子实层，产生的担子桶形至亚圆筒形，比支撑担子的菌丝略宽一些，担子具 3～5 个小梗，其上着生担孢子；担孢子椭圆形至宽棒状，基部较宽，大小（7.5～12）μm×(4.5～5.5)μm，担孢子能重复萌发，在担子上形成 2 次担子（图 8－24）。

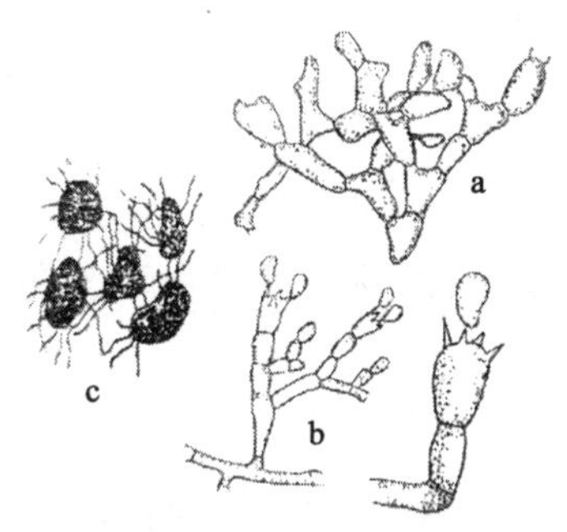

图 8－24　甘蓝立枯病病原立枯丝核菌 AG－4 菌丝融合群
a. 担子梗　b. 担子和担孢子　c. 菌核

三、病害循环

甘蓝立枯病主要以菌丝体或菌核在土中越冬，且可在土中腐生2～3年。菌丝能直接侵入寄主，通过水流、农具传播。

四、发病规律

病菌发育适温24℃，最高40～42℃，最低13～15℃，适宜pH 3～9.5。播种过密、间苗不及时、温度过高易诱发该病。湿度大会加重病情。

五、防治方法

1. 农业防治 选用抗病品种，如冬春系列羽衣甘蓝新品种；苗床选择2～3年以上未种过十字花科作物，地势较高，排水良好的壤土田块；水分补充宜少量多次，浇水后注意通风换气。

2. 物理防治 夏秋季高温时期采用防虫网和遮阳网，可防虫害，遮阳降温与通风。

3. 化学防治 播种前用种子质量0.3％的50％福美双及65％代森锌可湿性粉剂拌种；在发病初期拔除病株后喷洒75％百菌清或75％多菌灵可湿性粉剂600倍液，也可用60％多福可湿性粉剂500倍液、3.2％恶甲水溶剂300倍液，间隔7～10d施1次，视病情防治2～3次。

第十四节　甘蓝枯萎病

一、症状

甘蓝枯萎病由苗床期直到大田持续发生。定植后的苗，最初有2～3片下部叶片黄变。主脉为中心，叶片的一侧黄变，主脉向黄变一侧扭曲，叶片畸形（图8－25）。剖检叶柄，黄变侧的导管由黄变至暗褐变。病害严重的植株，在结球前枯死。

图 8-25 甘蓝枯萎病症状

二、病原

甘蓝枯萎病病原为半知菌亚门真菌尖孢镰孢黏团专化型（*Fusarium oxysporum* f. sp. *conglutinans*）。菌丝丝状，无色，有隔。菌丝间可见很多厚垣孢子。小型分生孢子多数单胞，无色，个别具1隔膜，长椭圆至短杆状，直或略弯，大小（6～18）μm×（2.8～4.5）μm；双胞者长约18μm，下部的细胞较宽，顶端渐尖。厚垣孢子顶生或间生，表面不光滑，球形至长椭圆形，大小15μm（图8-26）。

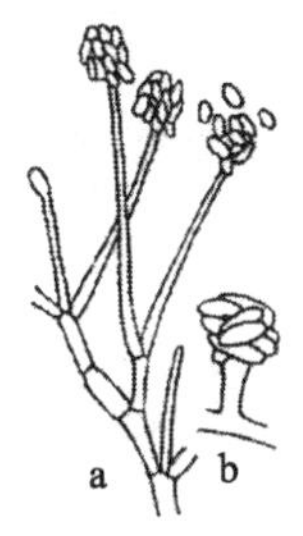

图 8-26 甘蓝枯萎病病原尖孢镰孢黏团专化型

a. 分生孢子 b. 厚垣孢子

三、病害循环

甘蓝枯萎病主要以病茎、种子或病残体上的菌丝体和厚垣孢子及菌核在土壤和未腐熟的带菌有机肥中越冬，成为翌年初侵染源。在土壤里病菌从根部伤口或根毛顶端细胞间侵入，后进入维管束，在导管内发育，并通过导管，从病茎扩展到果梗，到达果实，随果实腐烂再扩展到种子上，致种子带菌。

四、发病规律

病菌以厚垣孢子随病残体在土壤中或附着在种子上越冬，夏秋高温季节易发病，17℃以下，35℃以上发病重。

五、防治方法

1. 农业防治 种植甘 96、中甘 18、珍奇、绿太郎、夏强、百惠等抗病品种；选择与非十字花科蔬菜（如葫芦科、茄科等）进行 3 年以上轮作；适期移栽；加强田间管理，适度蹲苗。

2. 化学防治 可用种子质量 0.3%的 50%多菌灵可湿性粉剂拌种，或者用种子质量 3%的 2.5%适乐时悬浮种衣剂进行包衣处理，可防止土壤中的病菌侵染种子和幼苗；将适量的多菌灵或甲基硫菌灵，或 30%枯萎灵、绿亨 1 号和绿亨 2 号撒施于秧床土壤表面，混匀后将种子直接撒播于秧床上可降低病害发生危害程度。

第十五节 甘蓝褐腐病

一、症状

紫甘蓝、结球甘蓝褐腐病在保护地或露地全生育期普遍发生，重病地块病株率高达 80%～100%。苗期常造成大批死亡。该病主要始于根茎部，初期病部变褐缢缩，病菌沿病部向上、下扩展，造成根茎或幼根褐变腐烂。湿度大时长有灰白色蛛丝状霉，即病原菌菌丝体。干燥条件下，病部表皮常与维管束组织离开脱落，造成叶片萎蔫下垂或干枯（图 8-27）。成株期染病，常造成根及根颈部变褐腐烂，有时基部叶柄呈灰褐色或紫褐色腐烂坏死，且不断向上扩展，造成全株萎蔫死亡。

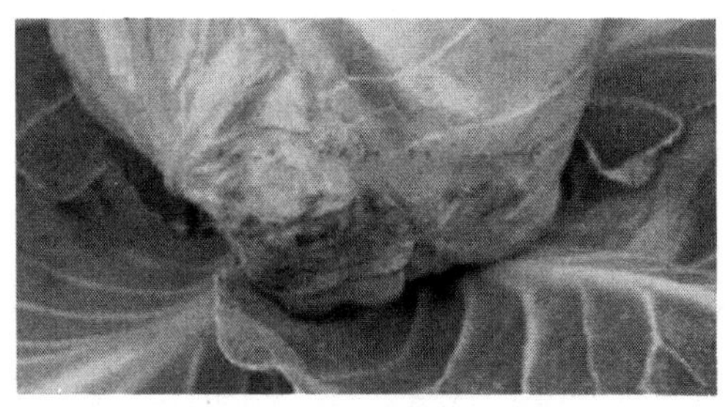

图 8-27 甘蓝褐腐病症状

二、病原

病原为半知菌亚门真菌立枯丝核菌（*Rhizoctonia solani* Kühn），有性态为瓜亡革菌［*Thanatephorus cucumeris* (Frank) Donk］。立枯丝核菌 AG-4 和 AG1-IB 菌丝融合群，不产生孢子，主要以菌丝体传播和繁殖。初生菌丝无色，后为黄褐色，具隔，粗 8～12μm，分枝基部缢缩，老菌丝常呈一连串桶形细胞。菌核近球形或无定形，直径 0.1～0.5mm，无色或浅褐至黑褐色。担孢子近圆形，大小（6～9）μm×(5～7) μm (图 8-28)。

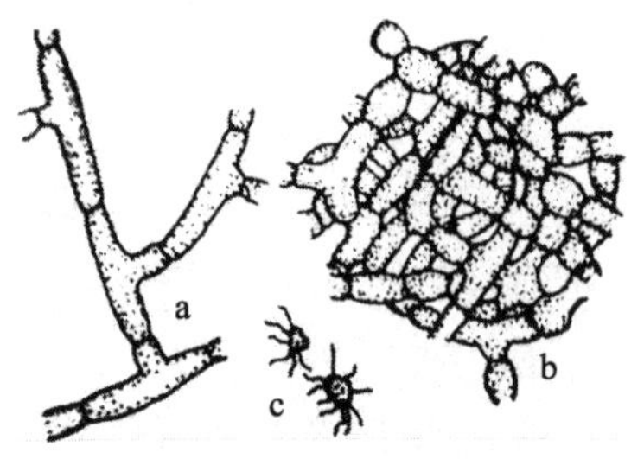

图 8-28　甘蓝褐腐病病原立枯丝核菌

a. 直角状分枝菌丝　b. 菌丝纠结的菌组织　c. 菌核

三、病害循环

甘蓝褐腐病主要以小菌核随病残体在土壤中越冬或营腐生生活，该菌在土中可存活 2～3 年。菌核萌发产生菌丝直接接触紫甘蓝、樱桃萝卜等十字花科寄主的茎部或近地面叶柄，进行初侵染，借灌溉水或雨水及带菌肥料、土壤传播。该菌 6～40℃可生长，20～30℃最适，土壤湿或有自由水时易发病。田间湿度大，有积水或土壤板结、培土过湿过多、肥料带菌发病重。

四、发病规律

病菌在土壤中越冬，可在土中腐生生活多年。病菌借雨水、灌溉水、农具及带菌肥料传播，直接穿透表皮侵入。病菌喜高温、高湿环境，发病适温 24～25℃，田间积水或土壤湿度过大时易发病而且病情发展迅速。

五、防治方法

1. 农业防治　选用排水良好的高燥地块种植；以每 667m^2 施用 50～100kg 生石灰调节土壤酸碱度，使种植田块酸碱度呈微碱性；苗期做好保温工作，防止低温和冷风侵袭。

2. 化学防治　每667m²施用95%敌磺钠可湿性粉剂180～360g，防治病害的发生和蔓延。

第十六节　甘蓝根朽病

一、症状

甘蓝根朽病在幼苗期、成株期均可发生，以苗期发病危害重。苗期发病，子叶、真叶和幼茎上产生圆形至椭圆形斑，初浅褐色，后变成灰白色，其上产生许多灰褐色颗粒点，重病苗很快死亡。轻病苗移栽后病害沿茎基上下发展蔓延，形成长条状灰褐至暗褐色病斑，随病情发展，病茎和病根皮层腐朽，露出木质部，致植株萎蔫死亡，后期在病部产生许多灰褐色小粒点，即病菌分生孢子器（图8-29）。成株发病，多在老叶和成熟叶片上发生，形成不规则坏死斑块，花梗和种荚受害后症状与茎上相似，后期在病部均产生灰褐色颗粒状小点，纵剖根、茎可见维管束变褐。贮藏期发病，使叶球干腐。

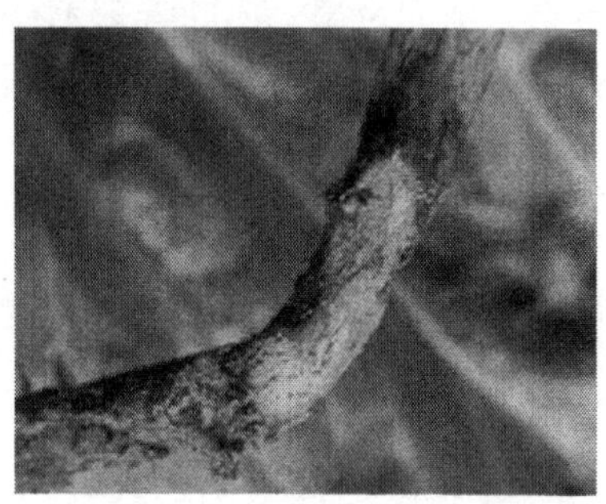

图8-29　甘蓝根朽病症状

二、病原

病原为担子菌亚门真菌小蜜环菌［*Armillariella mellea*

(Vahl ex Fr.) Karst]。小蜜环菌菌丛团及子实体丛生，菌盖宽4～14cm，浅土黄色，边缘具条纹。菌柄长6～13cm，粗6～18mm，土黄色，基部略膨大。白色菌环生于柄上部。松软、菌褶近白色直生或延生。担孢子光滑无色，椭圆形，大小（7～11)μm×(5～7.5)μm。

三、病害循环

病菌以分生孢子器和菌丝体在病残体上越冬，种子的种皮也可带菌。病菌还可在土壤内、肥料中或野生寄主上越冬，在土中可存活3年。田间以分生孢子借风雨、浇水、施肥及昆虫传播，由植株气孔、皮孔或伤口侵入。种子带菌，病菌可直接侵害幼苗子叶和幼茎，发病后分生孢子可重复侵染使病害蔓延。

四、发病规律

高温高湿利于发病。潮湿、多雨，尤其是雨后高温易引起发病。育苗期雨日多、雨量大，田间高湿，病害发生严重。此外，播种过密，浇水过多，地面过湿，田间管理不良，植株生长衰弱等均易诱发此病。

五、防治方法

1. 农业防治 重病地块实行与非十字花科蔬菜3年以上轮作。

2. 化学防治 用种子质量0.3%～0.4%的50%扑海因可湿性粉剂或70%甲基硫菌灵可湿性粉剂拌种；旧苗床进行土壤消毒，可选用敌克松可湿性粉剂或70%甲基硫菌灵可湿性粉剂、50%大富丹可湿性粉剂45～75kg/hm²，拌细土600～900kg，2/3体积的药土均匀撒施在备好的苗床表面，1/3体积的药土覆盖种子。也可用98%恶霉灵可湿性粉剂3 000倍液喷浇苗床。

第十七节　胡萝卜软腐病

蔬菜软腐病又称水烂、烂疙瘩，除为害十字花科蔬菜（如萝卜、大白菜等）外，还可为害马铃薯、番茄、莴苣、黄瓜、芹菜和葱类等蔬菜。

一、症状

胡萝卜在储藏期间易发病。主要为害肉质根，发病初期产生水渍状斑，后变浅褐色，湿度大时病部长出羊毛状灰白色菌丝，肉质根腐烂。生长期间，发病的肉质根呈湿腐状，病斑形状不定，后期病根组织崩溃，病根软化，呈灰褐色，腐烂汁液外溢，具臭味（图 8－30）。植株的茎叶变黄萎蔫。

图 8－30　胡萝卜软腐病症状

二、病原

胡萝卜软腐病病原为胡萝卜欧文氏菌胡萝卜致病亚种（*Erwinia caratovora* subsp. *carotovora*）。菌体短杆状，大小（0.5～1.0）μm×（2.2～3.0）μm。周生鞭毛 2～8 根，无荚膜，不产生芽孢（图 8－31）。

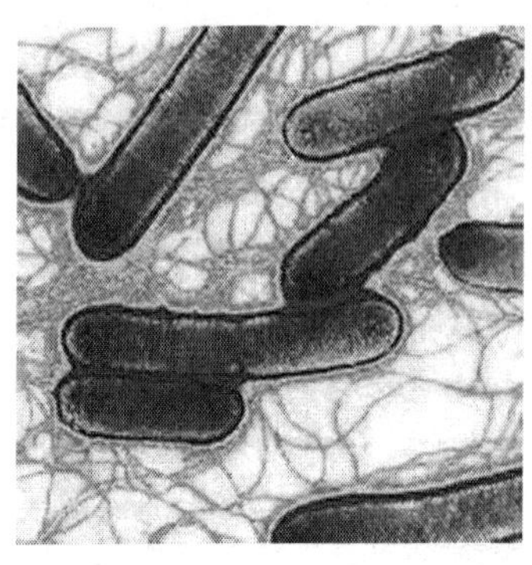

图 8-31　胡萝卜软腐病病原胡萝卜欧文氏菌胡萝卜致病亚种

三、病害循环

病原随病残体在土壤中越冬，也可在油菜、白菜、甘蓝、莴笋等肉质根内越冬或在未腐熟的土杂肥内存活越冬，成为本病初侵染源。翌年，气温回升适宜时，可借小昆虫及地下害虫或灌溉水及雨水溅射传播，从根茎部伤口或地上部叶片气孔及水孔侵入，进行初侵染和再侵染。

四、发病规律

1. 种植密度大、通风透光不好，发病重；肉质根膨大期地下害虫危害严重，造成的伤口多，易发病。

2. 土壤黏重、偏酸；多年重茬，田间病残体多；氮肥施用太多，生长过嫩；肥力不足、耕作粗放、杂草丛生的田块，植株抗性降低，发病重。

3. 肥料未充分腐熟、有机肥带菌或肥料中混有病残体的易发病。

4. 地势低洼积水、排水不良、土壤潮湿易发病；气候温暖、高湿、多雨、日照不足易发病；植株过密，利于发病。

五、防治方法

1. 农业防治　加强肥水管理，严防大水漫灌，雨后及时排水，保护地要注意放风降湿。

2. 化学防治　发病后及时喷30%绿得保悬浮剂300～400倍液，或36%甲基硫菌灵悬浮剂50倍液、50%多菌灵可湿性粉剂600倍液、25%苯菌灵乳油800倍液。采收前3d停止用药。

第十八节　胡萝卜根腐病

根腐病作为蔬菜的常见病，对于辣椒、黄瓜、番茄等蔬菜，具有非常大的危害。

一、症状

胡萝卜根腐病主要为害根部。发病初时，在肉质根表面产生污垢状的小斑点，不断扩展成不规则形、水渍状、褐色病斑。湿度大时，病斑上生有污白色蛛丝状菌丝，病斑也软化腐烂。病斑多在肉质根的上半部出现，向上扩展至叶柄基部，使叶柄基部变褐色，呈立枯状（图8－32）。

图8－32　胡萝卜根腐病症状

二、病原

病原为立枯丝核菌（*Rhizoctonia solani*）。病菌菌丝粗壮，初时无色，老熟时淡褐色，分枝略呈直角，分枝处缢缩（图 8－33）。老熟菌丝常呈一连串的桶形细胞，并可交织而成质地疏松的黑褐色菌核。

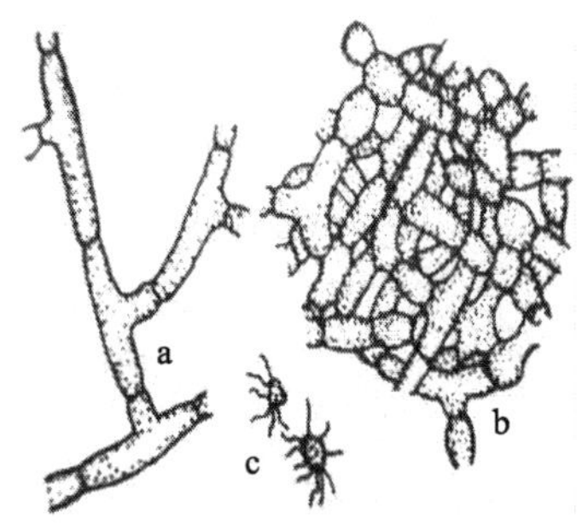

图 8－33　胡萝卜根腐病病原立枯丝核菌

a. 菌丝　b. 菌丝剖面　c. 菌核

三、病害循环

病菌以菌丝体和菌核随病残体在土壤中越冬，病残体分解后病菌也可在土壤中腐生存活 2～3 年。在适宜条件下，病菌菌丝直接侵入寄主引起发病。发病后期，病部病菌菌丝融合形成大小不等、暗褐色的片状菌核，贴附于根部。病菌主要通过雨水、灌溉水传播。农具以及带菌粪肥也能传播。

四、发病规律

病害常由 2～3 种病菌或 2 种不同类别的病原物共同引起。环境条件适宜时，病株还易被一些腐生性强的病原物再侵入，加速根部腐烂，造成复合症状。病菌主要在土壤内或遗留在土壤内的病残组织上越冬，热带、亚热带地区的根腐病菌在土壤中可终年以菌索不断蔓延危害。病菌对环境条件要求不严格，最适温度25℃左右，耐干、喜湿。连作地易发病，一般春播胡萝卜发病重，特别是5月中旬至7月中旬多雨年份，病害常暴发成灾。

五、防治方法

1. 农业防治 一旦发病，应及时把病株及邻近病土清除。

2. 化学防治 病害发生初期，可喷洒25%甲霜灵可湿性粉剂800倍液，或64%杀毒矾可湿性粉剂500倍液、75%百菌清可湿性粉剂600倍液、40%乙膦铝可湿性粉剂200倍液、70%百德富可湿性粉剂600倍液等药剂，防止病害蔓延。

第十九节 胡萝卜白绢病

一、症状

发病初期地上部症状不明显，植株根茎部接地处长出白色菌丝，呈辐射状，后在菌丛上形成灰白色至黄褐色小菌核，大小1mm。病情严重时，植株叶片黄化、萎蔫（图8-34）。

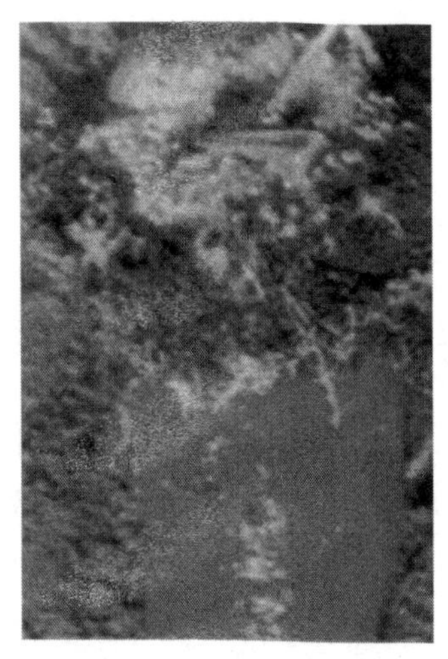

图8-34 胡萝卜白绢病症状

二、病原

胡萝卜白绢病病原为半知菌亚门真菌齐整小核菌（*Sclerotium rolfsii* Sacc.）。在生活史中主要靠无性世代产生两种截然不同的营养菌丝和菌核。生育期中产生的营养菌丝白色，直径5.5～8.5μm，有明显缔状联结，菌丝每节具两个细胞核，在产生菌核之前可产生较纤细的白色菌丝，直径3.0～5.0μm，细胞壁薄，有隔膜，无缔状联结，常呈3～12条平行排列成束。菌丝细胞壁成纤维状，平均厚度0.1～0.3μm。菌丝内的隔膜是典型的桶状隔膜，隔膜共5层。

三、病害循环

病菌主要以菌丝体在病残体或以菌核在土壤中越冬，或菌核混在种子上越冬。菌核萌发后即可侵入植株，几天后病菌分泌大量毒素及分解酶，使胡萝卜基部腐烂。

四、发病规律

菌核萌发造成病害初侵染，再侵染由发病根茎部产生的菌丝蔓延至邻近植株，也可借助雨水、农事操作传播蔓延。病菌生长温度8～40℃，适温28～32℃，相对湿度最佳为100%。在6～7月高温多雨天气，时晴时雨，发病严重。气温降低，发病减少。酸性土壤、连作地、种植密度高，发病重。

五、防治方法

1. 农业防治 实行轮作，播种前深翻土壤；施用腐熟有机肥，适当追施硝酸铵；及时拔除病株，集中深埋或烧毁，并向病穴内撒施石灰粉。

2. 化学防治 发病初期，可选用40%五氯硝基苯拌细土（1∶40），撒施于植株茎基部，或25%三唑酮可湿性粉剂拌细土（1∶200），撒施于茎基部；也可用20%甲基立枯磷乳油900倍液喷雾，每10～15d喷1次，连续防治2次。

第二十节　胡萝卜菌核病

蔬菜菌核病是蔬菜生长过程中普遍发生的一种真菌性病害。

一、症状

胡萝卜菌核病在田间和贮藏期均可发生，主要为害肉质根。在田间发病，植株地上部根茎处腐烂，地下肉质根软化，组织腐朽呈纤维状，中空，病部外生白色棉絮状菌丝和黑色鼠粪状菌核（图 8－35）。贮藏期肉质根染病，症状类似。

图 8－35　胡萝卜菌核病症状

二、病原

胡萝卜菌核病病原为子囊菌亚门真菌核盘菌［*Sclerotinia sclerotiorum*（Lib.）de Bary］。菌核初白色，后表面变黑色鼠粪状，大小不等，由菌丝体扭集在一起形成。5～20℃时病菌吸水萌发，产出 1～30 个浅褐色盘状或扁平状子囊盘，系有性繁殖器官。子囊盘柄的长度与菌核的入土深度相适应，一般 3～15mm，有的可达 6～7cm，子囊盘柄伸出土面为乳白色或肤色小芽，逐渐展开呈杯状或盘状，成熟或衰老的子囊盘变成暗红色或淡红褐色。子囊盘中产生很多子囊和侧丝，子囊盘成熟后子囊孢子呈烟雾状弹射，子囊无色，棍棒状，内生 8 个无色的子囊孢子。子囊孢子椭圆形，单胞（图 8-36）。

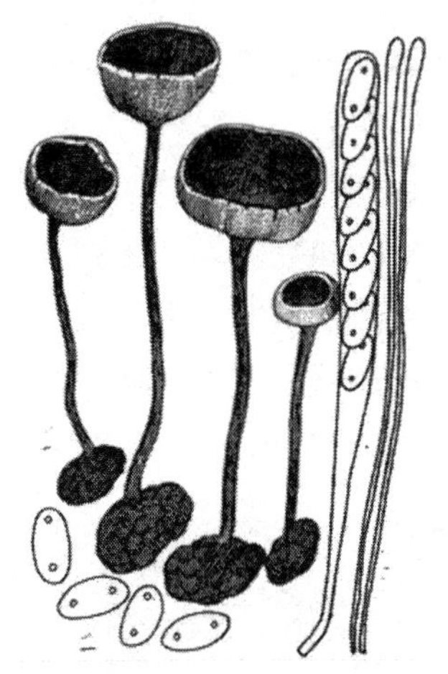

图 8-36 胡萝卜菌核病病原核盘菌

三、病害循环

病菌主要以菌核混在土壤中或附着在采种株上、混杂在种子中越冬或越夏，在春、秋两季多雨潮湿菌核萌发，产生子囊盘放射出子囊孢子，借气流传播。子囊孢子在衰老的叶片上，进行初侵染引起发病，后病部长出菌丝和菌核，在田间主要以菌丝通过病健株或病健组织的接触进行再侵染，到生长后期又形成菌核越冬。

四、发病规律

病害的发生、流行与温湿度、耕作方式、地势等因素相关。

1. 温湿度 病菌喜欢低温潮湿的环境，生长适温为 15～18℃，在 18～25℃时发病速度加快，在 0℃时仍具有活性，所以被病原菌侵染的肉质根即使在冬季贮藏期间也易发病腐烂。

2. 栽培管理 重复越冬栽培的地块病害较重；地势低洼、排水不良以及靠近河道的潮湿地块发病较重。

五、防治方法

1. 农业防治 重病区或重病地与禾本科作物进行 3 年以上轮作；装运胡萝卜的器具应消毒，入窖前剔除有病肉质根；窖温应控制在 13℃左右，相对湿度 80%左右，防止窖顶滴水和受冻。

2. 化学防治 必要时可以用 50%扑海因可湿性粉剂 1 500 倍液或 50%速克灵可湿性粉剂 2 000 倍液喷雾处理。

第二十一节 花椰菜软腐病

一、症状

花椰菜软腐病发病初期，根部或茎部的横切面出现淡黄色至茶黄色的斑点，纵剖面出现淡黄色至茶黄色的条纹。田间症状主要发生在生长中期，中午叶片萎蔫，早晚可恢复，生长停滞，叶色暗绿。到了后期，中午萎蔫的叶片，早晚不能恢复，病株腐烂，发出恶臭味（图 8－37）。

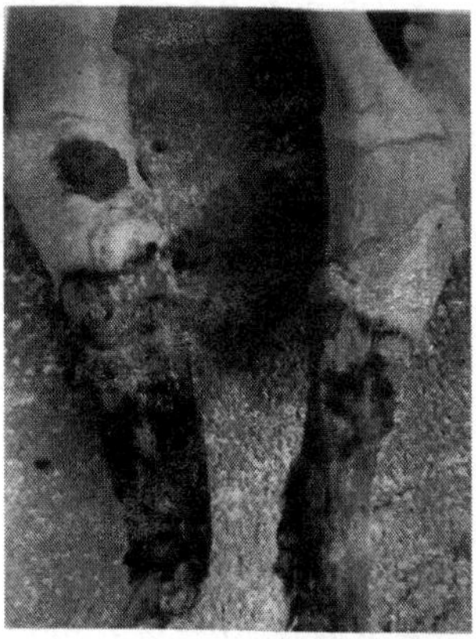

图 8－37 花椰菜软腐病症状

二、病原

病原为胡萝卜欧文氏菌胡萝卜致病亚种［*Erwinia carotovora* subsp. *carotovora*（Jones）Bergey］，属杆菌。菌落灰白色，

圆形或不定型；菌体短杆状，大小（0.5～1.0）μm×（2.2～3.0）μm，周生鞭毛 2～8 根。革兰氏染色阴性。适温 25～30℃，最高 40℃，最低 2℃，致死温度 50℃经 10min（图 8-38）。

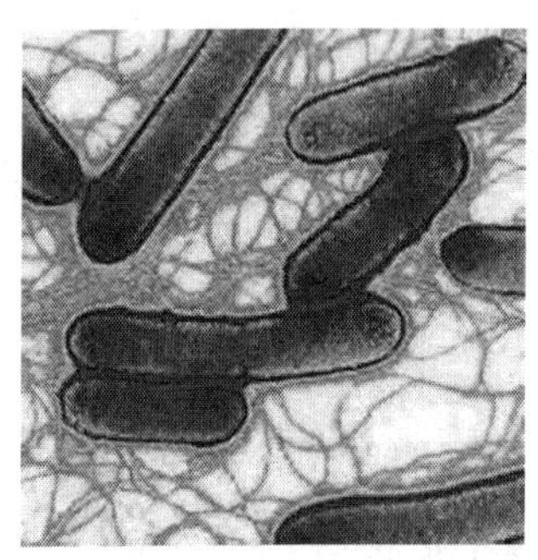

图 8-38　花椰菜软腐病病原胡萝卜欧文氏菌胡萝卜致病亚种

三、病害循环

病原主要在土壤、病残体及害虫体内越冬，带有病残体的未腐熟肥料也是侵染源。病原在阳光下暴晒 2h 以上大部分死亡。在有机质堆肥丰富的土壤中，病原可活 40 个月。病原从寄主的伤口、自然孔侵入，在薄壁组织中繁殖，病原在花椰菜幼苗期从根部根毛区侵入寄生，潜伏在维管束组织中，翌年可通过雨水、灌溉水、施肥、昆虫（跳甲、小菜蛾）等传播。

四、发病规律

花椰菜软腐病害在夏季栽培时发生严重，发病高峰期在 7 月下旬至 8 月中旬。久旱遇雨易形成伤口，造成发病。病害的发生与伤口多少有关，蹲苗过度、浇水过量，都会形成伤口，造成发病。地表积水、土壤中缺少氧气时不利根系发育，伤口也易形成木栓化，这时发病重。

五、防治方法

1. 农业防治　选用庆农系列抗病品种；种子播前用50℃温水浸种20min，也可用72%农用硫酸链霉素可溶性粉剂1 000倍液浸种2h，稍微晾干后播种；与非十字花科作物实行2～3年以上轮作。

2. 化学防治　移栽时，用20%噻菌铜悬浮剂500倍液，或72%农用硫酸链霉素可溶性粉剂3 500倍液、50%代森铵水溶剂100倍液、高锰酸钾1 000倍液等灌根或喷淋处理。同时，要及时防治小菜蛾、菜青虫、蚜虫和地下害虫等。

第二十二节　花椰菜黑根病

一、症状

花椰菜黑根病主要为害茎基部，在苗期和成株期均有发生。主要为害植株根茎部，使病部变黑。有些植株感病部位缢缩，潮湿时可见其上有白色霉状物。植株染病后，数天内即见叶萎蔫、干枯，整株死亡。定植后一般停止发展，但个别田块可造成继续死苗。成株期根部、茎部和叶柄腐烂变褐，形成根朽或脱帮，植株失水萎蔫后枯死（图8-39）。叶片发病时，先是下部叶片发病，并向上发展，在叶片上沿叶缘向内形成V形。

图8-39　花椰菜黑根病症状

二、病原

病原菌为半知菌亚门真菌立枯丝核菌（*Rhizoctonia solani* Kühn）。初生菌丝无色，后变黄褐色，具隔，直径 8～12μm，分枝基部变细，分枝处往往成直角。菌核不定形，浅褐至黑褐色。有性阶段为担子菌亚门真菌丝核薄膜革菌［*Pellicularia filamentosa* (Pat.) Rogers］。担孢子圆形，大小（6～9）μm×（5～7）μm，病菌主要以菌丝体传播和繁殖，其生长发育最适温度 24℃左右，最高 40～42℃，最低 13～15℃（图 8－40）。

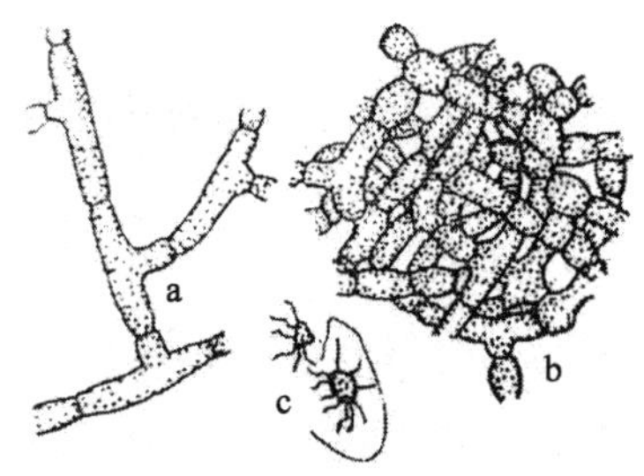

图 8－40　花椰菜黑根病病原立枯丝核菌

a. 直角状分支的菌丝　b. 菌组织　c. 菌核

三、病害循环

病原主要借菌丝和菌核在土壤或病残体内越冬和存活。土壤中的菌丝不休眠营腐生生活。病原寄主范围广，一旦进入菜田，则较难除净。在田间病原的传播主要靠接触传染，即植株的根茎、叶接触病土时，便会被菌丝侵染。有水膜存在条件下，与病部接触的健叶也会染病。种子、农具以及带菌堆肥等都可传播蔓延。

四、发病规律

病原菌丝生长适应的范围较广，当土壤湿度在 20%～60%

时，腐生能力最强。菌核的萌发需要高湿，一般湿度达 98%才能萌发，侵入时需要保持一定时间的自由水或湿度近 100%。过高的土温、黏重而潮湿的土壤，均有利病害发生。播种过密、间苗不及时、温度过高易诱发本病。

五、防治方法

1. 农业防治　用种子质量 3%的 75%百菌清可湿性粉剂拌种；适期播种，不宜过早或过迟。

2. 化学防治　发病初期用 20%甲基立枯磷乳油 1 200 倍液，或 5%井冈霉素水溶剂 1 500 倍液、15%恶霉灵水溶剂 450 倍液、72.2%普力克水溶剂 800 倍液+50%福美双可湿性粉剂 800 倍液喷淋，每 667m^{2}用量为 3L。

第二十三节　花椰菜菌核病

一、症状

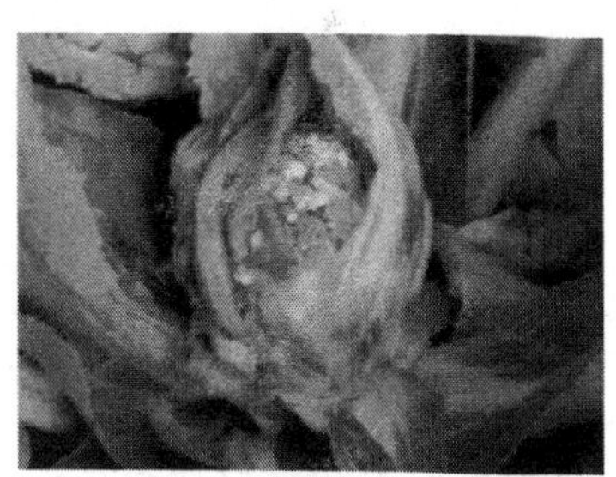

图 8-41　花椰菜菌核病症状

花椰菜菌核病主要为害茎基部、叶片及花球，受害部的边缘先呈不明显的水渍状褐色不规则病斑，然后慢慢软腐，生成白色或灰白色棉絮状菌丝体，并形成黑色鼠粪状菌核。茎基部叶片或叶柄发病，而后蔓延至茎部，茎部病斑由褐色变白色或灰白色，病茎皮层腐烂，干枯后病组织表面纤维破裂成乱麻状，茎内中空长出白色菌丝并夹杂着黑色菌核往往伴随着软腐细菌，发出恶臭（图 8-41）。

二、病原

病原为子囊菌亚门真菌核盘菌［*Sclerotinia sclerotorua*（Libert）de Bary］，菌核初为白色，后表面变黑，大小（1.3～14）mm×（1.2～5.5）mm。子囊盘褐色，杯状或盘状，成熟后为暗红色。子囊无色，棍棒形。子囊孢子椭圆形，单胞，大小（10～15）μm×（5～10）μm（图 8-42）。

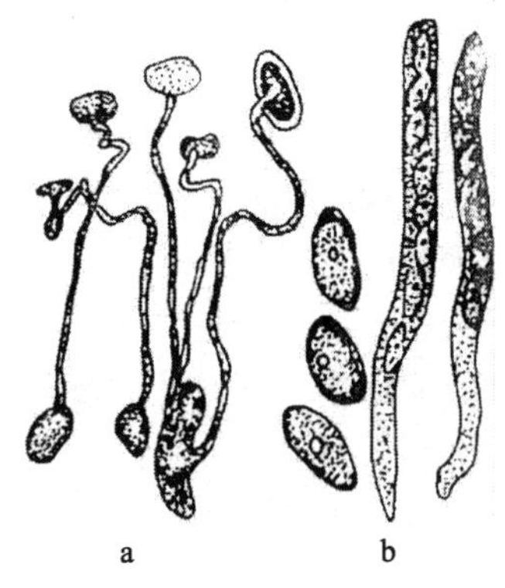

图 8-42　花椰菜菌核病病原核盘菌

a. 菌核萌发形成的子囊盘　b. 子囊和子囊孢子

三、病害循环

病原以菌核在土壤、种子、病残体、堆肥中越冬或越夏。条件适宜时萌发产生子囊盘，盘中的孢子成熟后弹射出，随风传播，侵染植株。

四、发病规律

病原的菌核萌发适温 5～20℃，以 15℃最适宜，相对湿度要求在 70%以上，菌丝不耐干燥，相对湿度 70%以下发病轻，低温高湿有利该病害发生。

五、防治方法

1. 农业防治　用10%食盐水或10%～20%硫铵液漂种，除去浮在水面的菌核和杂质后再行播种；播种前把床温调到55℃处理2h，可以有效杀死土壤中菌核；合理使用氮肥，增施磷、钾肥提高抗病性。

2. 化学防治　发病初期可选用50%速克灵可湿性粉剂1 000倍液，或50%农利灵可湿性粉剂1 000倍液、50%扑海因可湿性粉剂1 000倍液、50%托布津可湿性粉剂1 000倍液喷雾，每7～10d喷1次，连续喷2～3次，重病田可适当增加1～2次。

第二十四节　花椰菜黑胫病

一、症状

花椰菜黑胫病主要为害幼苗，苗期、成株期均可受害。苗期发病时子叶、真叶和幼茎上形成白色圆形或椭圆形病斑，病斑上生有很多小黑点。茎基溃疡，病株易折断干枯，严重的引起病苗死亡。病苗移栽后，茎基病斑向根部蔓延，形成黑紫色条状斑，使主根和侧根腐朽引起病苗死亡，病根部维管束变黑（图8-43）。

图8-43　花椰菜黑胫病症状

成株发病，叶片上产生不规则至多角形病斑，病斑中间灰白色，上着生许多黑色小粒点。

二、病原

病原菌为半知菌亚门真菌黑胫茎点霉［*Phoma lingam* (Tode ex Fr.) Desm］。分生孢子器埋生寄主表皮下，深黑褐色，直径100～400μm。分生孢子长圆形，无色透明，内含2个油球，大小（3.5～4.5）μm×（1.5～2）μm（图8-44）。

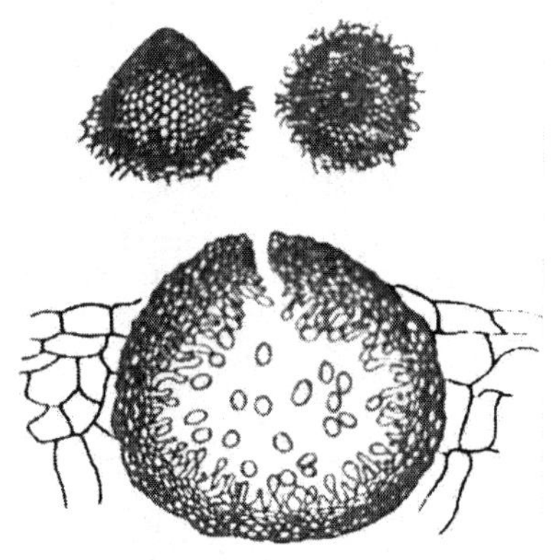

图8-44　花椰菜黑胫病病原黑胫茎点霉

三、病害循环

病原菌在种子、土壤、病残体上或十字花科蔬菜种株上越冬。病原菌可在土壤中的病残体上存活多年。气温20℃产生分生孢子，在田间主要靠雨水或昆虫传播蔓延。种子带病可以引起幼苗发病，在子叶上出现病症，后蔓延到幼茎上。带菌种子未消毒就播种的地块发病重。病地连作，浇水过多，施入带菌的粪肥发病重。

四、发病规律

育苗前期湿度大发病重，定植后天气潮湿多雨或雨后高温，病害易流行。

五、防治方法

1. 农业防治　用50℃温水浸种20min后，在冷水中冷却后再播种；与非十字花科蔬菜实行3年以上轮作；采取高畦栽培，以利排水，耕作时防止伤根。

2. 化学防治　病田土壤可用70%敌克松可湿性粉剂800倍液、70%硫菌灵可湿性粉剂800倍液，均匀地施入定植沟中。发病初喷药，常用药剂有70%甲基硫菌灵可湿性粉剂1 000倍液、50%多菌灵可湿性粉剂500～600倍液、60%多·福可湿性粉剂600倍液、40%多·硫悬浮剂500～600倍液、70%百菌清可湿性粉剂600倍液。每隔9d防治1次，防治1～2次。

第二十五节　花椰菜幼苗猝倒病

一、症状

在种子发芽后出土前发病，形成烂种；出土后于近土表处出现水渍状病斑，变软，表皮易脱落，病部缢缩，迅速扩展绕茎一周，菜苗倒伏，造成成片死苗（图8-45）。

图8-45　花椰菜幼苗猝倒病症状

二、病原

病原菌有鞭毛菌亚门真菌瓜果腐霉［*Pythium aphanidermaum*（Eds.）Fitz］、异丝腐霉（*P. diclinum* Tokunaga）、宽雄腐霉（*P. dissotocum* Drechsler）、畸雌腐霉（*P. irregulare*）、刺腐霉（*Dspinosum* Sawada）。异丝腐霉菌落在PDA培养基上呈外密内疏圈状，在PCA培养基上呈近似放射状；孢子囊菌丝状，具膨大或稍膨大的侧枝，顶生或间生；藏卵器球形，顶生或间生，偶见2～4个串生，大小15～24μm，每个藏卵器具雄器1～2个，具柄，异丝生，大小（7.8～15.2）μm×（5.3～7.5）μm；卵孢子单个存在，大小11～18.2μm，不满器。宽雄腐霉在PDA培养基上菌丝疏密呈圈状，在PCA培养基上呈放射状，无气生菌丝。孢子囊丝状或略膨大呈分枝状，泄管长，顶端形成泡囊。藏卵器球形至亚球形，顶生或间生，顶生时顶端常具1段外延菌丝，直径20～24.5μm，每器具雄器1～4个，多同丝生，偶见异丝生，形状为镰刀状至长卵形，具短柄，常见2雄器着生在藏卵器柄的同一部位；卵孢子球形至亚球形，壁光滑，不满器至近满器，直径18.5～22μm。

三、病害循环

病菌在土壤内或病残体上越冬，腐生性较强，能在土壤中长期存在。病菌借灌溉水和雨水传播，也可由带菌的播种土和种子传播。温差大、播种过密，幼苗生长不良时，有利于猝倒病的发生。连作或重复使用没有消毒过的播种土，发病严重。该病是典型的土壤传染病害。

四、发病规律

病原菌以卵孢子在土壤越冬，在适宜条件下萌发产生孢子囊，释放大量游动孢子或直接长出芽管侵害幼苗。病原菌腐生性很强，其菌丝体可以在土壤中的病残体或腐殖质上营腐生生活，在土壤中长期存活。条件适宜时，在菌丝体上形成孢子囊，释放游动孢子侵害幼苗。病原菌主要借助雨水、灌溉水移动传播。此外，带病粪肥、农具也可以作为传播媒介。病菌侵入寄主后，即在皮层薄壁细胞中扩展，随后病部产生孢子囊，进行再次侵染。蔬菜幼苗猝倒病的发生与土壤温湿度关系密切，当土壤温度为15～16℃时病菌繁殖最快。

五、防治方法

在瓜果腐霉这类嗜高温菌引起猝倒病为主的地区，可用种子质量0.2%的40%拌种双粉剂拌种，或进行土壤处理，必要时可喷洒25%瑞毒霉可湿性粉剂800倍液。

第二十六节 花椰菜细菌性黑斑病

细菌性黑斑病可危害白菜、油菜、萝卜等十字花科蔬菜。

一、症状

花椰菜叶、茎、花梗、种荚均可染病。叶片染病，初生大量小的具淡褐色至发紫边缘的小斑，直径很小，当坏死斑融合后形成大的不整齐的坏死斑，直径可达1.5～2cm以上，病斑最初大量出现在叶背面，每个斑点发生在气孔处。病菌还可为害叶脉，致使叶片生长变缓，叶面皱缩，进一步扩展；湿度大时形成油渍状斑点，褐色或深褐色，扩大后成为黑褐色，不规则形或多角形，发病严重时，全株叶片的叶肉脱落，只剩叶梗和主叶脉，导致植株死亡（图8-46）。

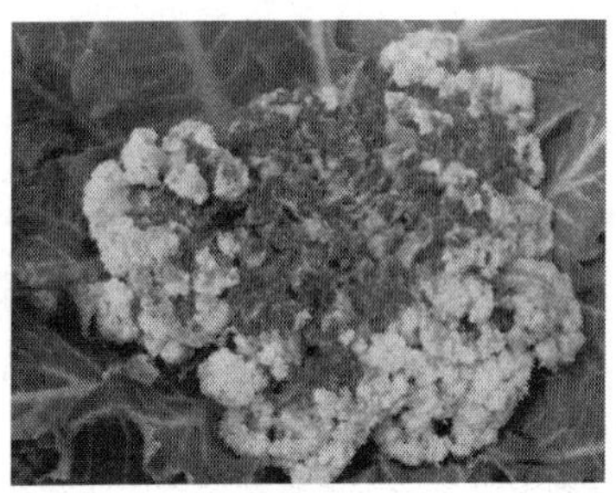

图 8-46　花椰菜细菌性黑斑病症状

二、病原

病原为丁香假单胞菌叶斑病致病型（*Pseudomonas syringae* pv. *maculicola* Mcculloch Young，Dye & Wilkie）。菌体杆状或链状，无芽孢，具 1～5 根极生鞭毛，革兰氏染色阴性，好气性。大小（1.3～3.0）μm×（0.7～0.9）μm。此菌发育适温 25～27℃，最高 29～30℃，最低 0℃，48～49℃经 10min 致死，适应酸碱度范围 pH 6.1～8.8，最适为 pH 7（图 8-47）。

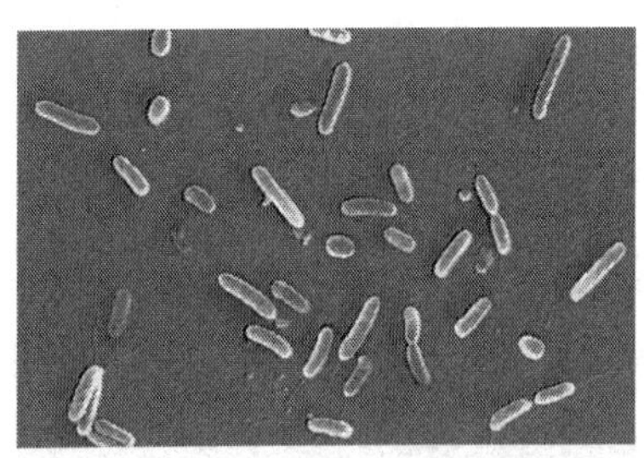

图 8-47　花椰菜细菌性黑斑病病原丁香假单胞菌叶斑病致病型

三、病害循环

花椰菜细菌性黑斑病害腐生性强，可在病残体上或土壤中越冬，条件适宜时侵染花椰菜。主要在莲座期至现蕾开花期从气孔和伤口侵入机体，借风、雨、露等传播，进行再侵染。

四、发病规律

病菌主要在土壤中可存活1年以上，适宜在高温、高湿下活动。台风暴雨或洪涝侵袭，造成叶片伤口多，病害容易流行，长期灌水以及偏施、迟施氮肥的菜地发病较重。

五、防治方法

1. 农业防治 选用庆农65日、庆农60日、庆农70日、福州60日等抗病品种；带菌种子可用种子质量0.4%的50%琥胶肥酸铜可湿性粉剂拌种，或将丰灵5～10g与花椰菜种子15g拌种后播种；发现少量病株及时拔除。

2. 化学防治 发病初期用72%农用硫酸链霉素可湿性粉剂3 000～4 000倍液、30%绿得保悬浮剂400倍液、47%加瑞农可湿性粉剂90倍液、14%络氨铜水溶剂300～400倍液、40%代森铵500～600倍液喷雾处理，每667m^{2}用量为40～50L。

第二十七节 黄瓜猝倒病

一、症状

苗期露出土表的胚茎基部或中部呈水渍状，后变成黄褐色干枯缩为线状，往往子叶尚未凋萎，幼苗即突然猝倒，致幼苗贴伏地面，有时瓜苗出土胚轴和子叶已普遍腐烂，变褐枯死。湿度大时，病株附近长出白色棉絮状菌丝（图8-48）。该菌侵染果实引致绵腐病。初现水渍状斑点，后迅速扩大呈黄褐色水渍状大病斑，与健康部分界明显，最后整个果实腐烂，且在病瓜外面长出一层白色密棉絮状菌丝。果实发病多始于脐部，也有的从伤口侵入在其附近开始腐烂。

图 8-48　黄瓜猝倒病症状

二、病原

病原为鞭毛菌亚门真菌德里腐霉（*Bythium delicense* Meurs）。该菌在 PDA 和 PCA 培养基上产生旺盛的絮状气生菌丝，孢子囊呈菌丝状膨大，分枝不规则；藏卵器光滑、球形，顶生，大小 18.1～22.7μm，藏卵器柄弯向雄器，每个藏卵器具 1 个雄器，雄器多为同丝生，偶异丝生，柄直，顶生或间生，亚球形至桶形，大小 14.1μm×11.5μm；卵孢子不满器，大小 15.5～20μm。菌丝生长适温 30℃，最高 40℃，最低 10℃，15～30℃条件下均可产生游动孢子（图 8-49）。

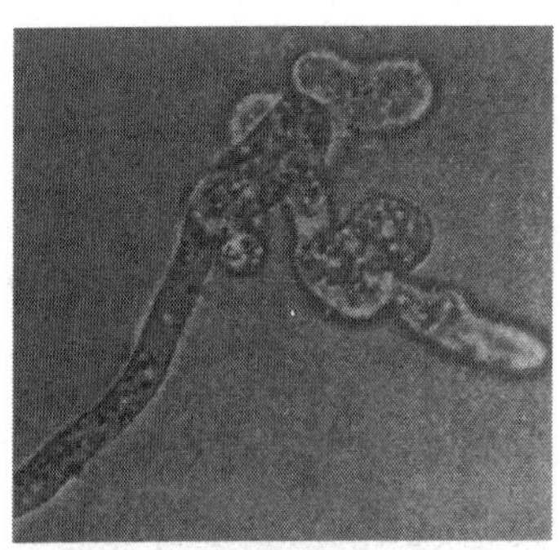

图 8-49　黄瓜猝倒病病原

三、病害循环

德里腐霉游动孢子趋集于根的伸长区和切口，根毛少，距根的伸长区和切口越远越少，根的成熟区几乎见不到孢子。静止孢子产生芽管伸向根伸长区，芽管接触侵染点以后不产生附着胞和侵染钉，而是直接穿透根表皮细胞或切口；菌丝体进入根部后在根内迅速扩展，有的从根内向外扩展，在根组织里的菌丝体沿根轴上下伸长，产生的分枝继续蔓延，并在根组织里形成藏卵器和雄器，以后根际周围又出现游动孢子，48h 后在根的组织里产生卵孢子，72h 后卵孢子呈不满器状。卵孢子也可在茎细胞内大量形成，菌丝体在茎内由一个细胞扩散到相邻的细胞，再继续生长。

四、发病规律

黄瓜猝倒病是黄瓜苗期主要病害，保护地育苗期最为常见，特别是在气温低、土壤湿度大时发病严重，可造成烂种、烂芽及幼苗猝倒。低温、高湿，土壤中含有机质多，施用未腐熟的粪肥等均有利于发病。苗床通风不良，光照不足，湿度偏大，不利于幼苗根系的生长和发育，易诱导猝倒病发生。

五、防治方法

1. 农业防治 选用京研迷你 4 号、中农 203、津春 3 号等耐低温、早熟品种；与水稻轮作可减少土壤中菌源；苗床应选在避风向阳高燥的地块；播前翻晒土壤，高畦深沟种瓜；加强苗床管理。

2. 药剂防治 发病前每 667m^2用 45％百菌清烟剂 500g 密闭苗床熏烟，发病后用 25％甲霜灵可湿性粉剂 800 倍液、20％乙酸铜可湿性粉剂 500 倍液喷雾处理。除喷药外，还可用草木灰拌细干土，混匀后撒施于发病点畦面，防止病害扩大蔓延。

第二十八节　黄瓜枯萎病

一、症状

黄瓜枯萎病在整个生长期均能发生，以开花结瓜期发病最多。苗期发病时茎基部变褐缢缩、萎蔫猝倒。幼苗受害早时，出土前就可造成腐烂，或出苗不久子叶就会出现失水状，萎蔫下垂。成株发病时，初期受害植株表现为部分叶片或植株的一侧叶片，中午萎蔫下垂，似缺水状，但早晚恢复，数天后不能再恢复而萎蔫枯死（图 8-50）。主蔓茎基部纵裂，撕开根茎病部，维管束变黄褐到黑褐色并向上延伸。潮湿时，茎基部半边茎皮纵裂，常有树脂状胶质溢出，上有粉红色霉状物，最后病部变成丝麻状。

图 8-50　黄瓜枯萎病症状

二、病原

病原为半知菌类真菌尖镰孢菌黄瓜专化型［*Fusarium oxysporum*（Schl.）f. sp. *cucumerinum* Owen］。病菌产生大小两种类型分生孢子，大型分生孢子纺锤形或镰刀形，无色透明，顶细胞圆锥形，有的微呈钩状，基部倒圆锥截形，有足细胞，具隔膜1～3 个。小型分生孢子多生于气生菌丝中，椭圆形或腊肠形，无色透明，无隔膜。厚垣孢子表面光滑，黄褐色（图 8-51）。

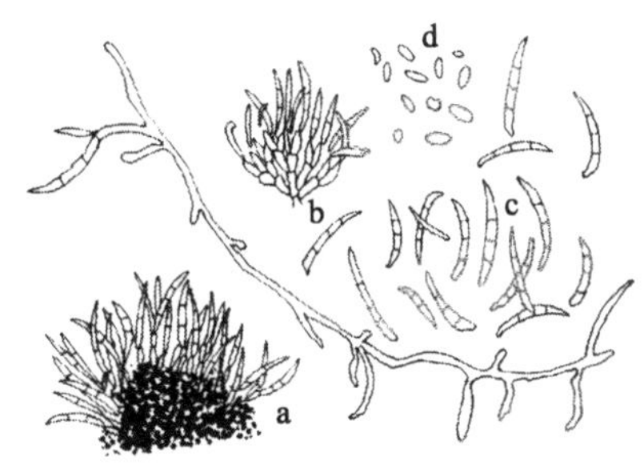

图 8-51　黄瓜枯萎病病原尖镰孢菌黄瓜专化型

a. 分生孢子堆　b. 分生孢子梗　c. 大型分生孢子　d. 小型分生孢子

三、病害循环

病菌以菌丝体、菌核和厚垣孢子在土壤、病残体和种子上越冬，成为第二年的初侵染源。病菌在土壤中可存活 5～6 年或更长的时间，病菌随种子、土壤、肥料、灌溉水、昆虫、农具等传播，通过根部伤口和根毛顶部黄瓜枯萎病细胞间隙侵入，在维管束内繁殖，并向上扩展，堵塞导管，产生毒素使细胞致死，植株萎蔫枯死。

四、发病规律

病菌在土壤中可存活 5～6 年或更长的时间，可通过根部伤口侵入。重茬次数越多病害越重。土壤高湿、根部积水、高温有利于病害发生，氮肥过多、酸性、地下害虫和根结线虫多的地块病害发生重。

五、防治方法

1. 农业防治　选用佳美 168、优杂 8 号、冬星 168、中农 12、津研 7 号等抗病品种；与非瓜类蔬菜实行 3 年以上轮作；推广高畦覆地膜或滴灌栽培法，结果期小水勤浇。

2. 化学防治　每平方米用 90%恶霜灵 1g 兑细沙 1kg 进行苗

床消毒；每 667m^{2}用 10%速克灵烟剂 200～250g 熏蒸处理；发病初期可选用 10%多抗霉素可湿性粉剂 1 000 倍液，或 50%甲硫·福美双可湿性粉剂 800～1 000 倍液、50%多菌灵可湿性粉剂 500 倍液喷雾处理，每隔 7～8d 1 次，连续防治 3 次。

第二十九节　黄瓜立枯病

立枯病又称“死苗”，除为害茄科、瓜类蔬菜外，还为害一些豆科、十字花科等蔬菜。

一、症状

黄瓜立枯病一般在育苗的中后期发病，主要为害幼苗或地下根茎基部，初期在下胚轴或茎基部出现近圆形或不规则形的暗褐色斑，病部向里凹陷，扩展后围绕一圈致使茎部萎缩干枯，造成地上部叶片变黄，最后幼苗死亡，但不倒伏。根部受害多在近地表根颈处，皮层变褐或腐烂（图 8－52a）。在苗床内，发病初期零星瓜苗白天萎蔫，夜间恢复，经数日反复后，病株萎蔫枯死，早期与猝倒病相似，但病情扩展后，病株不猝倒，病部具轮纹或稀疏的淡褐色蛛丝状霉，且病程进展较慢（图 8－52b）。

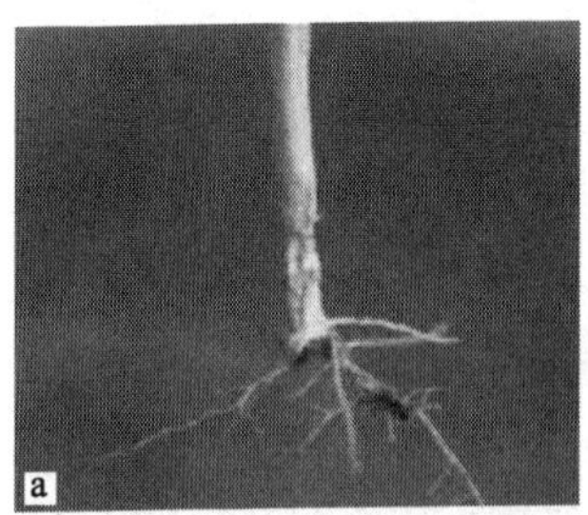

图 8－52　黄瓜立枯病症状

a. 受害根部　b. 受害幼苗

二、病原

病原为半知菌亚门真菌立枯丝核菌（*Rhizoctonia solani* Kühn），属于土壤习居菌，主要以菌丝体或菌核在土壤内的病残体及土壤中长期存活，也能混在没有完全腐熟的堆肥中生存越冬。菌核暗褐色，不定形，质地疏松，表面粗糙（图 8－53）。

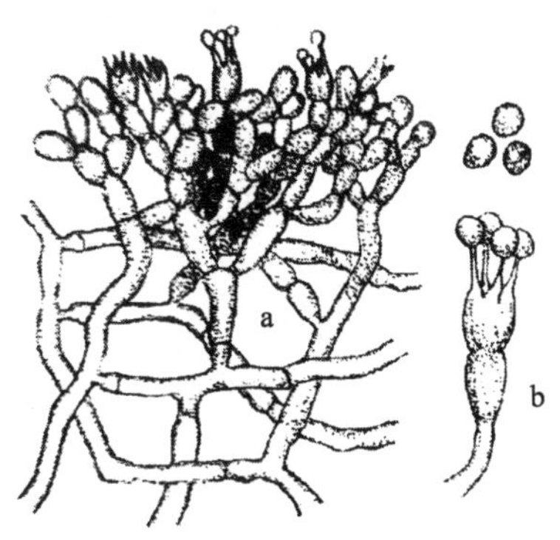

图 8－53　黄瓜立枯病病原立枯丝核菌

a. 菌丝及担孢子　b. 担子及担孢子

三、病害循环

病菌以菌丝体或菌核在土壤中或病残组织上越冬，腐生性较强，在土壤中可存活 2～3 年，病菌从伤口或表皮直接侵入幼茎，根部引起发病。病菌借雨水、灌溉水传播。

四、发病规律

病菌适宜土壤 pH 为 3～9.5，菌丝能直接侵入寄主。病菌主要通过雨水、水流、带菌肥料、农事操作等传播。幼苗生长衰弱、徒长或受伤，易受病菌侵染。当床温在 20～25℃时，湿度越大发病越重。播种过密、通风不良、湿度过高、光照不足、幼苗生长细弱的苗床易发病。

五、防治方法

1. 农业防治 可用种子质量 0.2% 的 40% 拌种双拌种，30min 后，洗净催芽、播种；幼苗出土后加强幼苗锻炼，防止幼苗徒长。

2. 生物防治 利用 5%井冈霉素水溶剂稀释 500～1 000 倍液浇灌处理黄瓜幼苗；对播种后苗床，按 3～4L/m^2 药液浇灌，或田间发生黄瓜立枯病，用 500～1 000 倍液喷淋植株根部。

3. 化学防治 发病初期，可用 15%恶霉灵水溶剂 450 倍液、20%甲基立枯磷乳油 1 200 倍液、5%井冈霉素水溶剂 1 500 倍液喷雾，每 7～10d 喷 1 次，连喷 2～3 次；发病后可用 53.8%可杀得 2000 稀释 2 000 倍加云大 120 稀释 1 500 倍液喷雾处理，每 5～7d 喷 1 次，连喷 2～3 次。

第三十节　黄瓜蔓枯病

蔓枯病又称黑腐病，主要为害黄瓜、西瓜、甜瓜、南瓜、西葫芦等瓜类蔬菜的叶片和茎蔓。

一、症状

蔓枯病是春播、夏播黄瓜危害较重的病害之一，病斑浅褐色，有不太明显的轮纹，病部上有许多小黑点，后期病部易破裂。茎部染病，一般由茎基部向上发展，以茎节处受害最常见。病斑白色，长圆形、梭形或长条状，后期病部干燥、纵裂。纵裂处往往有琥珀色胶状物溢出，病部有许多小黑点。病菌通常随种子、农事操作、灌溉水、风雨等传播。

叶片上病斑近圆形，有的自叶缘向内呈 V 形，淡褐色至黄褐色，后期病斑易破碎，病斑轮纹不明显，上生许多黑色小点，即病原菌的分生孢子器，叶片上病斑直径10～35mm，少数更大（图8-54a）。蔓上病斑椭圆形至梭形，白色，有时溢出琥珀色的树脂胶状物，后期病茎干缩，纵裂呈乱麻状，严重时引致“蔓烂”（图8-54b）。

图8-54　黄瓜蔓枯病症状
a. 受害叶片　b. 受害茎蔓

二、病原

病原为子囊菌亚门真菌甜瓜球腔菌［*Mycosphaerella melonis*（Pass.）Chiu et Walker］，无性世代为半知菌亚门真菌西瓜壳二孢（*Ascochyta citrullina* Smith）。分生孢子器叶面聚生，球形至扁球形，器孢子圆柱形。子囊壳球形，子囊棒状，子囊孢子短棒状，无色，透明，有分隔（图8-55）。

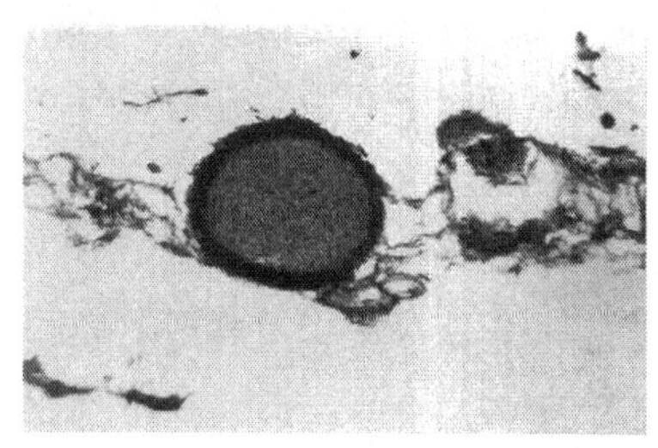

图8-55　黄瓜蔓枯病病原甜瓜球腔菌的分生孢子器

三、病害循环

病菌随病残体在土中或附在种子、架杆、温室大棚架上越冬，通过雨水、灌溉水传播，从气孔、水孔或伤口侵入。田间发病后，病部产生的分生孢子借风雨、灌溉水及农事操作传播，带菌种子可随种子调运做远距离传播。

四、发病规律

病菌以分生孢子器或子囊壳随病残体在土壤中越冬，或以分生孢子附着在种子表面或黏附在架材、棚室骨架上越冬。带菌种子播种后发芽时侵染幼苗引发子叶发病。土壤中病残体所带病菌翌年直接侵染田间植株引起发病。

病菌喜温、湿条件，20～25℃、相对湿度85%以上、土壤湿度大时易于发病。瓜类重茬、定植过密、通风不良、长势弱等均易发病，且病势发展快。

五、防治方法

1. 农业防治 合理轮作，选留无病种子，培育无病壮苗；播种前及时清除前茬作物病残体；加强田间管理，合理增施磷、钾肥，提高植株抗病能力。

2. 药剂防治 发现病株及时拔除并带出集中烧毁，并喷施65%代森锌可湿性粉剂、50%甲基硫菌灵可湿性粉剂进行防控，每7～10d喷药1次，连续2～3次，同时配合喷施新高脂膜800倍液巩固防治效果。

第三十一节　大蒜白腐病

白腐病是一种常见于葱、蒜、韭菜等百合科蔬菜的真菌病害。

一、症状

大蒜白腐病在生长期和储藏期均可发病。大蒜萌发期，带菌蒜种在表皮下形成黑色菌核，严重的直接导致蒜种不发芽或生根不良，随后蒜种表面呈水渍状凹陷，软化腐烂，表面形成白色菌丝和球形菌核。

大蒜幼苗返青期受侵染的植株叶片发黄，长势极弱，由下部叶片向上部叶片发展，植株在田间极易拔出，其根部已软化腐烂，根以及腐烂的鳞茎表面附有大量白色菌丝和黑色球形菌核，受害严重的植株很快枯死，造成田间缺苗（如图 8－56）。进入蒜薹生长期，蒜薹、蒜瓣已开始分化，随着田间植株抗病能力的增强以及气温升高，不再出现大量死苗，但受侵染植株长势较弱，生长不良。大蒜收获后储藏期间，带菌蒜瓣上的病原以菌丝形态潜伏，少数在蒜瓣表面形成浅褐色凹斑。

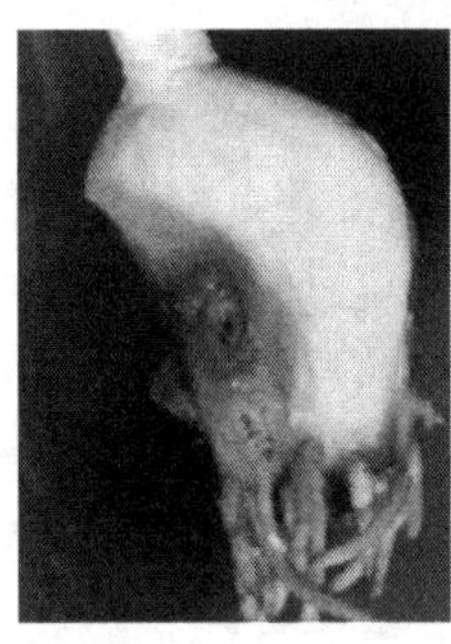

图 8－56　大蒜白腐病症状

二、病原

病原为子囊菌亚门真菌大蒜白腐病菌（*Sclerotium cepivorum* Berk）。菌核为球形或扁球形，内部浅红白色。菌丝在培养基生长适温为20℃左右，5℃以下亦能生长，但30℃以上不生长。菌核在10～20℃间容易形成。

三、病害循环

病原在地面越冬，借雨水或灌溉水传播，直接从根部或近地面处侵入，引起发病。地温12.5℃左右，适合于白腐病原菌核的形成和菌丝生长，潜伏于蒜种上的菌丝很快显症，在蒜种表面形成黑色球形菌核。翌年3月下旬正值大蒜幼苗返青期，开始浇头水，此时植株抗病能力较弱，而5～20cm地温平均7～8℃，又正适合于白腐病原菌核萌发侵染和菌丝的生长，土壤中菌核随流水迅速萌发在田间不断形成再侵染，为害植株造成田间大量死苗。4月中、下旬达到死苗高峰期，进入5月以后，随着地温的升高以及植株抗病能力的增强，田间危害减轻，逐渐不再死苗。

四、发病规律

大蒜白腐病常年发生，病菌主要以菌核在土壤中长期生存，长出菌丝进行浸染。菌核借助灌溉水和雨水传播。

五、防治方法

1. 农业防治 发病地避免连作，进行3～4年葱蒜类作物轮作；加强田间管理，发现病株，未形成菌核前连根带土携出田外深埋。

2. 化学防治 播种前按蒜重1%的50%甲基硫菌灵可湿性粉剂，或蒜重0.5%～1%的50%多菌灵可湿性粉剂给蒜种进行包衣后播种。

第三十二节 大蒜干腐病

大蒜干腐病是由尖镰孢菌引起的真菌土传病害。

一、症状

病株叶片从叶尖迅速枯萎，根大部分腐烂，鳞茎基部有病斑，纵向切开鳞茎，可见病斑内部呈半水渍状腐烂，并向内向上蔓延扩展，病情发展缓慢。在大蒜收获季节，对新侵染的蒜头不易辨别，这些带病蒜头，在后期加重为害造成腐烂。储运期间多自侵染的根部开始发病，蔓延至基部，致使蒜瓣黄褐、软化，逐渐干缩，病部可产生橙红色霉层（图 8－57）。

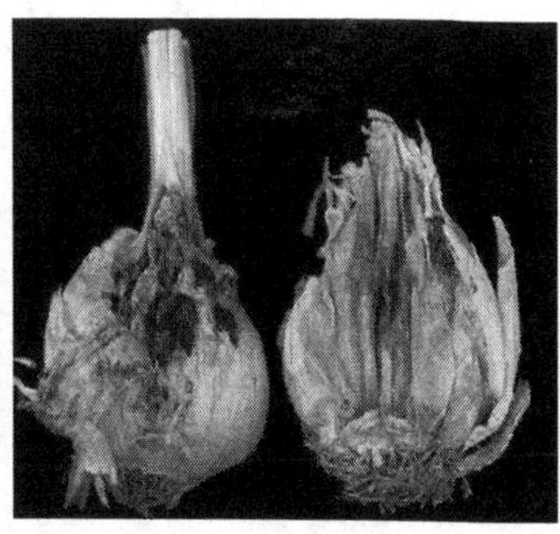

图 8－57　大蒜干腐病症状

二、病原

大蒜干腐病病原为半知菌亚门镰孢属真菌洋葱尖镰孢菌［*Fusarium oxysporum* Schl. f. sp. *cepae*（Hanz.）Snyderet Hansen］。菌丝细弱，白至桃红色，通常带有紫色。分生孢子有大、小两型。小孢子长在由菌丝直接侧生的小梗上，单胞，卵形至长椭圆形，直立或弯曲，大孢子偶尔串生，长在有分枝的分生孢子梗上或孢子座上，薄壁，3～5 隔，梭形至镰刀形，两端尖锐。厚垣孢子球形，表面平滑或粗糙，顶生或间生，为单个，但也有少数对生或串生（图 8－58）。

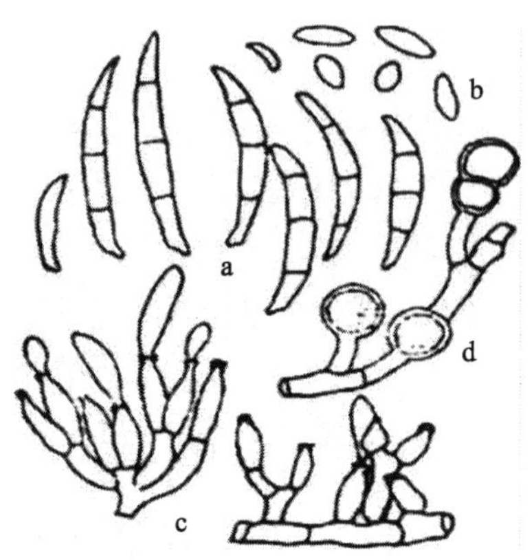

图 8-58　大蒜干腐病病原洋葱尖镰孢专化型

a. 大型分生孢子　b. 小型分生孢子　c. 分生孢子梗　d. 厚垣孢子

三、病害循环

病菌以厚垣孢子留在土壤中越冬，翌春条件适宜产生分生孢子，借雨水、灌溉水、地蛆、线虫等传播，从伤口侵入，在病斑上产生分生孢子进行再侵染。施肥不当或氮肥过多、土壤过湿及洋葱生长后期遇高温多雨易发病，地蛆危害严重或大水漫灌、田间积水或低洼地块发病重。

四、发病规律

施肥不匀，氮肥过多，土壤水分高，或大蒜生长后期遇高温多雨，均发病重。贮藏于通风不良、温度高的地方，大蒜易腐烂，8℃以下明显减轻。发病适温为 28～32℃，大蒜在接近成熟时遇土壤高温病害最重。储运期间温度在 28℃左右时，大蒜最易腐烂，而 8℃时却很轻。

五、防治方法

1. 农业防治 选择无病、无伤、饱满圆整的蒜头留种；播前选用洁白、无病虫、无霉蒂的蒜瓣；轮作避免连作，实行3～5年以上轮作；田间操作注意防止造成伤口；适期种蒜，适时采收。

2. 化学防治 发病初期，用80%敌百虫可溶性粉剂1 000倍液及时进行湿土浇灌，消灭种蝇和蛆害。

第三十三节 大蒜软腐病

蔬菜软腐病又称水烂、烂疙瘩，除为害十字花科蔬菜外，还可为害马铃薯、番茄、莴苣、黄瓜、芹菜和葱类等蔬菜。

一、症状

从脚叶开始由外向内发黄，后逐渐向上部叶片蔓延，地下茎基部呈黄褐色软腐状，根系亦出现黄褐色腐烂，有臭味，植株一拔即断。后期轻病株停止软腐，可生出3～5条新根，并有3～5片新叶尚绿，但植株生长停滞，瘦弱矮小，无产量；重病株全部叶片枯黄，根系软烂，整株塌地而死。

二、病原

大蒜软腐病病原为胡萝卜欧文氏菌胡萝卜致病亚种［*Erwinia carotovora* subsp. *carotovora*（Jones）Berg. et al.］。短杆状，大小（0.9～1.5）μm×（0.5～0.6）μm，周生鞭毛4～5根（图8-59）。病原生长适宜生存温度4～39℃，25～30℃最适，50℃经10min致死。

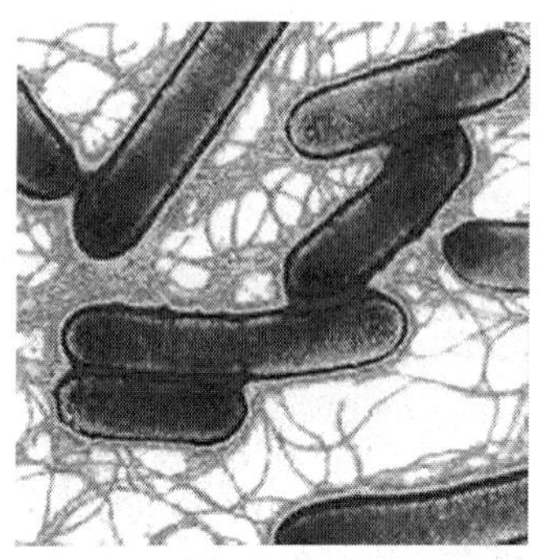

图 8－59　大蒜软腐病病原胡萝卜欧文氏菌胡萝卜致病亚种

三、病害循环

病原随病残体在土壤中越冬，也可在油菜、白菜、甘蓝、莴笋等肉质根内越冬或在未腐熟的土杂肥内存活越冬，成为本病初侵染源。翌年，气温回升适宜时，可借小昆虫及地下害虫或灌溉水及雨水溅射传播，从根茎部伤口或地上部叶片气孔及水孔侵入，进行初侵染和再侵染。

四、发生规律

田间地势低洼、降雨及浇水多、排水不良、田间湿度大处发病重，阴沟阳畦方式栽培的发病重，抗寒性差的大蒜品种发病重，播种过早及施化肥过多而年前生长过旺的发病重。在南方菜区，田间寄主终年存在，病菌可辗转传播蔓延，无明显越冬期。通常雨水多的年份或高温湿闷的天气易诱发本病。地下害虫危害重的田块发病重。

五、防治方法

1. 农业防治　精细整地，整平地面，不留低洼积水处；施足有机肥，增施磷、钾肥。

2. 化学防治　用77%多宁可湿性粉剂100g，兑水3kg，拌种50kg，晾干播种；发病初期用77%多宁600倍液，或3%中生菌素800倍液喷雾处理，每7～10d喷施1次，连喷2～3次。

第三十四节　大蒜红腐病

一、症状

被害鳞茎1个或几个蒜瓣上产生褐变，呈不规则凹陷，上生淡红色霉状物。后期病斑四周变褐软化。

二、病原

大蒜红腐病病原为半知菌亚门真菌腐皮镰孢［*Fusarium solani*（Mart.）App. et Wollenw］。寄生或腐生，常分布于罹病植物的根、茎、果、种子或土壤中。在PDA平板上生长良好，气生菌丝呈低平的棉絮状或稍高的蛛丝状，在贴近试管壁部位常有编织成菌丝绳的趋势；白色或带苍白的浅紫色、浅赭色、浅黄色，菌落反面呈浅赭色、暗蓝色或浅黄奶油色。

三、病害循环

病原以菌丝体和分生孢子在病残体上越冬。秋冬条件适宜时侵入鳞茎，病原借空气传播进行再侵染。

四、发病规律

连作地块生产的鳞茎发病重。病害发生的适宜温度为25～30℃。

五、防治方法

1. 农业防治　抓好鳞茎采收和储运，尽量避免遭受机械损伤，以减少伤口；加强储藏期管理。

2. 化学防治 储藏窖可用10g/m^2硫黄密闭熏蒸24h；采收前一周用70%甲基硫菌灵可湿性粉剂1 000倍液，或50%苯菌灵可湿性粉剂1 500倍液喷雾处理。

第三十五节 葱白腐病

一、症状

葱白腐病在整个生育期均可发病。初染病时外叶叶尖呈条状或叶尖向下逐渐变黄后扩展到叶鞘及内叶（图8-60a），植株生长衰弱，严重时整株变黄、枯死。拔出病株可见鳞茎表皮呈水渍状病斑，茎基部变软，鳞茎变黑腐烂，田间成团枯死，形成一个个病窝，并不断扩大蔓延，最后成片枯死（图8-60b）。

图8-60 葱白腐病症状
a. 初染病 b. 发病重

二、病原

病原为子囊菌亚门真菌白腐小核菌（*Sclerotium cepivorum*）。菌核球形，外表黑色，内部紧密，浅红色，大小（0.3～1.0）μm×（0.3～1.4）μm。分生孢子球形，透明，直径1.6～2.0μm（图8-61）。

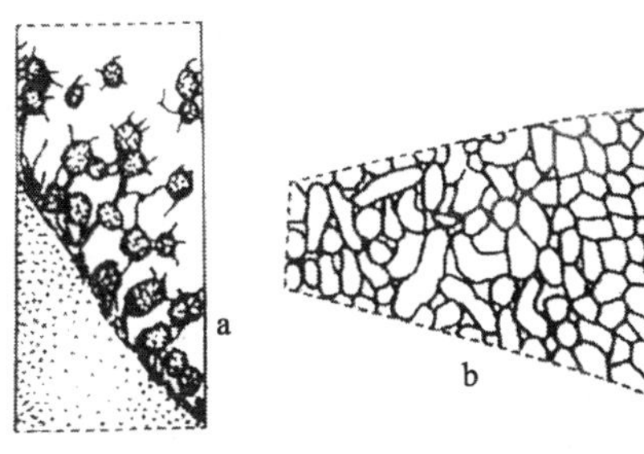

图 8-61 葱白腐病病原白腐小核菌
a. 菌核 b. 菌核剖面

三、病害循环

病原以菌核在土壤中或病残体上越冬。遇到根系分泌物刺激后萌发，侵染根或茎。春季条件适宜时，营养菌丝经过雨水、农事操作等扩展传播，进而引起发病。

四、发病规律

葱白腐病病原喜温暖高湿环境。当降水偏多、田间湿度大时，有利于菌丝的扩展和侵染。通常土壤瘠薄、管理粗放、病残株清理不及时、低洼地、排水不良的田块发病较重。

五、防治方法

1. 农业防治 实行 3～4 年轮作，发病田避免连作；发现病株及时挖除深埋。

2. 化学防治 播前用种子质量 0.3%的 50%扑海因可湿性粉剂拌种；播种 5 周后用 50%多菌灵可湿性粉剂 500 倍液，或 50%甲基硫菌灵可湿性粉剂 400～600 倍液淋根茎。

第三十六节　葱软腐病

一、症状

葱软腐病在鳞茎膨大期发病，在 1～2 片外叶的下部产生半透明灰白色斑，叶鞘基部软化腐败，外叶倒折，病斑向下扩展；假茎部发病初期呈水渍状，后内部开始腐烂，散发出恶臭（图 8－62）。储藏期发病，多从鳞茎颈部开始发病，手压病部有软化感，鳞片呈水渍状，并流出白色、黄褐色或黑褐色带有臭味的汁液。若鳞茎中心部发病则软化腐烂。

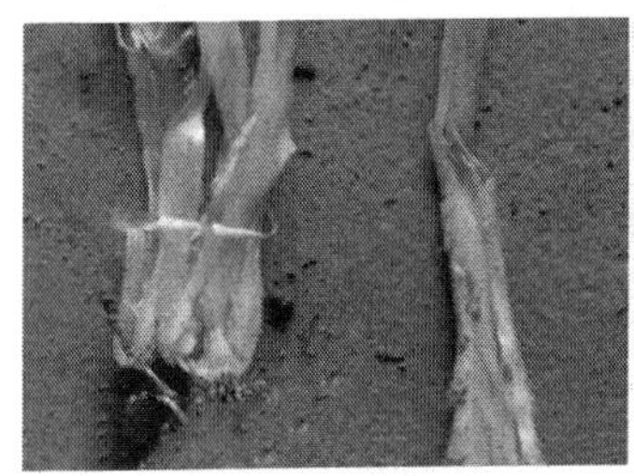

图 8－62　葱软腐病症状

二、病原

葱软腐病病原为胡萝卜欧文氏菌胡萝卜致病亚种［*Erwinia carotovora* subsp. *carotovora*（Jones）Berg. et al.］。短杆状，大小为（0.9～1.5）μm×（0.5～0.6）μm，周生鞭毛 4～5 根。

三、病害循环

病原随病残体在土壤中越冬，也可在油菜、白菜、甘蓝、莴笋等肉质根内越冬或在未腐熟的土杂肥内存活越冬，成为本病初侵染源。翌年，气温回升适宜时，可借小昆虫及地下害虫或灌溉水及雨水溅射传播，从根茎部伤口或地上部叶片气孔及水孔侵入，进行初侵染和再侵染。在南方菜区，田间寄主终年存在，病菌可辗转传播蔓延，无明显越冬期。通常雨水多的年份或高温湿闷的天气易诱发本病。地下害虫危害重的田块发病重。

四、发病规律

收获期遇雨易发病。低洼连作地或植株徒长易发病。基肥不充分腐熟造成烧根为诱发条件。低洼潮湿、植株徒长、连作及种蝇、韭蛆、蛴螬等地下害虫危害严重的田块发病重。年度间夏、秋高温多雨的年份危害严重。

五、防治方法

1. 农业防治　与非葱类作物进行2～3年轮作；用无病床土培育壮苗，适期早栽，勤中耕，浅浇水，及时排水；施充分腐熟的有机肥，防止氮肥施用过多。

2. 化学防治　发病初期选用50%琥胶肥酸铜可湿性粉剂500倍液，或77%氢氧化铜可湿性粉剂500倍液、72%农用链霉素可湿性粉剂4 000倍液喷雾处理，每7～10d喷1次，共喷2～3次。此外，要及时防治葱地种蝇幼虫。

第三十七节　白萝卜黑腐病

白萝卜黑腐病是一种常见于十字花科蔬菜的细菌性病害，尤以甘蓝、花椰菜受害最重。

一、症状

白萝卜黑腐病多从叶缘和虫伤口处开始，向内形成V形或不规则形黄褐色病斑，最后病斑可扩及全叶。肉质根染病后出现灰褐色或灰黄色斑痕，内部维管束变黑色，髓部腐烂，严重时内部组织干腐，最后形成空心，但外部病状不明显，随着病害的发展和软腐菌侵入，加速病情扩展，使肉质根腐烂，并产生恶臭。病部菌脓不如软腐病明显，但潮湿时手摸病部有质黏感（图 8－63）。

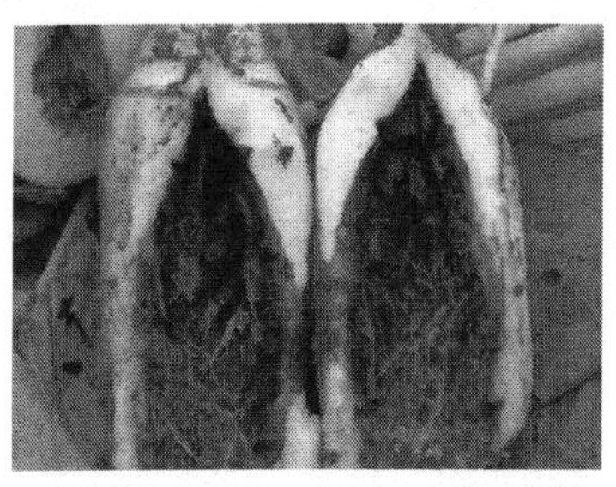

图 8－63　白萝卜黑腐病症状

二、病原

病原为油菜黄单胞菌油菜致病变种（*Xanthomonas campestris*），属细菌。菌体杆状，极生单鞭毛，无芽孢，具荚膜，菌体单生或链生。革兰氏染色阴性。在牛肉汁琼脂培养基上菌落近圆形，初呈淡黄色，后变蜡黄色，边缘完整，略突起，薄或平滑，具光泽，老龄菌落边缘呈放射状（图 8－64）。

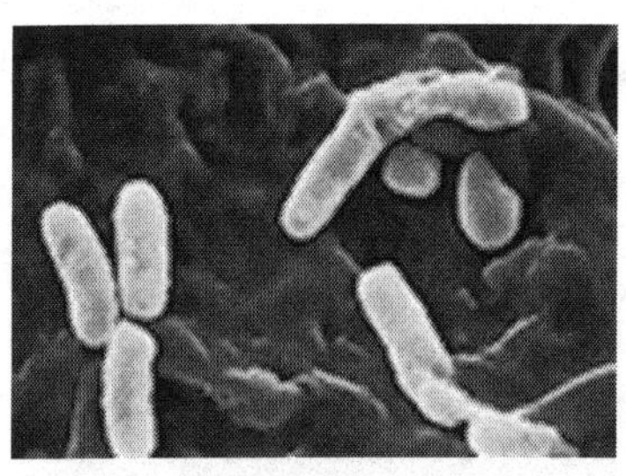

图 8－64　白萝卜黑腐病病原油菜黄单胞菌油菜致病变种

三、病害循环

病菌在种子或土壤里及病残体上越冬。播种带菌种子，病株在地下即染病，致幼苗不能出土，有的虽能出土，但出苗后不久即死亡。

四、发病规律

在田间通过灌溉水、雨水及虫伤或农事操作造成的伤口传播蔓延。病菌从叶缘处水孔或叶面伤口侵入，先侵害少数薄壁细胞，后进入维管束向上下扩展，形成系统侵染。在发病的种株上，病菌从果柄维管束侵入，使种子表面带菌。也可从种脐侵入，使种皮带菌。带菌种子成为此病远距离传播的主要途径。高温多雨、连作或早播、地势低洼、灌水过量、排水不良、施用未腐熟肥料等发病重。

五、防治方法

1. 农业防治　播种前或收获后，清除田间及四周杂草和农作物病残体；和非本科作物轮作，水旱轮作最好；播种后用药土覆盖。

2. 物理防治　用52℃温水浸种20min后播种，可杀死种子上的病菌。

3. 生物防治　用3%农抗751可湿性粉剂100倍液15mL浸拌20kg种子，吸附后阴干播种；72%农用硫酸链霉素可湿性粉剂3 500倍液、3%农抗751可湿性粉剂500倍液或90%新植霉素可湿性粉剂3 000倍液喷雾处理。

4. 化学防治　用50%琥胶肥酸铜可湿性粉剂按种子质量的0.4%拌种，可预防苗期黑腐病的发生；用40%福美双可湿性粉剂500倍液、47%加瑞农可湿性粉剂900倍液、77%可杀得可湿性粉剂 600 倍液、14%络氨铜水溶剂 350 倍液、12%绿乳铜乳油 600 倍液喷雾处理。

第三十八节　胡萝卜黑腐病

一、症状

胡萝卜黑腐病在苗期至采收期或贮藏期均可发生，主要为害肉质根、叶片、叶柄及茎。叶片染病，形成暗褐色斑，严重的致叶片枯死。叶柄上病斑长条状。茎上多为梭形至长条形斑病斑，边缘不明显，湿度大时表面密生黑色霉层。肉质根染病多在根头部形成不规则形或圆形稍凹陷黑斑，严重时病斑扩展，深达内部，使肉质根变黑腐烂（图 8－65）。

图 8－65　胡萝卜黑腐病症状

二、病原

病原为胡萝卜黑腐链格孢菌（*Alternaria radicina*）。分生孢子梗单生，直或少有弯曲，不分枝，褐色或黑褐色，多分隔，顶端圆形，孢痕小，顶生分生孢子（图 8－66）。

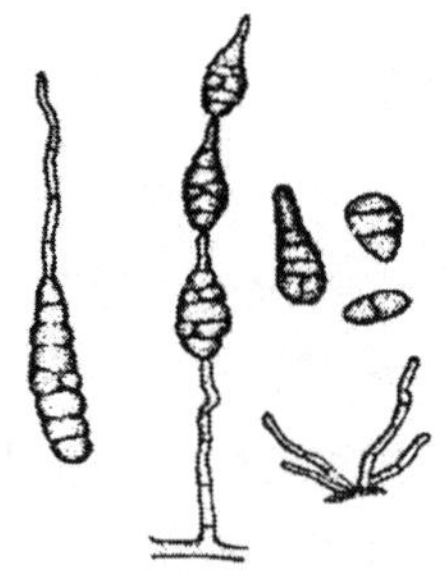

图 8－66　胡萝卜黑腐病病原

三、病害循环

病菌主要在病残体上越冬，翌年春季当环境条件事宜时，病菌借气流传播蔓延。

四、发病规律

病菌在温暖多雨天气容易发病。

五、防治方法

1. 农业防治　实行 2 年轮作；增施基肥和追肥。

2. 化学防治　用种子量 0.3％的 50％扑海因可湿性粉剂、50％福美双可湿性粉剂或 40％拌种双可湿性粉剂＋云大 120 拌种后播种；发病初期喷洒 50％扑海因可湿性粉剂 1 500 倍液、75％百菌清可湿性粉剂 600 倍液、50％翠贝悬浮剂 5 000 倍液、60％百泰克水分散粒剂 1 500 倍液喷雾处理，每 7～10d 喷 1 次，连续防治 2～3 次，效果更佳。

第三十九节　芹菜黑腐病

一、症状

芹菜黑腐病主要为害根茎部和叶柄基部，多在近地面处染病，有时也侵染根，受害部先变灰褐色，扩展后变成暗绿色至黑褐色，初病部表皮完好无损，后破裂露出皮下染病组织，变黑腐烂，尤以根冠部易腐烂，叶下垂，呈枯萎状，腐烂处很少向上或向下扩展，病部生出许多小黑点，即病原菌的分生孢子器。严重的外叶腐烂脱落。

二、病原

病原为半知菌亚门真菌芹菜茎点霉（*Phoma apiicola* Kleb)。菌丝初无色，成熟后为黑色。载孢体为分生孢子器，球形或半球形，黑色，初埋生后外露，多在不明显的斑点中形成；分生孢子器上具孔口，产孢细胞多单细胞。分生孢子单细胞，很小，卵形至椭圆形（图 8－67)。

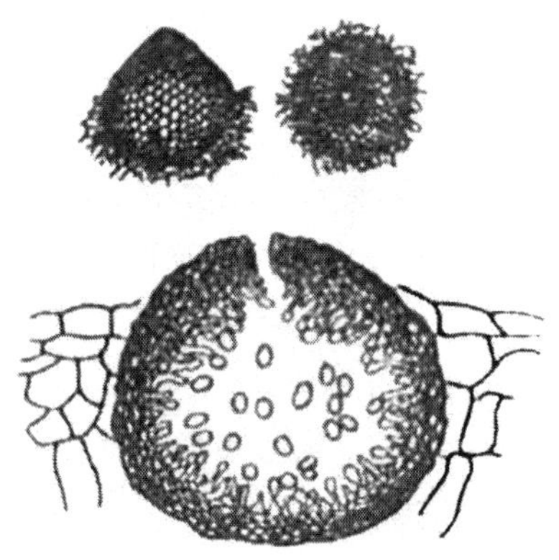

图 8－67　芹菜黑腐病病原芹菜茎点霉

三、病害循环

芹菜黑腐病菌主要以菌丝附在病残体或种子上越冬。翌年播种带病的种子，长出幼苗即猝倒枯死，病部产生分生孢子借风雨或灌溉水传播，孢子萌发后产生芽管从寄主表皮侵入进行再侵染，生产上移栽病苗易引起该病流行。

四、发病规律

病菌生长发育和分生孢子萌发温度为 5～30℃，最适温度为 16～18℃。连作地播种带菌种子，种植密度大，氮肥施用过多造成植株生长过嫩降低抗病能力等都容易发病。

五、防治方法

1. 农业防治 对重茬重病地块实行2年轮作；结合深翻，收获后彻底清理病残体，清除病原；栽培过程中及时摘除病株，消灭病原；加强田间管理，合理安排栽培密度，防止茎叶郁蔽。雨季遇雨及时排水，大棚内防止雨水流入棚内。浇水切忌大水漫灌，及时通风排湿。

2. 化学防治 可选用75%百菌清可湿性粉剂700～800倍液、40%甲霜铜可湿性粉剂700～800倍液、50%多菌灵可湿性粉剂800倍液、50%甲基硫菌灵可湿性粉剂500倍液喷雾处理，每7～10d喷1次，连续2～3次。大棚内用45%百菌清烟剂熏蒸，用量以每次0.25kg/m^2为宜。

第四十节 芹菜菌核病

菌核病是一种常见于十字花科植物的土传真菌病害。此外，还为害莴苣、甜菜、向日葵、柑橘、桑、豆科作物等。

一、症状

苗期和成株期都可发病，主要鉴别特征是发病部位软腐，潮湿时产生灰白色棉絮状菌丝体和黑色坚硬的鼠粪状菌核。在病茎髓部、病果果面和果内空腔中，更易产生菌核。

幼苗发病，在幼茎基部出现水渍状病斑，扩展后可绕茎一周，幼苗猝倒。成株期、茎蔓、叶片都可发病腐烂，以茎蔓受害为主。茎蔓以基部和分权处多发，先出现淡绿色水渍状腐烂，后变淡褐色，表面着生白色絮状物（菌丝体），病茎秆内部生有黑色菌核，干燥时病茎干缩坏死，灰白色至灰褐色，发病部位以上的枝叶萎蔫枯死。中、下部叶片发病多，叶片上产生污绿色水渍状大斑，后变灰褐色，边缘黄褐色，病斑有不甚明显的轮纹，霉层稀疏（图 8－68）。

图 8－68　芹菜菌核病病症

二、病原

病原为子囊菌亚门真菌核盘菌（*Sclerotinia sclerotiorum*），菌核初白色，后表面变黑色鼠粪状，由菌丝体扭集在一起形成。5～20℃，菌吸水萌发，产出 1～30 个浅褐色盘状或扁平状子囊盘，系有性繁殖器官。子囊盘柄的长度与菌核的入土深度相适应，一般 3～15mm，有的可达 6～7cm，子囊盘柄伸出土面为乳白色或肤色小芽，逐渐展开呈杯状或盘状，成熟或衰老的子囊盘变成暗红色或淡红褐色。子囊盘中产生很多子囊和侧丝，子囊盘成熟后子囊孢子呈烟雾状弹射，子囊无色，棍棒状，内生 8 个无色的子囊孢子。子囊孢子椭圆形，单胞，一般不产生分生孢子（图 8－69）。

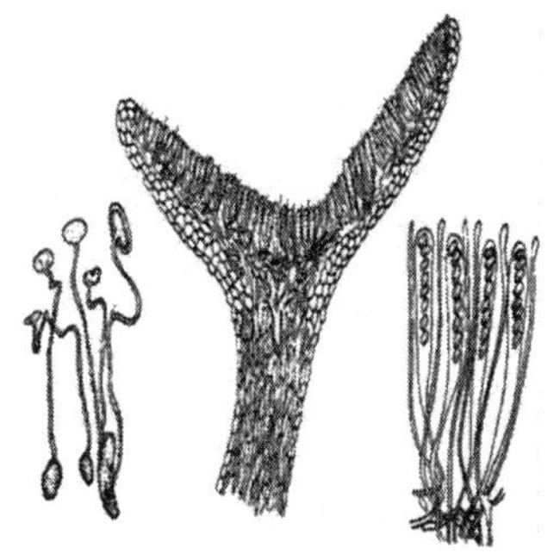

图 8－69　芹菜菌核病病原核盘菌

三、病害循环

病原菌以菌核在土壤中或混杂在种子内越冬。翌年在适宜条件下产生子囊孢子，借风、雨传播，侵染芹菜而发病。病株与健株接触、农事操作等也可传病。棚室高湿低温易发病。

四、发病规律

子囊孢子借风雨传播，侵染生活力衰弱的老叶，带病的叶片与健壮叶、茎接触可使菌丝蔓延传播。高温高湿，有利于该病的发生和流行。芹菜连茬或与易发生菌核病的十字花科蔬菜连茬容易发病。雨季排水不良，偏施氮肥发病重。

五、防治方法

1. 农业防治 发病地应换种非寄主植物 3 年以上；病田深翻 30cm 以上，可将菌核翻入下层土壤；清洗种子，汰除菌核；多施基肥，避免偏施氮肥，增施磷、钾肥，提高抗病能力。

2. 物理防治 菜田淹水 1～2cm，保持水层 18～30d，可以杀死大部分土表菌核。夏季天气炎热时淹水效果更好。棚栽作物在夏季闭棚 7～10d，利用高温杀灭表层菌核。

3. 化学防治 发病始期，及时用 25%氟硅唑·咪鲜胺可湿性粉剂 1 000 倍液，或 30%醚菌酯水溶剂 1 200 倍液、40%嘧霉多·菌灵可湿性粉剂 1 000 倍液、30%恶霉灵水溶剂 1 200 倍液等叶面喷雾处理。视病情发展，确定喷药次数。

第四十一节 芹菜软腐病

蔬菜软腐病又称水烂、烂疙瘩，是一种常见于十字花科蔬菜的细菌性病害。

一、症状

一般在生长中后期封垄遮阴、地面潮湿的情况下易发病。病菌主要在土壤中越冬，通过昆虫、雨水或灌溉水等从伤口侵入，发病后可通过雨水或灌溉水传播蔓延。主要发生于叶柄基部或茎上。一般先从柔嫩多汁的叶柄基部开始发病，发病初期先出现水渍状，形成淡褐色纺锤形或不规则的凹陷斑，后呈湿腐状，变黑发臭，仅残留表皮（图 8－70）。

图 8－70　芹菜软腐病症状

二、病原

病原为欧文氏菌属细菌胡萝卜欧文氏菌胡萝卜致病亚种（*Erwinia carotovora*）。菌体短杆状，大小(0.5～1.0)μm×(2.2～3.0)μm。周生鞭毛 2～8 根，无荚膜，不产生芽孢（图 8－71）。

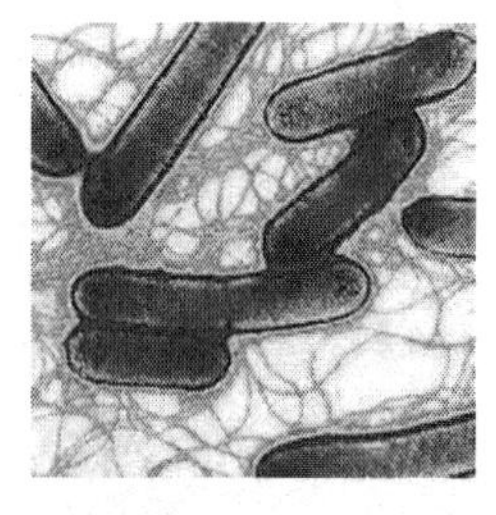

图 8－71　芹菜软腐病病原胡萝卜欧文氏菌胡萝卜致病亚种

三、病害循环

病菌主要在土壤中越冬，通过昆虫、雨水或灌溉水等从伤口侵入，发病后可通过雨水或灌溉水传播蔓延。发病后通过昆虫、雨水和灌溉及各种农事操作等传播，病菌从芹菜的伤口处侵入。

四、发病规律

由于病菌的寄主很广，所以一年四季均可在各种蔬菜上侵染和繁殖，对各季栽培的芹菜均可造成危害。芹菜软腐病的传播和发生与土壤、植株的伤口及气候条件密切相关，有伤口时病菌易于侵入，高温多雨时植株上的伤口更不易愈合，发病加重，容易蔓延。

五、防治方法

1. 农业防治 合理轮作，实行两年以上轮作；选用抗病品种，无病土育苗；并及时清除前茬作物病残体并进行土壤消毒处理。

2. 化学防治 发现病株及时清除，并撒入石灰等消毒，并配合喷施新高脂膜 800 倍液防止病菌扩散；用 72%农用硫酸链霉素可湿性粉剂等进行喷雾处理，并喷施新高脂膜 800 倍液增强药效，提高药剂有效成分利用率。

第四十二节 莴笋菌核病

菌核病是莴笋的主要病害之一，除危害莴笋外，还可危害葫芦科、茄科等多种蔬菜。

一、症状

莴笋菌核病主要为害茎基部。被害后，初产生水渍状浅褐色的不规则病斑，后来逐渐扩展到整个茎基部腐烂，或者沿叶帮向上发展，造成烂帮、烂叶，最后植株萎蔫枯死，在湿度大时，病部产生有棉絮状的白色菌丝体，后来在茎内外形成菌核，开始菌核呈白色，以后渐渐变成呈黑色的鼠粪状的菌核（图 8-72）。

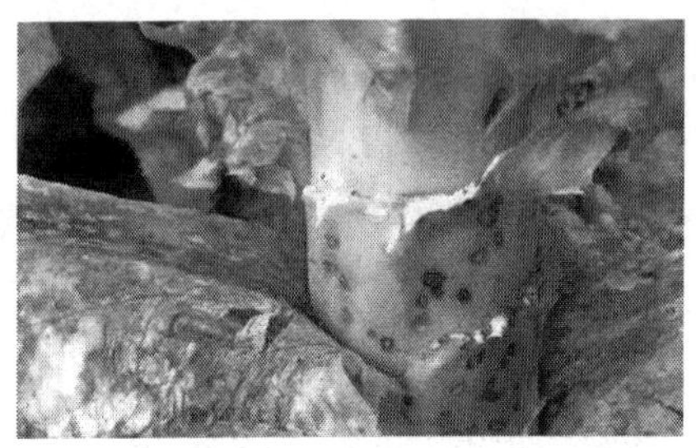

图 8-72　莴笋菌核病症状

二、病原

莴笋菌核病是由子囊菌亚门真菌核盘菌（*Sclerotinia sclerotiorum*）侵染所致。菌核球形至豆瓣形或鼠粪状，直径 1～10mm，可生子囊盘 1～20 个，一般 5～10 个。子囊盘杯形，展开后盘形，开张在 0.2～0.5cm 之间，盘浅棕色，内部较深，盘梗长 3.5～50mm。子囊圆筒形或棍棒状，内含 8 个子囊孢子，大小 (113.87～155.42)μm×(7.7～13)μm。子囊孢子椭圆形或梭形，单胞，无色，大小（8.7～13.67)μm×(4.97～8.08)μm。菌核由菌丝组成，外层系皮层，内层为细胞结合很紧的拟薄壁组织，中央为菌丝不紧密的疏丝组织。

三、病害循环

莴笋菌核病原主要以菌核遗留在土壤种子中或混杂在种子中越冬，是病害初侵染源。翌年春天，遇条件适合时，菌核即萌发，产生出子囊盘和子囊孢子，当子囊孢子成熟后从盘中射出，靠气流传播。子囊孢子萌发后长出芽管，从衰老的弱组织中侵入，植株发病后，产生的菌丝也可直接侵染健株。如此循环进行再侵染，后来形成菌核越冬。

四、发病规律

病菌以菌核在土壤中或残余组织内越冬或越夏，菌核在潮湿土壤中存活 1 年左右，在干燥土壤中可达 3 年以上，病菌通过气流、雨水或农具传播。温度和湿度适宜时，菌核产生子囊孢子，借风雨传播，从植株的老叶基部或伤口侵入。病菌喜温暖潮湿的环境，适宜发病的温度范围 5～24℃，最适温度为 20℃左右，相对湿度 85％以上；最适感病期在根茎膨大期到采收期。当温度超过 25℃发病受抑制，一般常发生在 3～4 月和 10～11 月。连作地块，地势低雨后易积水，种植密度大，田间通风透光性差，管理粗放，氮肥施用过多，植株徒长或旺长发病都重。地块低洼，排水不良，地下水位高，浇水过多，连作的田块，病害发生较重。

五、防治方法

1. 农业防治　病地实行与百合科蔬菜轮作 3 年以上；不能实行轮作的病地，可利用夏季三伏高温进行土壤消毒；选用无病种子；施足有机肥，增施磷、钾肥。

2. 药剂防治　发病初期，用 40％菌核净可湿性粉剂 1 000 倍液、25％多菌灵可湿性粉剂 500 倍液、70％甲基硫菌灵可湿性粉剂 1 000 倍液喷雾处理，每隔 7～10d 施用一次，连续 2～3 次。

第四十三节　西葫芦枯萎病

枯萎病是一种常见于十字花科、瓜类蔬菜的真菌病害。

一、症状

西葫芦枯萎病多在结瓜初期开始发生，仅为害根部。发病初期植株叶片褪绿，逐渐萎蔫坏死，至最后全株萎蔫死亡。发病植株根系初呈黄褐色水渍状坏死，随病害发展维管束由下向上变褐，以后根系腐朽，最后仅剩丝状维管束组织（图 8－73）。湿度高时根茎表面产生白色全粉红色霉层，即病菌分生孢子。

图 8－73　西葫芦枯萎病症状

二、病原

病原为半知菌亚门真菌尖镰孢菌黄瓜专化型［*Fusarium oxysporum*（Sch.）f. sp. *cucumermum* Owen］。瓜蔓上大型分生孢子梭形或镰刀形，无色透明，两端渐尖，顶细胞圆锥形，有时微呈钩状，基部倒圆锥截形，有足细胞，具横隔 0～3 个或1～3 个。1 个隔膜的（12.5～32.5）μm×（3.75～6.25）μm，2 个隔膜的（21.25～32.5）μm×（5.0～7.5）μm，3 个隔膜的（27.5～45.0）μm×（5.5～10.0）μm。小型分生孢子多生于气生菌丝中，椭圆形至近梭形或卵形，无色透明，大小（7.5～20.0）μm×（2.5～5.0）μm。在 PDA 培养基上气生菌丝呈绒毛状，淡青莲色；基物表面牵牛紫色，培养基不变色。在米饭培养基上菌丝绒毛状，银白色。绿豆培养基上菌丝稀疏，银白至淡黄色（图8－74）。

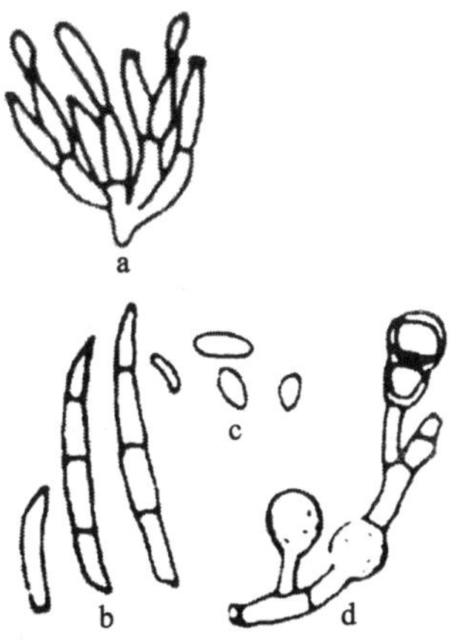

图 8－74　西葫芦枯萎病病原尖镰孢菌黄瓜专化型
a. 分生孢子梗　b. 大型分生孢子　c. 小型分生孢子　d. 厚垣孢子

三、病害循环

病原随病残体留在土壤中越冬，且可在土壤中可存活 5～10 年，成为初侵染源。病原从根部侵入，地上部重复侵染主要靠灌溉水。

四、发病规律

病菌随病株残体在土壤和有机肥中越冬，从伤口或根毛侵入，种子带菌，空气相对湿度 90%以上易感病。秧苗老化、连作、有机肥不腐熟，偏施氮肥土壤，pH 偏低或低洼积水容易发病。

五、防治方法

1. 农业防治 重病地块与其他蔬菜轮作；选择地势高燥，排灌方便的地块种植，并进行土壤灭菌；施用充分腐熟的有机肥。

2. 化学防治 发病前或初见病株及时用药防治，可选用50%多菌灵可湿性粉剂500倍液，或10%双效灵水溶剂1 500倍液、65%多果定可湿性粉剂1 000倍液、25%敌力脱乳油2 000倍液、45%特克多悬浮剂1 000倍液灌根，每株灌药液0.15～0.25L。

第四十四节　西葫芦绵腐病

绵腐病是一种常见于茄果类、瓜类、芹菜、莴苣、甘蓝、洋葱等蔬菜幼苗上的病害，由霉菌引起的真菌病害。

一、症状

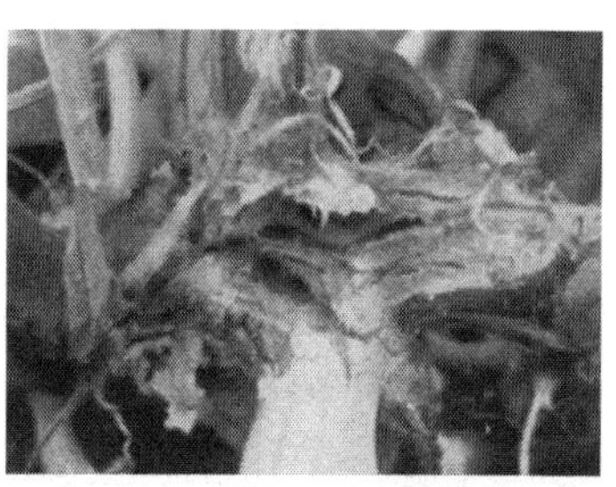

图8-75　西葫芦绵腐病症状

西葫芦绵腐病主要为害果实，有时为害叶、茎及其他部位。果实发病初呈椭圆形、水渍状的暗绿色病斑，干燥空气条件下，病斑稍凹陷，扩展不快，仅皮下果肉变褐腐烂，表面生白霉。湿度大，气温高时，病斑迅速扩展，整个果实变褐、软腐，表面布满白色霉层，致使病瓜烂在田间。叶片发病，先出现暗绿色、圆形或不规则形水渍状病斑，湿度大时软腐似开水煮过状（图8-75）。

二、病原

病原为鞭毛菌亚门真菌瓜果腐霉菌（*Pythium aphanidermatum*）菌丝体生长繁茂，呈白色棉絮状；菌丝无色，无隔膜，直径 2.3～7.1μm。菌丝与孢子囊梗区别不明显。孢子囊丝状或分枝裂瓣状，或呈不规则膨大。泡囊球形，内含 6～26 个游动孢子。藏卵器球形，直径 14.9～34.8μm，雄器袋状至宽棍状，同丝或异丝生，多为 1 个。大小（5.6～15.4）μm×（7.4～10）μm。卵孢子球形，平滑，不满器，直径（14.0～22.0）μm。

三、病害循环

西葫芦绵腐病菌是土壤习居菌，可在根部残余物上或有机质上长期生存，主要以卵孢子或厚垣孢子在土壤中或在越冬的其他寄主如辣椒等上越冬。卵孢子在土壤中存活 3 年以上，土壤中的习居菌和越冬菌一起，条件合适时形成孢子囊，继而萌生游动孢子或芽管，侵害土表近处的茎及根部。病菌借雨水、灌溉水、带菌的堆肥和农具等传播。发病后可持续地产生孢子囊进行重复侵染。后期在病组织内产生卵孢子，待组织腐解后散落土中越冬。

四、发病规律

病菌以卵孢子在土壤中越冬，翌年春天，条件适宜产生孢子囊和游动孢子侵染寄主，也可直接长出芽管侵入寄主，病部产生孢子囊和游动孢子，借雨水或灌溉水传播，进行再侵染。温度较低或温度较高均可发病，发病轻重及病情发展快慢取决于湿度和雨量，高温多雨，特别是田间积水，土壤潮湿病害严重。

五、防治方法

1. 农业防治 选用早青一代、阿太一代等早熟、抗病品种；采用深沟高畦方式栽培，避免大水漫灌；应尽量避免与黄瓜等作物连作。

2. 化学防治 发病前，用75%百菌清可湿性粉剂800倍液，或77%氢氧化铜可湿性粉剂、50%琥·乙膦铝可湿性粉剂等进行喷雾防控；发病高峰期，喷洒64%杀毒矾可湿性粉剂1 000倍液喷雾处理。

第四十五节　西葫芦蔓枯病

蔓枯病又称黑腐病，主要为害黄瓜、西瓜、甜瓜、南瓜、西葫芦等瓜类蔬菜的叶片和茎蔓。

一、症状

西葫芦苗期发病，多在茎的下部，病部呈油浸状，后变黄褐色，稍凹陷，表皮龟裂，常分泌出黄褐色树脂状物，严重时病茎折断，导管不变色。成株发病，病茎表皮呈黄白色，枯干，潮湿

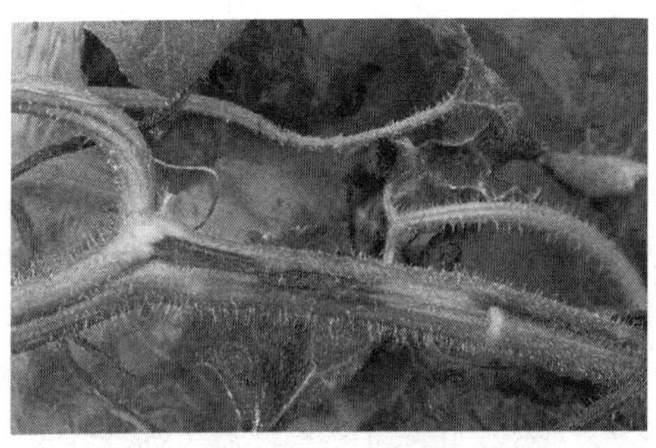

图 8－76　西葫芦蔓枯病症状

时变黑褐色，后密生小黑点。叶片上病斑黄褐色，圆形，有不明显的同心轮纹上生小黑点，病斑扩展至叶面 1/3 以上时叶片即干枯。

二、病原

病原为半知菌亚门真菌西瓜壳二孢（*Ascochyta citrullina Smith*）。分生孢子器球形至扁球形，直径为 182.8～188.6μm，孔口明显。分生孢子椭圆形或圆筒形，无色，双胞，大小 (11.2～11.4)μm×(4.1～4.3)μm。子囊座半埋生于寄主茎蔓表皮下，子囊座中形成 1 个子囊腔。子囊腔球形至扁球形直径为 128.4～133.2μm，顶部略外露，壁膜质，黑褐色，孔口周缘壁深黑色，孔口直径为 26.6～30.6μm。子囊多圆筒形，无拟侧丝，无色，稍弯，大小 (100.9～108.9)μm×(11.1～11.5)μm。子囊孢子椭圆形，无色双胞，两细胞大小相等，分隔处缢缩明显，子囊孢子大小 (13.7～14.1)μm×(6.8～7.0)μm。

三、病害循环

病原菌主要以菌丝体、分生孢子器及子囊座随病残体在土中或附着种子和棚架上越冬。分生孢子和子囊孢子借风雨或灌溉水等传播，从伤口、气孔、水孔或直接侵入。发病后新产生的分生孢子进行再次侵染。种子带菌率 5%～30%，播种后可引起子叶和嫩茎发病。

四、发病规律

病菌在病残体及架材上越冬和越夏，借风雨传播，引起初次侵染，以后在病斑上产生病菌继续传播蔓延，引起再侵染。种子表面也可带菌，发芽后病菌直接为害子叶。病菌发育适温为 20～24℃，最适发育 pH 5.7～6.4。高温多湿、天气闷热时，发病迅速。重茬地，低洼地雨后积水、大水勤浇、缺肥、生长衰弱的地块，发病均重。温室及塑料大棚栽培，过度密植、光照不足、通风不良时容易发病。

五、防治方法

1. 农业防治 选择地势较高、排水良好的地块建造温室；底肥中增施过磷酸钙和钾肥；发病后适当控制浇水，降低土壤及空气湿度；发现病株及时拔除，收获后要清洁田间，将病残体清除。

2. 化学防治 苗床用50%多菌灵可湿性粉剂以8g/m^{2}的剂量进行床土消毒；发病初期喷药，常用药剂有75%白菌清可湿性粉剂600倍液、47%加瑞农600～800倍液和64%杀毒矾可湿性粉剂600～800倍液，对叶蔓均匀喷雾。

第四十六节 西葫芦菌核病

西葫芦菌核病是一种常见于十字花科植物的土传真菌病害。此外还为害莴苣、甜菜、向日葵、柑橘、桑、豆科作物等。

一、症状

西葫芦菌核病主要为害幼瓜及茎蔓，严重时也为害叶片。幼瓜染病，多从开败的残花开始侵染，初呈水渍状腐烂，后长出较浓密的絮状白霉，随病害发展，白霉上散生黑色鼠粪状菌核。茎蔓染病，初呈水渍状腐烂，随后病部变褐，长出白色絮状菌丝和黑色鼠粪状菌核，空气干燥时病茎坏死干缩，灰白至灰褐色，最后病部以上茎蔓及叶片枯死。叶片染病呈污绿色水渍状腐烂，病部亦长出白色菌丝和较细小的黑色菌核（图8－77）。

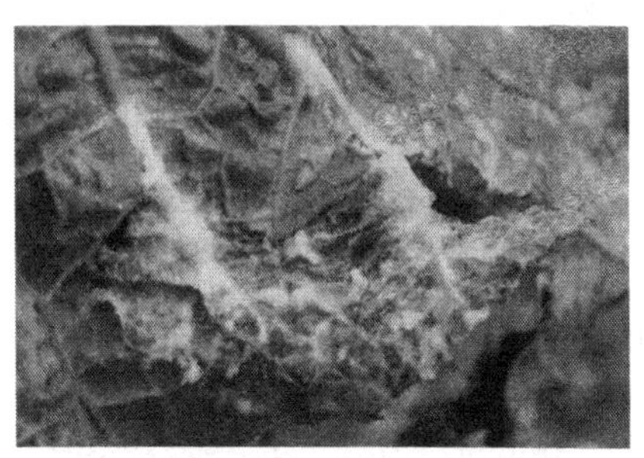

图 8-77　西葫芦菌核病症状

二、病原

病原为子囊菌亚门真菌核盘菌（*Sclerotinia sclerotiorum*）。菌核初白色，后表面变黑色鼠粪状，大小不等，由菌丝体扭集在一起形成。5～20℃，菌核吸水萌发，产出 1～30 个浅褐色盘状或扁平状子囊盘，系有性繁殖器官。子囊盘柄的长度与菌核的入土深度相适应，一般 3～15mm，有的可达6～7cm，子囊盘柄伸出土面为乳白色或肤色小芽，逐渐展开呈杯状或盘状，成熟或衰老的子囊盘变成暗红色或淡红褐色。子囊盘中产生很多子囊和侧丝，子囊盘成熟后子囊孢子呈烟雾状弹射，高达 90cm，子囊无色，棍棒状，内生 8 个无色的子囊孢子。子囊孢子椭圆形，单胞。一般不产生分生孢子。

三、病害循环

菌核在土中或混杂在种子中越冬或越夏。混在种子中的菌核，随播种进入田间，或遗留在土中的菌核遇有适宜温湿度条件即萌发产出子囊盘，放散出子囊孢子，随气流传播蔓延，侵染衰老花瓣或叶片，长出白色菌丝，开始为害柱头或幼瓜。在田间带菌雄花落在健叶或茎上经菌丝接触，易引起发病，并以这种方式进行重复侵染，直到条件恶化，又形成菌核落入土中或随种株混入种子间越冬或越夏。南方 2～4 月及 11～12 月适其发病，北方 3～5 月发生多。该菌对水分要求较高，相对湿度高于 85%，温度在 15～20℃利于菌核萌发和菌丝生长、侵入及子囊盘产生。

因此，低温、湿度大或多雨的早春或晚秋有利于该病发生和流行，菌核形成时间短，数量多。连年种植葫芦科、茄科及十字花科蔬菜的田块、排水不良的低洼地或偏施氮肥或霜害、冻害条件下发病重。此外，定植期对发病有一定影响。

四、发病规律

病菌主要以菌核遗落在土壤中越冬或越夏。温湿度适宜时菌核萌发产生子囊盘和子囊孢子。子囊孢子借气流传播形成初侵染产生菌丝，植株发病后主要通过病健部接触传播蔓延。病菌发育温度 0～30℃，适宜温度 20℃左右，子囊孢子萌发温度 5～35℃，发育适温为 5～10℃。菌丝在潮湿、相对湿度 85%以上时发育良好，低于 75%明显受抑制。干湿交替有利于菌核形成。在干燥土壤中菌核可存活 3 年以上，潮湿土壤中则只能存活 1 年。

五、防治方法

1. 农业防治 实行水旱轮作，病田在夏季灌水浸泡半个月；收获后及时深翻；棚室上午以闷棚提温为主，下午及时放风排湿；土壤湿度大时，适当延长浇水间隔期。

2. 化学防治 定植前，每 667m^2用 40%五氯硝基苯 1g 配成药土耙入土中；出现子囊盘时，每 667m^2每次用 10%速克灵烟剂或 45%百菌清烟剂 250g 熏一夜，每隔 8～10d 熏 1 次；盛花期，可用 50%速克灵可湿性粉剂 1 500 倍液、50%异菌脲或

50%农利灵可湿性粉剂100倍液喷雾处理。

第四十七节 西葫芦软腐病

蔬菜软腐病是一种常见于十字花科蔬菜（如萝卜、大白菜等）的细菌性病害。

一、症状

软腐病主要为害西葫芦的根茎部及果实。根茎部受害，髓组织溃烂。湿度大时，溃烂处流出灰褐色黏稠状物，轻碰病株即倒折。幼果在病部先出现褐色水渍状，后迅速软化腐烂如泥（图8-78）。该病扩展速度很快，病瓜散出臭味是识别该病的重要特征。

图8-78 西葫芦软腐病症状

二、病原

病原为胡萝卜软腐欧氏杆菌胡萝卜软腐［*Erwinia carotovora* subsp. *carotovora*（Jones）Bergey et al.］，菌体短杆状，周生2～8根鞭毛。革兰氏染色阴性，生长发育适温25～30℃，50℃经10min致死。

三、病害循环

病原随病残体在土壤中越冬，第2年借雨水、灌溉水及昆虫传播，由伤口侵入。病原侵入后分泌果胶酶溶解中胶层，导致细胞分崩离析，致使细胞内水分外溢，引起腐烂。

四、发病规律

病菌主要随病残体在土壤中越冬。由于病菌可为害多种蔬菜，田间菌源普遍存在。当条件适宜时病菌借雨水、浇水及昆虫传播，由伤口侵入。高温高湿条件下发病严重。通常高温条件下病菌繁殖迅速，多雨或高湿有利于病菌传播和侵染，且伤口不易愈合增加了染病概率，伤口越多病害越重。

五、防治方法

1. 农业防治 采用黑籽南瓜作砧木进行嫁接栽培，抗病性增强；在重病区或田块，宜与葱蒜类蔬菜及水稻实行轮作；采取高畦地膜覆盖栽植。施用充分腐熟的堆肥，雨后及时排水。

2. 化学防治 发病初期，用70%绿得保悬浮剂300倍液，或50%琥胶肥酸铜可湿性粉剂500倍液、47%加瑞龙可湿性粉剂800倍液喷施；此外，及时防除地下害虫和黄守瓜等害虫，尽量减少伤口。采收前3～5d停止用药。

第四十八节　西葫芦褐腐病

瓜类褐腐病，又称“花腐病”，一种真菌性病害，主要为害瓜类蔬菜，常会造成大量幼瓜腐烂，严重减产。

一、症状

西葫芦褐腐病主要侵染瓜条，严重时亦为害叶片和叶柄。瓜条染病初期产生水渍状不规则坏死斑，以后迅速发展成不规则大斑，暗绿色至灰褐色，随病害发展病瓜迅速软化腐烂。空气潮湿，病部表面可产生不很明显的稀疏白霉，即病菌的孢囊梗。叶片染病，多形成水渍状暗绿色大斑，湿度高时病部腐烂。空气干燥，病斑易破裂穿孔。叶柄受害亦呈水渍状软腐，病部表面产生稀疏白霉（图 8－79）。

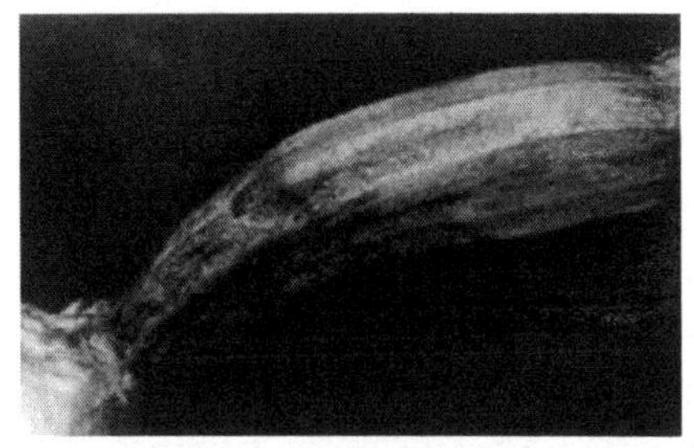

图 8－79 西葫芦褐腐病症状

二、病原

病原为接合菌亚门真菌瓜笄霉［*Choanephora cucurbitarum* (Berk. et Rav.) Thaxt］。分生孢子梗直立在寄主上。无色透明，无隔膜不分枝，顶端膨大成大头针状泡囊，泡囊上又生许多小分枝，小分枝末端膨大成大孢子囊和小孢子囊。大孢子囊大，直径 40～50μm，小孢子囊生在球状泡囊上，直径 (13～14)μm×(11～12)μm。小孢子囊含 2～5 个孢子，多为 3 个，大小 (10～13)μm×(5～8)μm，多为单胞，柠檬形至梭形，褐色或棕褐色，表皮具纵纹。

三、病害循环

病菌主要以菌丝体随病残体或产生接合孢子留在土壤中越冬，翌春侵染西葫芦的花和幼果，发病后病部长出大量孢子，借风雨或昆虫传播，该菌腐生性强，只能从伤口侵入生活力衰弱的花和果实。

四、发病规律

病菌以卵孢子随病残组织遗留在土壤中越冬，翌年条件适宜时侵染寄主，在病部产生大量游动孢子，通过浇水或风雨传播，发生再侵染，高温多雨有利于发病。一般地势低洼、排水不良、浇水过多，或地块不平整，长时间连作发病较重。

五、防治方法

1. 农业防治　选用早青一代、阿太一代等早熟、抗病品种；采用深沟高畦方式栽培；应尽量避免与黄瓜等作物连作；实行2～3年以上轮作可有效预防该病发生。

2. 化学防治　发病前，用75%百菌清可湿性粉剂800倍液，或77%氢氧化铜可湿性粉剂、50%琥・乙膦铝可湿性粉剂等进行喷雾；发病高峰期，用64%杀毒矾可湿性粉剂1 000倍液，或58%甲霜灵・锰锌600倍液喷雾处理。

第四十九节　芫荽菌核病

蔬菜菌核病是蔬菜生长过程中普遍发生的一种真菌性病害，可为害葫芦科、茄科等多种蔬菜。

一、症状

芫荽菌核病主要为害茎部。发病时茎基部开始出现水渍状软腐，引起幼苗折倒枯死；湿度大时，成株病部生出浓密的棉絮状白色菌丝，向四周健株蔓延，引起病组织腐烂，后期在菌丝间形成黑色鼠粪状坚硬的菌核（图8-80）。幼苗和成株均可发病。

图8-80 芫荽菌核病症状

二、病原

病原为子囊菌亚门真菌核盘菌（*Sclerotinia sclerotiorum*）。详见芹菜菌核病。

三、病害循环

病原菌在土中或混杂在种子中越冬、越夏。混在种子中的病原菌，随播种进入田间，遗留在土中的病原菌（菌核）遇有适宜温湿度条件即萌发产出子囊盘，放散出子囊孢子，随风吹到衰弱植株伤口上，进行初侵染。病部长出的菌丝又扩展到邻近植株或通过病健株直接接触进行再侵染，引起发病，并以这种方式进行重复侵染。

四、发病规律

病菌以菌核在土壤中或混杂在种子内越冬。土中菌核萌发产生子囊盘和子囊，子囊弹放出子囊孢子引起发病。田间主要通过带病组织上的菌丝与无病植株接触，或农事携带传播病害。菌核在0～35℃均可萌发，适宜温度为5～10℃，20℃对菌丝生长最有利，菌核萌发适宜温度为15℃，高于50℃、5min即死亡，棚室内相对湿度高于85%有利于发病。

五、防治方法

1. 农业防治 深翻地，使大部分菌核埋在6cm土层以下；培育无病壮苗，生长期注意通风降温、排湿。

2. 化学防治 发病初期，可喷洒65%甲霉灵可湿性粉剂600倍液，或西芹菌核病前期可选用40%施加乐悬浮剂800～1 000倍液，或45%特克多悬浮剂800倍液喷雾处理。

第五十节 芫荽根腐病

芫荽根腐病，多发生于低洼、潮湿的地块。作为蔬菜的常见病，还为害辣椒、黄瓜、番茄等多种蔬菜。

一、症状

芫荽根腐病多在苗期和采种期发生。苗期染病多从根茎部或幼根开始侵染，病部呈水渍状浅褐色至黄褐色坏死，以后变成暗褐色短期内即腐烂，病苗随病害发展倒折或萎蔫死亡，病组织表面可产生少量粉红色霉层，即病菌的分生孢子丛和分生孢子。种株染病，多表现根系坏死，以后变褐腐烂，病部亦可产生粉红色霉层，终致种株枯萎死亡（图8-81）。

图 8-81 芫荽根腐病症状

二、病原

病原为半知菌亚门真菌尖镰孢霉（*Fusarium oxysporum* f. sp. *cucmrium*），病菌分生孢子梗无色，大小为（6～40）μm×（2.5～4）μm。分生孢子新月形无色，具 0～3 个隔膜，大小为（6～42.5）μm×（3.5～6.5）μm（图 8-82）。

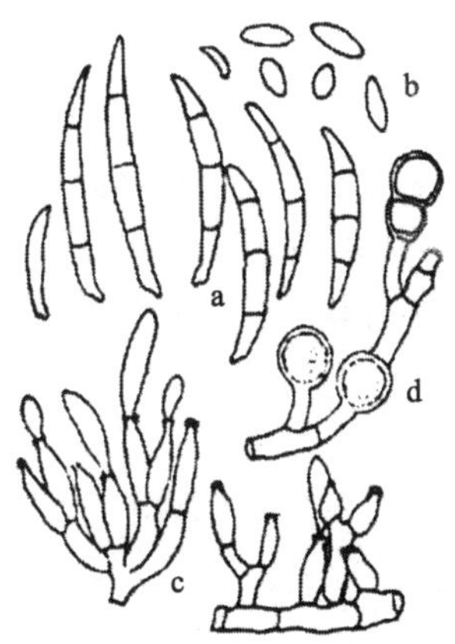

图 8-82 芫荽根腐病病原尖镰孢霉

a. 大型分生孢子 b. 小型分生孢子 c. 分生孢子梗 d. 厚垣孢子

三、病害循环

病菌主要在土壤中或遗留在土壤内的病残组织上越冬。主要通过土壤内水分、地下昆虫和线虫传播。棚室栽培，根腐病一般都在 10 月冬前发病。

四、发病规律

病菌以菌丝体和分生孢子在土壤内或在病组织中越冬。生长期一旦条件适宜即引起发病。田间发病轻重与水肥管理关系十分密切，一般浇水不均，土壤黏重或忽干忽湿，或板结积水，施用未腐熟的堆肥，或施肥和地下害虫造成根伤较多，则发病较重。此外，植株生长衰弱亦有利于发病。

五、防治方法

1. 农业防治 种植前深翻土壤，晒土晾地；安排与非伞形花科、非茄科蔬菜轮作；生长期合理浇水施肥，防止土壤板结；及时拔除病株。

2. 化学防治 发病初期，选用98%恶霉灵可湿性粉剂 2 000 倍液，或 45%特克多悬浮剂 1 000 倍液、65%多果定可湿性粉剂 1 000 倍液、10%双效灵水溶剂 1 000 倍液、50%多菌灵可湿性粉剂 500 倍液、25%敌力脱乳油 150 倍液浇根处理，每隔 5～7d 1 次，视病情连续浇 1～3 次。

第九章 棉麻土传病害

第一节 棉铃疫病

棉铃疫病是我国棉花棉铃上危害最严重的病害，约占棉铃病害所致烂铃总数的 2/3 以上，这是我国棉病发生的特点之一。

一、症状

1. 苗期受害 初期根部及茎基部出现红褐色条纹状，后绕茎一周，根及茎基部坏死，引起幼苗枯死。

2. 子叶或幼嫩真叶受害 多从叶缘开始，初呈水渍状暗绿色小斑，后扩大成不规则水渍状墨绿色病斑，子叶易脱落；低温高湿时扩展快，可蔓延至顶芽及幼嫩心叶，变黑枯死；干燥时，叶部病斑呈失水褪绿状，中央灰褐色，最后成不规则形枯斑（图 9－1）。

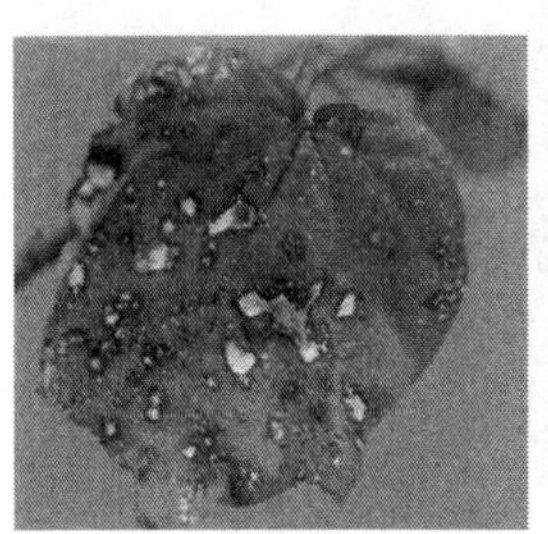

图 9－1 棉铃疫病叶片症状

3. 棉铃受害 中、下部果枝上棉铃易发病，多雨时可达上部果枝的棉铃；先从棉铃苞叶下的铃面、铃缝及铃尖等部位开始发生，开始为淡褐至青黑色水渍状病斑，不软腐，后整个棉铃变成有光亮的青绿至黑褐色病铃（图 9－2）；潮湿时，棉铃表面可见一层稀薄白色霜霉状物。发生疫病的棉铃很快会诱发其他铃病，掩盖了疫病的症状。

图 9－2 棉铃疫病棉铃症状

二、病原

棉铃疫病病原菌为苎麻疫霉（*Phytophthora boehmeriae* Sawada）（图 9－3），属鞭毛菌亚门真菌。菌丝初无色，不分隔，老熟后具分隔。孢子囊初无色，后变黄至褐色，卵圆形或柠檬形，顶端具一乳突，大小（36.6～70.1）μm×（30.5～54.8）μm，孢子囊遇水释放出游动孢子。游动孢子大小 9.3μm。藏卵器球形，幼时淡黄色，成熟后为黄褐色；雄器基生，附于藏卵器底部；卵孢子球形，满器或偏于一侧；厚垣孢子球形，薄壁，淡黄至黄褐色。

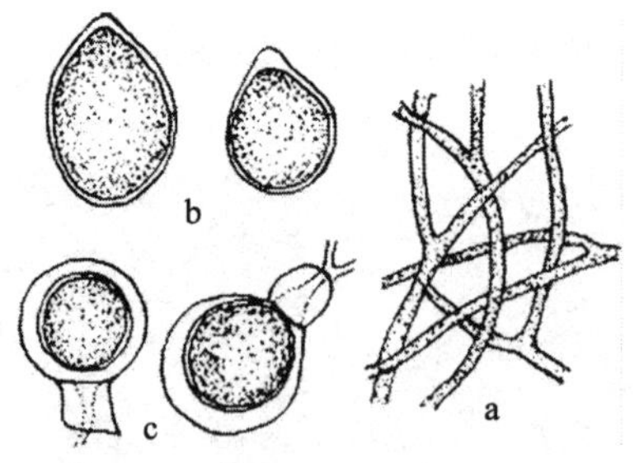

图 9－3 棉铃疫病病原苎麻疫霉

a. 菌丝 b. 孢子囊 c. 雄器、藏卵器及卵孢子

三、病害循环

遗落在土壤中烂铃组织内的卵孢子、厚垣孢子、孢子囊是翌年棉铃疫病的初侵染源。病菌在铃壳中可存活 3 年以上，且有较强的耐水能力，病菌随雨水溅散或灌溉等传播。

四、发病规律

积水可造成疫病大发生。台风侵袭、虫害重、伤口多，疫病发生重。铃期多雨、生长旺盛、果枝密集，易发病。迟栽晚发，后期偏施氮肥棉田发病重。郁闭，大水漫灌，易引起该病流行。果枝节位低、短果枝、早熟品种受害重。地膜覆盖棉田，成铃早，烂铃率高于未盖膜棉田。

五、防治方法

1. 农业防治

（1）实行轮作；合理密植，加强田间通透性；加强田间肥水管理，雨后及时排水，合理控制氮肥，增施磷、钾肥，增强植株长势；及时清除病枝残体，减少病源；减少农业操作和虫害、病害等对植株造成的伤口。

（2）选用抗病品种。如辽棉 10 号、中棉 12 等。

（3）改进栽培技术，实行宽窄行种植；采用配方施肥技术，避免过多、过晚施用氮肥，防止贪青徒长。及时去掉空枝、抹赘芽，打老叶，雨后及时开沟排水，中耕松土，合理密植，如发现密度过大，可推株并垄，改善通风透光条件，千方百计降低田间湿度。摘除染病的烂铃，抓好前期病害防治，减少病菌在田间积累、传播和蔓延。

（4）治虫防病。及时防治棉田玉米螟、甜菜夜蛾、棉铃虫、红铃虫等棉田害虫，防止虫害造成伤口，减少病菌侵入途径。

2. 化学防治

（1）棉花幼铃期，注意施药预防。可选用75％百菌清可湿性粉剂600～800倍液、50％克菌丹可湿粉400～500倍液、70％代森锰锌可湿性粉剂600～800倍液、50％福美双可湿性粉剂500～1 000倍液等药剂预防。

（2）发生初期，可选用40％三乙膦酸铝可湿性粉剂100～250倍液，或75％百菌清可湿性粉剂600～800倍液、58％甲霜灵·代森锰锌可湿性粉剂700倍液、65％代森锌可湿性粉剂300～500倍液、50％多菌灵可湿性粉剂800～1 000倍液、64％杀毒矾可湿性粉剂600倍液、72％克露或克霜氰或克抗灵可湿性粉剂700倍液。对上述杀菌剂产生抗药性的棉区，可选用69％安克·锰锌可湿性粉剂900～1 000倍液。以上药剂从8月上、中旬开始，隔10d左右1次。

第二节　棉花立枯病

棉花立枯病又称黑根病、烂根、腰折病，在我国各主要棉区都有发生，而且每年均可在田间出现，一般在黄河流域发生比较普遍，是北方棉区苗病中的主要病害，常造成整穴棉苗的死亡，使棉田出现缺苗断垅，是世界性的病害之一。

一、症状

1. 棉籽受害　造成烂籽和烂芽。

2. 子叶受害　发病棉苗一般在子叶上没有斑点，但有时也会在子叶中部形成不规则的棕色斑点，以后病斑破裂而穿孔。

3. 烂根　在根部和近地面茎基部产生黄褐色病斑，继则向四周发展，后呈黑褐色环状缢缩，造成子叶垂萎，使地上部很快萎蔫枯死，一般不倒伏。轻病株仅皮层受害，气温恢复后可恢复生长；茎基发病部位可见稀疏的白色菌丝体和黏附其上的小土粒。病死苗易从土中拔出（图 9-4）。

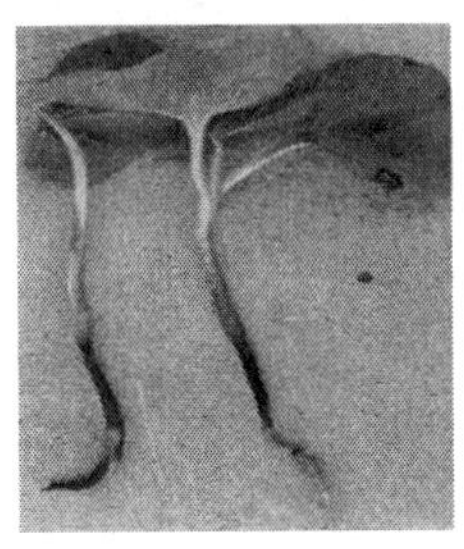

图 9-4　棉花立枯病症状

二、病原

棉花立枯病病原有性态为瓜亡革菌，属担子菌亚门亡革菌属［*Thanatepephorus cucumeris*（Frank）Donk.］，无性态为立枯丝核菌（*Rhizoctonia solani* Kühn.），5～40℃均可生长，20～35℃最适宜。病原菌由菌丝体繁殖，菌丝体在生长初期没有颜色，后期呈黄褐色，多隔膜，这是立枯病菌最易识别的特征（图 9-5）。

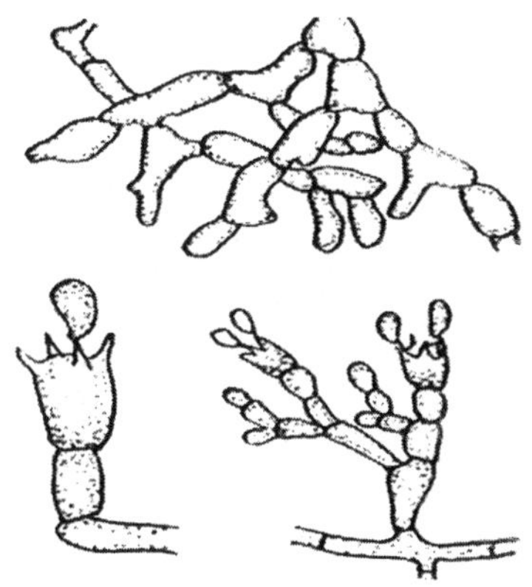

图 9-5　棉花立枯病病原瓜亡革菌

三、病害循环

棉苗立枯菌主要营寄生生活，也可腐生。病菌以菌丝体或菌核在土壤中或病残体上越冬。在土壤中形成的菌核可存活数月至几年。棉苗未出土前，立枯丝核菌可侵染幼根和幼芽，造成烂种和烂芽。棉苗立枯菌可抵抗高温、冷冻、干旱等不良环境条件，适应性很强，一般能存活 2～3 年或更长，但在高温高湿条件下只能存活 4～6 个月。耐酸、碱性强，在 pH 2.4～9.2 均可生长，因此分布很广。立枯病的初次侵染主要来自土壤中的菌丝、菌核和担孢子，特别是菌丝和菌核，带菌种子也可传染。这些初侵染的菌源在萌动的棉籽和幼苗根部分泌物的刺激下开始萌发，可以直接侵入或从自然孔口及伤口侵入寄主（图 9－6）。

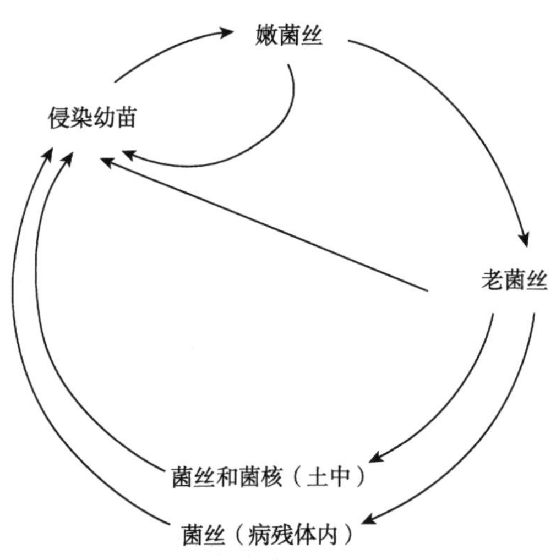

图 9－6　棉花立枯病病害循环

四、发病规律

低温多雨适合发病，立枯病菌侵入棉苗最适土温为 17～23℃，

23℃以上其致病力逐渐下降，至34℃棉苗即不受侵害，湿度越大发病越重。棉苗子叶期最易感病，棉苗出土的一个月内如果土壤温度持续在15℃左右甚至遇到寒流或低温多雨（发病的适温在20℃以下），立枯病就会严重发生，造成大片死苗。病组织上的菌丝可以向四周扩散，继续侵染，引起成穴或成片的棉苗发病甚至死亡。若收花前低温多雨，棉铃受害，病菌还可侵入种子内部，成为下一年的初次侵染来源。播种过早，气温偏低，棉花萌发出苗慢，病菌侵染时间长，发病重。多年连作棉田发病重；地势低洼、排水不良和土质黏重的棉田发病较重。

五、防治方法

1. 农业防治

（1）实行轮作。

（2）适时播种。选用质量好的棉种，平均气温在20℃以上时播种为宜，早播引起棉苗根病的决定因素是温度，而晚播引起棉苗根病的决定因素则是湿度。

（3）深耕冬灌，精细整地。北方一熟棉田，秋耕宜早，冬灌应争取在土壤封冻前完成；南方两熟棉田，要在麦行中深翻冬灌，播种前抓紧松土除草清行，棉田冬翻二次、播前翻一次的棉田，苗期发病比没有翻耕的棉田轻。

（4）深沟高畦，排水降渍。南方棉区春雨较多，棉田易受渍涝，这是引起大量死苗的重要原因。棉田深沟高畦可以排除明涝暗渍，降低土壤湿度，有利于防病保苗。

（5）加强治虫，减少植株伤口。及时将病残体处理，减少病害传染。

2. 化学防治

（1）苗床土壤处理。可用代森锌按每平方米用量3～4g，混拌适量的细土，均匀地撒入土壤中；或35％～40％的甲醛溶液，每平方米土壤 50mL 加水 6～12L，在播种前 7d 均匀浇在土壤，再用塑料膜覆盖密封 3～5d，翻晾后再播种；或每立方米土加 50%多菌灵粉 40g，拌匀后用塑料薄膜覆盖 2～3d，揭膜后使药味挥发即可播种。

（2）拌种。用种子质量 0.03%的 11%精甲·咯·嘧菌悬浮种衣剂、0.02%的 2.5%咯菌腈悬浮种衣剂、0.4%的 40%五氯硝基苯粉剂拌种，或用抗菌剂 401（402）浸种，也可用 55℃的热水浸 30min 或 60℃的热水浸 20min。

（3）棉苗出来后用 0.16%棉增灵（盐酸小檗碱黄铜）800 倍液、50%多菌灵可湿性粉剂 800 倍液、50%福美双可湿性粉剂 800 倍液，顺棉苗主茎喷雾，使药液顺主茎滴入土壤，每 3～5d 一次，连续 3 次，防治效果为 50%左右。发生初期，可选用下列药剂防治：25%嘧菌酯悬浮剂 2 000～3 000 倍液、45%代森铵水剂 500～600 倍液、75%百菌清可湿性制剂喷淋棉苗，或 36%三氯异氰尿酸可湿性粉剂 300～600 倍液喷雾。

第三节　棉花黄萎病

黄萎病广泛分布于世界各产棉国，是棉花的头等病害，造成棉花减产 15%左右。

一、症状

棉花黄萎病在整个生育期均可发病。一般在 3～5 片真叶期开始显症，生长中后期棉花现蕾开花后田间大量发病。发病初期在植株下部叶片上的叶缘和叶脉间出现浅黄色斑块，后逐渐扩展至叶色变黄褐色，主脉及其四周仍保持绿色，病叶出现掌状斑驳，叶肉变厚，叶缘向下卷曲，叶片由下而上逐渐脱落，仅剩顶部少数小叶。严重时，整片叶片枯焦破碎，脱落成光秆，蕾铃稀少，棉铃提前开裂，后期病株基部生出细小新枝。秋季多雨时，病叶斑驳处产生白色粉状霉层。纵剖部分木质部和全部维管束变褐色。

图 9-7　棉花黄萎病症状

二、病原

病原为大丽轮枝孢和黑白轮枝孢，我国棉区分布的是大丽轮枝孢（*Verticillium dahliae* Kleb.），属半知菌亚门真菌。该菌菌丝体白色，分生孢子梗直立，长 110～130μm，呈轮状分枝，每轮 3～4 个分枝，分枝大小（13.7～21.4）μm×（2.3～9.1）μm，轮枝顶端或顶枝着生分生孢子，分生孢子长卵圆形，单胞无色，大小（2.3～9.1）μm×（1.5～3.0）μm（图 9-8）。

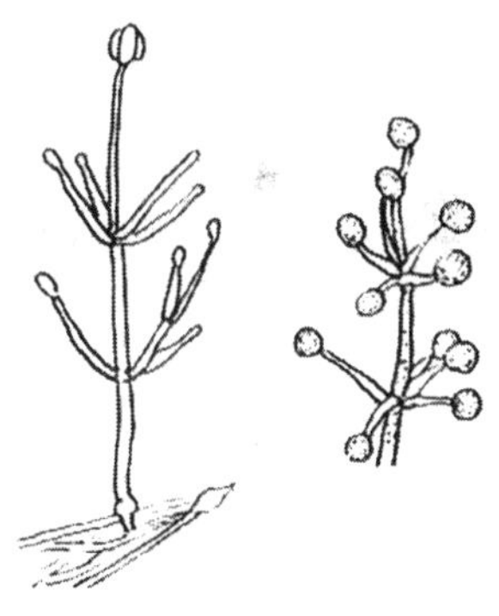

图 9-8　棉花黄萎病病原大丽轮枝孢

孢壁增厚形成黑褐色的厚垣孢子，许多厚壁细胞结合呈近球形微菌核，大小 30～50μm。该菌在不同地区、不同品种上致病力有差异。美国分化有 T 型和 SS-4 型（非落叶型）2 个生理小种。T型引起的症状是顶叶向下卷曲褪绿，迅速脱落，后顶端枯死。SS-4型引致叶片主脉间呈黄色斑驳，向上稍卷，病叶脱落略缓，植株矮化。T型比后者致病力高10倍。棉花黄萎病菌我国分为3个生理型，生理型1号致病力最强，以陕西泾阳菌系为代表；生理型2号致病力弱，以新疆和田菌系为代表；生理型3号在江苏发现与美国T菌系相似。

棉花黄萎病菌生长温度为10～30℃，最适温度为20～25℃，33℃以上受抑制。棉花黄萎病菌的寄主范围很广，可为害38个科660种植物。

三、病害循环

病株各部位的组织均可带菌，叶柄、叶脉、叶肉带菌率分别为20%、13.3%及6.6%，病叶作为病残体存在于土壤中是黄萎病传播的重要菌源。棉籽带菌率很低，却是远距离传播重要途径。病菌在土壤中直接侵染根系，穿过皮层细胞进入导管并在其中繁殖，产生的分生孢子及菌丝体堵塞导管，此外病菌产生的轮枝毒素也是致病重要因子，毒素是一种酸性糖蛋白，具有很强的致萎作用（图9-9）。此外，流水和农业操作也会造成病害蔓延。

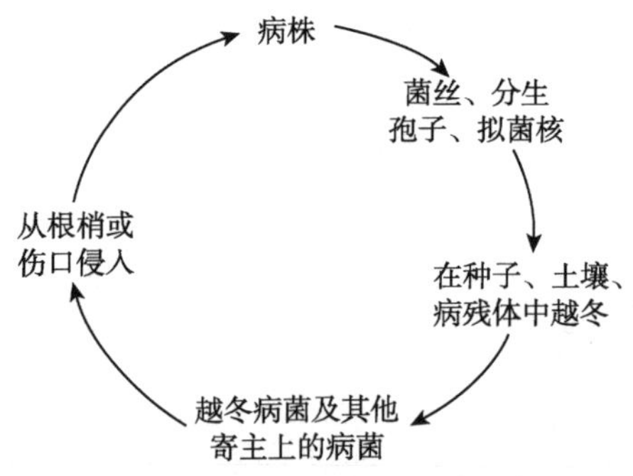

图9-9　棉花黄萎病害循环

四、发生规律

适宜发病温度为25～28℃，高于30℃、低于22℃发病缓慢，高于35℃出现隐症。黄萎病以2～6片真叶期为主，棉苗4～5片真叶时开始发病，田间出现零星病株；现蕾期进入发病适宜阶段，病情迅速发展；花铃期达到高峰。在温度适宜范围内，湿度、雨日、雨量是决定该病消长的重要因素。地温高、日照时数多、雨日天数少发病轻，反之则发病重。在田间温度适宜，雨水多且均匀，月降水量大于100mm，雨日12d左右，相对湿度80%以上发病重。连作棉田、施用未腐熟的带菌有机肥及缺少磷、钾肥的棉田易发病，大水漫灌常造成病区扩大。

五、防治方法

对黄萎病的防治应采取保护无病区，控制轻病区，消灭零星病点，改造重病区的综合治理策略。

1. 农业防治 选种抗病品种；实行轮作；合理密植，加强田间肥水管理，雨后及时排水，合理控制氮肥，增施磷、钾肥，增强植株长势；及时清除病枝残体，减少病源。

(1) 保护无病区。做好检疫工作，严防病区扩大。棉花黄萎病株以及其他600多种寄主植物病株残体，往往作为沤制有机肥料的材料，一般对病菌控制不利。未经充分腐熟和必要处理返施于棉田，发病株率可达84.8%。高温沤制，温度保持60℃，维持1周时间，病菌会相应地被杀死，施入棉田，无病株出现。严禁从病区调运种子和建立无病留种田，搞好种子消毒。棉籽饼和棉籽壳也带有大量病菌，不能直接作为肥料施入棉田。氮肥有抑制黄萎病菌生长的作用，钾肥有助于减轻病害，磷肥的作用取决于氮和钾的水平。一般以1∶0.7∶1的配比，对控制病害、增加产量是有利的。

（2）选用抗病品种。高抗品种有新陆中2号。抗病品种有辽棉5号、辽棉10号、辽棉7号，中棉9号、中棉12、中棉19、中棉99，中3723、中8004、中8010，晋68-420、晋86-4、晋86-12，晋棉21、晋棉16，湘棉16，鄂抗棉3号，临66610等。

（3）实行大面积轮作。提倡与禾本科作物轮作，尤其是与水稻轮作，效果最为明显。轮作倒茬是防病的最有效措施。尽管黄萎病菌的寄主植物有很多，但禾本科的小麦、大麦、玉米、水稻、高粱、谷子等都不受黄萎病菌为害。轮作方式可为棉花—小麦—玉米—棉花。一般在重病年份经一年轮作，可减少发病率13%～26%，二年轮作间少发病率37%～48%。棉花黄萎病菌主要分布在棉田0～20cm耕作层的土壤中，而病菌侵染棉花的根系，有70%～90%也集中在20cm以上，只有10%在此以下。所以，土壤层次不翻耕、置换，黄萎病侵害势必加重。深翻土壤，除减少耕作层菌量，减少发病株率和减轻发病程度外，耕作层中的病株残体和致病菌在深层土壤也加速消解，对健化土壤有着重要意义。深翻20cm比深翻10cm发病株率下降22.5%～25.0%，病情指数减轻10.62%～16.88%，若翻耕深度加深30cm以上，防病效果更为显著。

（4）加强栽培管理。拔除零星病株，集中销毁，并对附近的土壤进行消毒处理；合理施肥，在施足基肥的同时，多施一些磷、钾肥；合理灌水，不要大水漫灌。

2. 化学防治

（1）土壤消毒。进行土壤消毒，可用50%多菌灵可湿性粉剂、70%甲基硫菌灵可湿性粉剂、30%多·福可湿性粉剂 $10g/m^2$。

（2）拌种。可选用50%多菌灵可湿性粉剂、70%甲基硫菌灵可湿性粉剂按种子质量的0.8%拌种，或用50%敌磺钠可溶性粉剂按种子质量的0.4%拌种。

（3）药剂灌根。对于发病的植株可采用药剂灌根，可用20%三唑酮（粉锈宁）乳油1 000倍液、12.5%烯唑醇（速保力）可湿性粉剂1 500倍液、10%苯醚甲环唑（斯高、金麦客）可湿性粉剂1 500倍液、30%恶霉灵（土菌消）可湿性粉剂3 000倍液，或多菌灵、甲基硫菌灵、苗菌敌等。

（4）药剂全田喷雾。在发病初期可进行全田喷雾预防病害的发生。可选用以上除三唑类以外的杀菌剂+天达2116水剂800倍液（或氨基酸复合肥）+2%尿素+0.2%磷酸二氢钾混合喷雾；或用0.5%氨基寡糖素水剂300～400倍液、36%三氯异氰尿酸可湿性粉剂600～750倍液、10亿cfu/g枯草芽孢杆菌可湿性粉剂1 125～1 500g/hm^{2}制剂喷雾。

第四节　棉花枯萎病

棉花枯萎病，是棉花种植期的一种常见病害，全国各主要产棉区普遍发生，危害严重，估计每年因此病损失皮棉1亿kg。20世纪80年代中期以后，随大量抗病品种的推广，枯萎病在我国南北棉区基本得到控制，但在部分棉区发生仍然较重。

一、症状

棉花枯萎病在整个生长期均可为害。因生育阶段和气候条件不同，田间常表现不同的症状类型。常归纳为以下5种类型。

1. 黄色网纹型　病苗子叶或真叶叶脉局部或全部褪绿变黄（箭头所指），叶肉仍保持一定的绿色，使叶片呈黄色网纹状，最后干枯脱落（图9-10）。

2. 黄化型　病株多从叶尖或叶缘开始，局部或全部褪绿变黄，随后逐渐变褐枯死或脱落。在苗期和成株期均可出现。

3. 紫红型　叶片变紫红色或呈紫红色的斑块，以后逐渐萎

图 9 - 10 棉花枯萎病症状（箭头所指叶脉）

蔫、枯死、脱落，苗期和成株期均可出现。

4. 凋萎型 叶片突然失水褪色，植株叶片全部或先从一边自下而上萎蔫下垂，不久全株凋萎死亡。一般在气候急剧变化，阴雨或灌水之后出现较多，是生长期最常见的症状之一。

5. 矮缩型 病株表现节间缩短，植株矮化，顶叶常发生皱缩、畸形、一般并不枯死。矮缩型病株也是成株期常见的症状之一。

同一病株可表现一种症状类型，有时也可出现几种症状类型，苗期黄色网纹型、黄化型及紫红型的病株若不死亡都有可能成为矮缩型病株。无论哪种症状类型，其病株根、茎维管束均变为黑褐色。病株不同症状类型的出现，与环境条件有一定关系。一般在适宜发病条件下，特别是在温室内做接种试验，黄色网纹型的症状较多；在田间，气温较低时易出现紫红型；而在气温急剧变化，如阴雨后迅速转晴变暖或灌水后则容易出现黄化型和凋萎型的症状。田间枯萎病通常表现点片死苗和大量枯死，成株期以凋萎和矮缩型最常见。该病有时与黄萎病混合发生，症状更为复杂，表现为矮生枯萎或凋萎等。纵剖病茎可见木质部有深褐色条纹。湿度大时病部出现粉红色霉状物，即病原菌分生孢子梗和分生孢子。

二、病原

病原物为尖镰孢萎蔫专化型［*Fusarium oxysporum* f. sp. *vasinfectum*（*Atk.*）Snyder et Hansen］，属半知菌亚门、镰刀菌属。病菌可产生 3 种类型的孢子，即小型分生孢子、大型分生孢子和厚垣孢子（图 9－11）。小型分生孢子无色，单胞，卵圆形、肾脏形等，假头状着生，产孢细胞短，单瓶梗，大小(5～11.7)μm×(2.2～3.5)μm。大型分生孢子无色、多胞，镰刀形，略弯曲，两端细胞稍尖，足胞明显或不明显，多数有 3 个隔膜，大小（22.8～38.4）μm×(2.6～4.1)μm。中国棉枯萎镰刀菌大型分生孢子分为 3 种培养型：Ⅰ型纺锤形或匀称镰刀形，多具 3～4 个隔，足胞明显或不明显，为典型尖孢类型。Ⅱ型分生孢子较宽短或细长，多为 3～4 个隔，形态变化较大。Ⅲ型分生孢子明显短宽，顶细胞有喙或钝圆，孢子上宽下窄，多具 3 个隔。厚垣孢子淡黄色，近球形，表面光滑，壁厚，间生或顶生，单生或串生。根据病菌对棉花品种致病力的不同，我国棉花枯萎

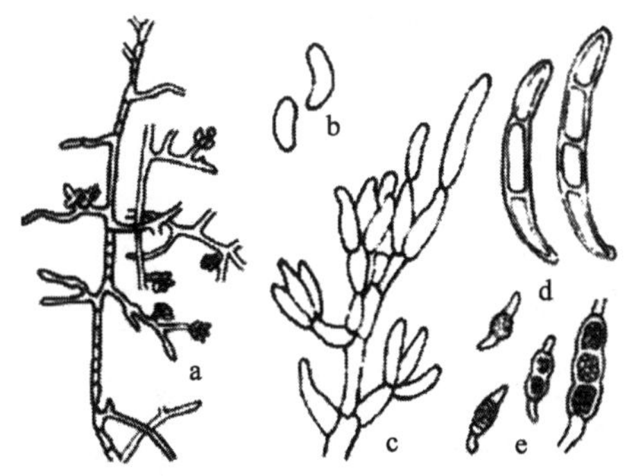

图 9－11　棉花枯萎病病原尖镰孢萎蔫专化型

a. 小型分生孢子梗和分生孢子　b. 小型分生孢子
c. 大型分生孢子梗　d. 大型分生孢子　e. 厚垣孢子

病菌划分为 3 个生理型，即生理型Ⅰ、生理型Ⅱ（不侵染亚洲棉）和生理型Ⅲ（只侵染海岛棉）。棉花枯萎病菌在自然条件下只侵染棉花、秋葵、红麻等少数植物，还可侵染麦类、豆科、茄科、瓜类、烟草等多种植物，但不显症。

病菌生长的温度范围为 10～35℃，适温 25～30℃。地温 15℃以上开始发病，升至 28℃时，遇高温高湿天气易流行。

三、病害循环

枯萎病菌主要在种子、病残体或土壤及粪肥中越冬。带菌种子及带菌种肥的调运成为新病区主要初侵染源，有病棉田中耕、浇水、农事操作是近距离传播的主要途径。其中棉花种子内部和外部均可携带枯萎病菌，主要是短绒带菌，硫酸脱绒后，带菌率迅速下降，一般不到 0.1%，但对病区扩展仍起重要作用。田间病株的枝叶残屑遇有湿度大的条件长出孢子借气流或风雨传播，侵染四周的健株。该菌可在种子内外存活 5～8 个月，病株残体内存活 0.5～3 年，无残体时可在棉田土壤中腐生 6～10 年。病菌的分生孢子、厚垣孢子及微菌核遇有适宜的条件即萌发，产生菌丝，从棉株根部伤口或直接从根的表皮或根毛侵入，在棉株内扩展，进入维管束组织后，在导管中产生分生孢子，向上扩展到茎、枝、叶柄、棉铃的柄及种子上，造成叶片或叶脉变色、组织坏死、棉株萎蔫。

四、发病规律

枯萎病的发生与温湿度密切相关，地温是影响棉花枯萎病发生发展的重要因素，灌溉和棉田日辐射量是影响地温的主要因子。地温 20℃左右开始出现症状，地温上升到 25～28℃出现发病高峰，地温高于 33℃时，病菌的生长发育受抑或出现暂时隐症，进入秋季，地温降至 25℃左右时，又会出现第二次发病高峰。夏季大雨或暴雨后，地温下降易发病。地势低洼、土壤黏重、偏碱、排水不良或偏施、过施氮肥或施用了未充分腐熟带菌的有机肥或根结线虫多的棉田发病重。

棉株不同生育阶段对枯萎病的感病程度也有很大影响，棉花枯萎病的发病高峰期基本上处于现蕾期。

五、防治方法

棉花枯萎病属系统侵染的维管束病害，至今尚缺乏有效药剂，一旦发生，难于根除。必须采取以种植抗病品种和加强栽培管理为主的综合防治措施。

1. 保护无病区 目前我国无病区的面积仍然较大，因此应控制病区棉种向无病区引种。必须引种时，应消毒处理，种子经硫酸脱绒后，再在80% 402抗菌剂55～60℃药液中浸30min，或用有效成分0.3%多菌灵胶悬剂在常温下浸泡毛种子14h。要建立无病留种田，选留无病棉种。

2. 选用抗病品种 抗病品种有陕401、陕5245、川73-27、鲁抗1号、86-1号、晋棉7号、盐棉48、陕3563、川414、湘棉10号、苏棉1号、冀棉7号、辽棉10号、鲁棉11、中棉99号、临6661、冀无2031、鲁343、晋棉12、晋棉21等。枯萎病、黄萎病混合发生的地区，提倡选用兼抗枯萎病、黄萎病或耐病品种，如陕1155、辽棉7号、豫棉4号、中棉12等。

3. 轮作倒茬 在重病田地采取玉米、小麦、大麦、高粱、油菜等与棉花轮作3～4年，对减轻病害有明显作用，优良的土壤结构均可以减轻棉花枯萎病的发生。

4. 加强栽培管理，适期播种 一是冬闲时期及时清除棉花地的棉柴、杂草及地面的剩余棉花残枝叶，防止病菌传播；二是秋耕深翻，把表层病菌翻到深层，病残体深埋地下，发酵分解，减轻发病。三是加强中耕，提高土壤通透性，尤其雨后及时中耕松土，散墒降湿，可降低病害发生。四是科学施肥，增施有机肥，实行氮、磷、钾配方施肥，增强棉花抗病能力，减轻危害。同时根据棉花长势，进行叶面肥喷施过程，尤其避免后期出现脱肥现象；五是合理密植，严格防止棉株过密，影响通风透光，并及时整枝、化控，提高棉株抗逆性；六是拔除病株清除病残体，带到田外烧掉，不要作积肥材料。

5. 化学防治

（1）土壤消毒。发现病株时在棉花生育期或收花后拔棉秆以前，先把病株周围的病残株捡净，再把病株 1m 范围内土壤翻松后消毒。用 50%棉隆可湿性粉剂 140g 或棉隆原粉 70g 与翻松的土壤混拌均匀，然后浇水 15～20L 使其渗入土中，再用干细土严密封闭；也可用含氮 16%农用氨水 1 份兑水 9 份，每平方米病土浇灌药液 45L，10～15d 后再把浇灌药液的土散开，避免残毒或药害。

（2）种子处理。50%多菌灵可湿性粉剂或 70%甲基硫菌灵可湿性粉剂按种子质量的 0.8%拌种；或用 50%敌磺钠可溶性粉剂按种子质量的 0.4%拌种。也可在棉种经硫酸脱绒后用 0.2%抗菌剂 402 药液，加温至 55～60℃温汤浸种 30min，或用 0.3%的 50%多菌灵胶悬剂在常温下浸种 14h，晾干后播种。

（3）发生初期，可选用下列药剂防治：36%三氯异氰尿酸可湿性粉剂 600～750 倍液，或 30%乙蒜素乳油 700～900 倍液、70%甲基硫菌灵可湿性粉剂 800～1 000 倍液。用多菌灵、甲基硫菌灵、56%醚菌酯百菌清、41%聚砹嘧霉胺、20%硅唑咪鲜胺、枯黄基因素、棉花三清等，并加植物生长调节剂，如磷酸二氢钾、硼锌肥、棉宝、鱼蛋白等，每次喷药间隔 5～7d，连喷 2～3 遍，可有效预防两种病害的发生流行。重病地块用菌绝灌根或用升级 38%恶霜嘧酮菌酯 600 倍液或 30%甲霜恶霉灵 800 倍液穴施，苗期或发病初期灌根。

第五节　棉花红腐病

棉红腐病也叫烂根病，全国各棉区都有发生。黄河流域棉区苗期红腐病发病率一般在20%～50%，最高可达80%以上；北方棉区苗期发病重，南方棉区铃期发病重。

一、症状

棉苗未出土前受害，幼芽变棕褐色腐烂死亡。幼苗受害，幼茎基部和幼根肥肿变粗（图9－12a），最初呈黄褐色，后产生短条棕褐色病斑，或全根变褐腐烂。子叶感病多在叶缘产生半圆形或不规则形褐色病斑，潮湿时病部可见粉红色霉层。棉铃染病，多以铃尖、铃壳裂缝或铃基发生，初生无定形病斑，呈墨绿色水渍状，遇潮湿天气或连阴雨时病情扩展迅速，遍及全铃，产生粉红色或浅红色霉菌层，病铃不能正常裂开，棉纤维腐烂成僵瓣状（图9－12b）。种子发病造成发芽率降低。成株茎基部偶有发病，产生环状或局部褐色病斑，皮层腐烂，木质部呈黄褐色。

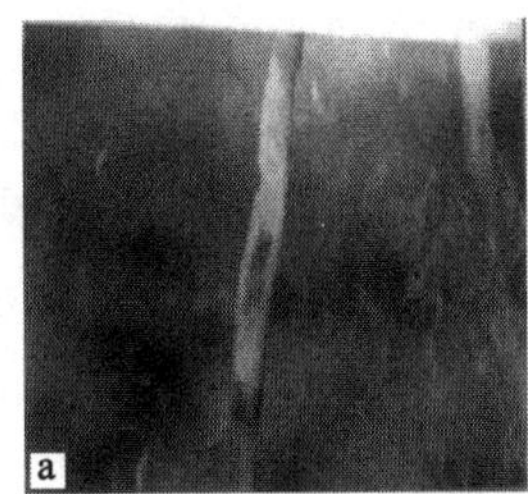

图9－12　棉花红腐病症状

a. 受害幼茎　b. 受害棉铃

二、病原

棉花红腐病由镰刀菌属的若干个种引起，以串珠镰刀菌（*Fusarium moniliforme* Schw.）为主，属半知菌亚门镰刀菌属。有大小两种分生孢子。大型分生孢子镰刀形，直或略弯，无色，多数3～5个隔膜，分生孢子聚集在一起略呈粉红色。小型分生孢子近卵圆形，无色，多数单胞，串生或假头生。病菌最适生长温度和分生孢子萌发最适温度为20～25℃，最适相对湿度86%以上。其寄主范围较广，还可侵染麦类、玉米等植物。

三、侵染循环

病菌随病残体或在土壤中腐生越冬，翌年产生的分生孢子和菌丝体成为初侵染源。苗期初侵染源还可以是附着在种子短绒上的分生孢子和潜伏于种子内部的菌丝体，播种后即侵入为害幼芽或幼苗。该菌在棉花生长季节营腐生生活。棉铃期，分生孢子或菌丝体借风、雨、昆虫等媒介传播到棉铃上，从伤口侵入造成烂铃，病铃使种子内外部均带菌，形成新的侵染循环。

四、发生规律

红腐病菌在3～37℃温度范围内生长活动，高温对侵染有利。潜育期3～10d，其长短因环境条件而异。日照少、雨量大、雨日多可造成大流行。苗期低温、高湿发病较重。铃期多雨低温、湿度大也易发病。棉株贪青徒长或棉铃受病虫为害、机械伤口多，病菌容易侵入发病重。棉铃开裂期气候干燥，发病轻。盐碱地、低洼地、连作棉田以及播种过早的棉田发病较重。

五、防治方法

1. 农业防治　选种无病棉种或隔年棉种；及时清除田间的

枯枝、落叶、烂铃等，集中烧毁；适期播种，加强苗期管理，配方施肥；及时防治铃期病虫害，避免造成伤口。

2. 化学防治

（1）种子处理。种子处理是预防苗期红腐病的有效措施。用种子质量0.5%的50%多菌灵可湿性粉剂，或种子质量0.02%的2.5%咯菌腈悬浮种衣剂、0.4%的40%五氯硝基苯粉剂、0.2%的40%拌种双可湿性粉剂、0.2%的40%拌·福可湿性粉剂拌种。

（2）苗期、铃期发病初期，及时喷洒药剂。可选用65%代森锌可湿性粉剂500～800倍液+50%甲基硫菌灵可湿性粉剂800倍液，或80%代森锰锌可湿性粉剂700～800倍液+50%多菌灵可湿性粉剂800～1 000倍液，或50%苯菌灵可湿性粉剂1 500倍液，间隔7～10d喷1次，连续喷2～3次。

第六节　棉花黑根腐病

棉花黑根腐病是棉花苗期发生的病害之一，以海岛棉受害最重。

一、症状

苗期、成株期均可发病。

苗期染病，根系表皮、皮层受侵染后变褐，常延至下胚轴，根茎部肿胀，茎秆弯曲，植株矮小，茎部的病斑扩展后致表皮开裂，现长条形或梭形浅绿色病斑，后变成暗紫色至黑色，病株很易拔出，但维管束不变色（图9-13）。

成株染病，顶叶下垂，叶色淡，叶凋萎但不脱落，根茎基部膨大，根茎腐烂，茎秆弯曲，中柱变为褐色至黑紫色，结铃少或不结铃。有的突然失水萎蔫，最后植株干枯死亡。

图 9-13　棉花黑根腐病症状

二、病原

棉花黑根腐病病原菌为根串珠霉（*Thielarviopsis basicola* Ferr.）。分生孢子着生在分生孢子梗上，分生孢子梗具分隔 3～5 个，无色透明，大小（5.5～19）μm×（3～5）μm，分生孢子大小（7～23）μm×（3～6）μm，分生孢子两端各具 1 油滴。厚垣孢子棍棒状，暗褐色，有透明的基细胞，厚垣孢子串生，每串 5～8 个，厚垣孢子链大小（25～55）μm×（10～16）μm。该菌在燕麦、洋菜培养基上菌落初为白色，后变褐色。分生孢子、厚垣孢子生长温限 20～33℃，萌发适温 25℃，菌丝生长适温 20～24℃。

三、病害循环

病菌厚垣孢子在土壤中腐生或在病残体上存活越冬，经－6～15℃冷冻后才能萌发。翌春土温 16～20℃，根系生长不快，抗性也弱，利于该菌侵入。病菌孢子萌发后，芽管伸长，产生附着胞，从棉株根毛表皮层侵入，以菌丝体在皮层内扩展，同时吸取营养，但不进入导管。后期菌丝体又形成分生孢子、厚垣孢子进行再侵染，落入土中的又营腐生生活，成为下一年该病初侵染源。

四、发病规律

厚垣孢子在土中能长期存活，内生分生孢子在 8～33℃下能生长，适温为 25～28℃，土壤湿度为 50%～70%。病害发生与气候条件、土壤菌量、寄主抗病性、土壤理化性质等因素关系密切。品种间抗病性差异较大，海岛棉较陆地棉容易发病；土壤温度 15～20℃有利于发病；低于 15℃，高于 27℃很少发病；连作棉田土壤中病菌数量大，发病重；黏土较沙土发病重；中性和碱性土比酸性土发病重；贫瘠地发病较肥沃地重；地势低洼易积水的地方死亡率高。

五、防治方法

1. 农业防治

（1）选择抗病品种，如辽棉 7 号、辽棉 10 号、晋棉 21 等品种抗病性强。另一方面选种要选成熟度高的种子。成熟度低、发芽势弱的种子，发芽拱土能力弱，感病就会比发芽势强的种子要重，幼苗长势衰弱同时生长环境不利，这就是同一区域为什么有的地块发病要轻，有的地块发病重的原因之一。

（2）适时播种，合理密植，结合间、定苗时拔除病株并烧毁或深埋。

（3）根腐病发病主要是由于种子发芽后处在的环境是低温高湿，根系生长缓慢。故严禁大水漫灌，雨后及时排水，防止土温降低，提倡采用地膜覆盖。出苗后和雨后及时中耕松土，破除板结，提高地温，以利于根系发育，减少发病。

（4）合理施肥，增施基肥和磷、钾肥，以培育壮苗。也可采用无菌营养钵育苗，减少苗期侵染。

（5）采用透明聚乙烯薄膜在夏季覆盖晒土 14～66d，在 0～46cm 土层内病菌几乎完全被消灭。

（6）与苜蓿和禾本科作物轮作 3 年以上，可明显降低发病率。

2. 药剂防治

（1）对棉种消毒。用种子质量 0.5%的 50%多菌灵可湿性粉剂或 40%拌种双可湿性粉剂或 50%福美双可湿性粉剂，或 0.5%的 70%甲基硫菌灵可湿性粉剂或 30%苗菌敌可湿性粉剂拌种。

（2）田间发病初期用 50%多菌灵可湿性粉剂，或 70%甲基硫菌灵可湿性粉剂 800 倍液灌根或喷雾，或 30%的苗菌敌可湿性粉剂 1 000 倍液灌根或喷雾。药剂中加甲壳素 100 倍液，或云大 120 植物生长调节剂 3 000 倍液，效果更好。

（3）受害地块使用缩节胺 0.3～0.5g 增加叶片叶功能，提升叶片合成养分的能力，减少受损根系的压力。用磷酸二氢钾或螯合锌配芸薹素或复硝酚钠增加棉苗抵抗力。

（4）结合苗期虫害防治，高效氯氟氰菊酯配噻虫胺或吡虫啉和啶虫脒交替使用，主要防治棉蓟马。

第七节　棉花猝倒病

棉苗猝倒病是一种常见的棉苗根病，我国南、北棉区均有发生，潮湿多雨的条件下发生尤其严重，常造成棉苗成片青枯倒伏以至死亡，对棉苗生长影响极大。

一、症状

猝倒病可为害种子和刚露白的幼芽，造成烂种和烂芽。侵害幼苗时，在幼苗的基部接近地面部分出现水渍状肿大，危害严重时呈水肿状，后变黄褐色腐烂（图 9－14）。由于组织被侵害，整株支撑维管束系统被毁，最后地上部分失水，呈青枯状倒伏死亡。病菌也能为害幼根和子叶，初为水渍状，后变黄褐腐烂。高温时病组织可产生白色絮状物，为病菌菌丝。与立枯病不同的是，猝倒病棉苗茎基部没有褐色凹陷病斑。

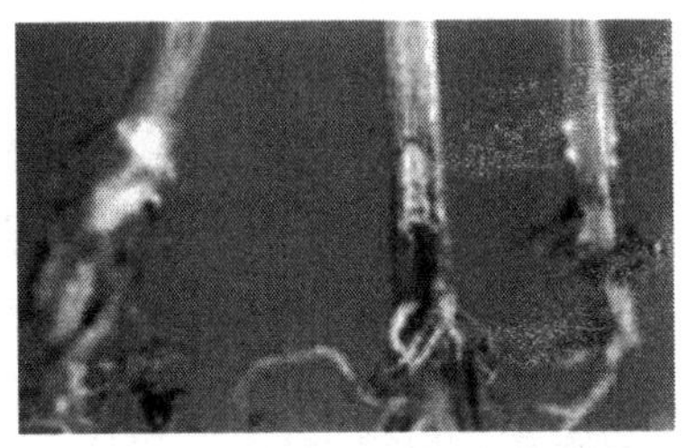

图 9-14　棉花猝倒病症状

二、病原

棉花猝倒病致病菌为瓜果腐霉菌（*Pythium aphanidermatum*），属鞭毛菌亚门真菌。菌丝体生长繁茂，呈白色棉絮状；菌丝无色，无隔膜，多核。菌丝与孢子囊梗区别不明显，孢子囊丝状或分枝裂瓣状，或呈不规则膨大，萌发时在孢子囊顶端形成一出管，出管顶端渐膨胀呈薄壁球状体，称泡囊，泡囊内形成游动孢子，具鞭毛的游动孢子可被根分泌物吸引游向根尖或根毛表皮，静止下来收缩鞭毛并萌发芽管侵入根内。有性世代是经藏卵器和雄器配合形成卵孢子。藏卵器球形，雄器袋状至宽棍状，同丝或异丝生，卵孢子球形、平滑不满器。

三、病害循环

病菌是土壤习居菌，初侵染的主要来源是土壤中所存活的病菌的卵孢子。卵孢子在病组织中大量形成，并随病残组织迅速腐解而被释放入土中，在条件适宜时，特别是当寄主植物的根泌物出现时即萌发侵染。病菌常借水流传播，高温高湿条件下，病组织表面所长出的菌丝体是再次侵染源。棉株长大抗性增强后，腐霉即停止侵染。

四、发病规律

湿度大、土壤含水量高有利于腐霉菌的侵染传播，出苗后持续低温使棉苗生长受阻，但有利于腐霉菌的侵染。若土壤温度低于15℃，萌动的棉籽出苗慢，就容易发病。棉苗出土后，若遇上低温降雨天气，特别是含水量高的低洼地及多雨地区，地温低于20℃，发病就重，棉苗出苗后1个月内是棉苗最感病时期，其他苗病也容易同时发生，使病害加重。

五、防治方法

1. 农业防治

（1）选种抗病品种，提高播种质量，适期播种，培育壮苗。

（2）提倡采用营养钵、营养盘等快速育苗技术育苗。苗土选用无病新土或大田土，肥料充分腐熟。

（3）加强水分管理。底水浇足后适当控水，播种和刚分苗后注意适当控水和提高管理温度，切忌浇大水或漫灌。

（4）及时清除病苗和邻近病土。

2. 化学防治

（1）苗床喷72.2%霜霉威水剂600倍液，或98%恶霉灵可湿性粉剂2 500倍液，进行土壤消毒。

（2）用种子质量0.2%的二氯萘醌，或种子质量0.5%的15%恶霉灵水剂拌种。也可用40%乙膦铝800倍液或瑞毒霉颗粒剂在播种时沟施；或用25%瑞毒霉3 000倍液在苗期灌根，防治效果也很好。以用瑞毒霉种衣剂效果较彻底。

（3）发病初期用25%甲霜灵可湿性粉剂3 000倍液，或喷72.2%霜霉威水剂400倍液灌根。

第八节　大麻秆腐病

一、症状

大麻幼苗发生秆腐病易引起猝倒。叶片染病产生黄色不规则形病斑，叶柄上产生长圆形褐色溃疡斑。茎秆染病茎部产生梭形至长条形病斑（图 9－15），后扩展到全茎，引起茎枯，病部表面密生许多黑色小粒点。

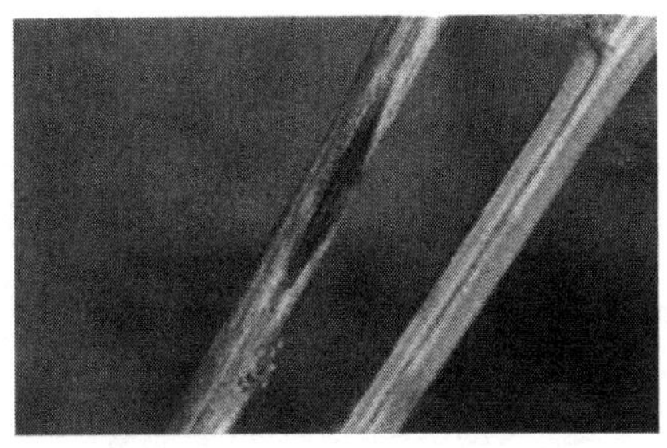

图 9－15　大麻秆腐病症状

二、病原

大麻秆腐病病原为菜豆壳球孢（*Macrophomina phaseolina*），属子囊菌无性型壳球孢属真菌。分生孢子器散生或聚生，多埋生，球形至扁球形，暗褐色。分生孢子梭形至长椭圆形，单孢无色，个别双孢。能产生黑色菌核，常与分生孢子器混生在一起。病菌生长适温 30～32℃，最适 pH 6～6.8；病菌菌丝体在病残组织内或菌核在土壤中越冬。

三、病害循环

病菌以菌丝体在病残组织内或以菌核在土壤中越冬，作为来年的侵染源。

四、发病规律

气温高，多雨高湿易诱发此病；地势低洼，麻株生长不良或偏施、过施氮肥发病重。

五、防治方法

1. 农业防治

（1）选择岗地种麻，能及时排涝。

（2）施用充分腐熟的有机肥，增施磷、钾肥，不可偏施过施氮肥。

（3）合理密植，保持田间通风透光，防治湿气滞留，增强抗病能力。

（4）收获后及时清除病残体，集中深埋。

（5）有条件实行 3 年以上轮作。

2. 化学防治

（1）采用 12%甲硫悬浮液药种比 1∶50，或红种子大麻种衣剂 1 号药种比 1∶50 进行拌种。

（2）发病初期喷洒 75%百菌清可湿性粉剂 600 倍液，或 80%代森锰锌可湿性粉剂 600 倍液。

第九节　大麻菌核病

大麻田整个生长期均可发生，严重发病田块发病株率高达 15%～22%。

一、症状

一般在苗高 30cm 时在麻苗离地 10cm 处出现黑色不规则的

病斑，渐次扩大并密生黑灰色的霉，幼苗即在病斑处折断死亡。当植株长到 1m 以上发生此病时，叶片出现不规则形黄白色病斑。茎部染病初现浅褐色水渍状病斑，后发展为具不明显轮纹状的长条斑，边缘褐色，湿度大时表生棉絮状灰白色菌丝，并有很多黑色鼠粪状菌核形成。病茎表皮开裂后，露出麻丝状纤维，茎易折断，致病部以上茎枝萎蔫枯死，典型症状是有大量的菌核黏附在茎秆外。成株期病斑一般在地面上 1m 左右出现，少见顶部发病的情况。

二、病原

病原为核盘菌［*Sclerotinia sclerotiorum*（Lib.）de Bary］，属子囊菌亚门真菌。菌核长圆形至不规则形，似鼠粪状，初白色，后渐成灰色，内部灰白色。菌核萌发后长出 1 至多个具长柄的肉质黄褐色盘状子囊盘，盘上着生一层子囊和侧丝，子囊无色棍棒状，内含单胞无色子囊孢子 8 个，侧丝无色，丝状，夹生在子囊之间。菌丝生长发育和菌核形成适温 0～30℃，最适温度 20℃，最适相对湿度 85%以上。

三、病害循环

病菌主要以菌核混在土壤中或附着在采种株上、混杂在种子间越冬或越夏。

四、发病规律

生长期均可发生，在高温多湿条件下发生最快。在前茬种植十字花科作物、连作地或施用未充分腐熟的有机肥、播种过密、偏施过施氮肥易发病。地势低洼、排水不良、山区遭受低温频袭或冻害发病重。

五、防治方法

1. 农业防治 同大麻秆腐病。

2. 化学防治 未发病前喷施波尔多液。

第十节 大麻褐斑病

一、症状

大麻褐斑病在大麻产区普遍发生，主要发生于叶片上，初期产生暗褐色小点，以后扩大成近圆形不规则的小病斑，病斑中部淡褐色，周边暗黄色，在叶上方看病斑为橄榄色。发病严重时，叶片萎蔫、卷缩脱落。后期病斑背面散发许多黑色颗粒物，在潮湿条件下为灰色霉层，即病原的分生孢子梗和分生孢子。

二、病原

大麻褐斑病病原为暗梗孢科尾孢霉属（*Cercospora*）大麻明尾孢霉（*C.* Hara）和大麻橄榄尾孢霉（*Cercospora cammabina*）。分生孢子梗深色，不分支，有隔，从寄主叶组织中成簇冲出，顶部着生分生孢子。分生孢子无色或淡橄榄色、尾状、多细胞。

三、病害循环

病菌以菌丝体在种子、土壤、病残体上越冬，翌年春季产生分生孢子，借气流传播进行初次侵染，大麻生长季节，植株病部可不断产生分生孢子进行重复侵染。25℃以下产生分生孢子，高温高湿有利于孢子侵入。

四、发病规律

大麻褐斑病菌为弱寄生，麻株在发育不良的情况下发病严重，荫蔽低湿的麻地发病较多。

五、防治方法

1. 农业防治 同大麻秆腐病。

2. 化学防治 发病初期，可喷施 0.5%～0.1%波尔多液，或 800～1 000 倍液退菌特、多菌灵、多福混剂、百菌清，或 500～600 倍液福美双、代森锰锌等药剂防治 2～3 次。在高温高湿季节，选择晴天叶面喷施甲基硫菌灵等杀菌剂，能耐较好地防止再次侵染扩散。

第十一节 黄麻枯腐病

一、症状

苗期、成株期均可发病。苗期染病子叶呈黄褐色枯死，其上生出许多黑色小粒点。幼茎染病引致猝倒或苗高 10～25cm 时，下部叶片生不规则黄色病斑，后扩展成条状溃疡，造成苗枯。茎部染病初生褐色梭形斑，可扩展环绕全茎，病部表面密生黑色小粒点，根部染病主根、侧根呈黑褐色腐烂，地上部萎蔫，从下向上逐渐变褐，终致全株干枯。木质部、韧皮纤维间形成很多细砂状黑色小菌核（图 9－16）。病部皮层易剥开露出丝状纤维。

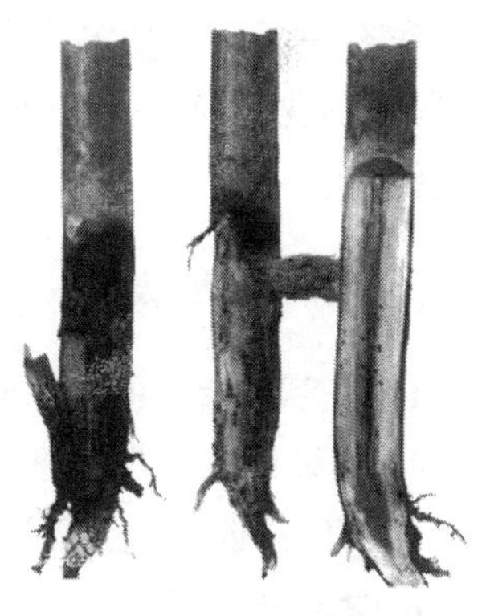

图 9－16　黄麻枯腐病症状

二、病原

黄麻枯腐病病原为菜豆壳球孢（*Macrophomina phaseoli*），属子囊菌无性型壳球孢属真菌。分生孢子器球形至扁球形，直径 100～200μm，初埋生在寄主表皮下，后突破表皮孔口外露。分生孢子长椭圆形至卵形，单胞无色，大小（16～29）μm×（6～11）μm。菌核黑色，近圆形至不规则，直径 50～150μm。该菌生长适温 30～35℃，55℃经 10min 致死。相对湿度以 96%～100%最适。菌丝生长最适 pH 6.8，pH 5.8～7.5 利于孢子萌发。

三、病害循环

病菌以菌丝体和菌核随病残体在土壤中越冬，成为翌年初侵染源。病部产生的分生孢子借风雨传播进行再侵染。

四、发病规律

黄麻枯腐病属高温高湿型病害，气温 30℃遇有多雨或高湿条件易流行。圆果种易发病；地势低洼，湿度大或常遭水淹的麻田发病重。

五、防治方法

1. 选用抗病品种 如印度的 Jre－918、JRc－1108。

2. 加强麻田管理，进行合理轮作 最好与禾本科作物或豆类进行轮作；低洼地要及时排水，防止湿气滞留；干旱季节或地块须适时灌溉。

3. 生物防治 近年发现有些放线菌对该菌有拮抗作用，生产上可施用油饼制成的菌肥。此外木素木霉能在该菌菌丝上寄生，当土壤中木素木霉占优势时，该病菌就难立足，生产上可应用。

第十二节　黄麻立枯病

一、症状

黄麻立枯病自幼苗至成株均能受害，引起苗枯、茎枯及根腐。幼苗初期被害，子叶呈黄褐色枯死，其上密生黑色小粒点(分生孢子器)。有时病势发展蔓延及幼茎，引起猝倒。苗高 10～25cm 时受害，在下部叶片上呈现黄色不规则形病斑，或在叶柄基部产生褐色圆形斑点，后逐渐扩大变成条状的溃疡，并可由叶柄基部向茎部上下伸展，致使幼苗枯死。在枯死的茎和叶上常散生许多黑色小粒点（图 9－17）。

图 9－17　黄麻立枯病症状

幼株和成株发病，在茎部距地面稍上处发生褐色梭形病斑，后向上下扩展并可环绕全茎，引起病部以上组织枯萎，在枯死部的表面也密生无数黑色小粒点。根部被害，在主根或侧根上产生黑褐色病斑，发病严重时，使麻株呈失水凋萎状，这种病株后来从茎基向上逐渐变褐干枯，终至大部分甚至全茎上密生小黑点。此时根部及全茎的皮层多已腐朽，在皮层内形成许多黑色细沙状的小菌核。

叶部病斑黄褐色，多从叶缘或叶尖向内发展，呈不规则形。也有在叶片中部发生的，病斑多呈近圆形，一般直径1cm左右，病斑周缘具有淡黄色的晕圈。后期病斑的表面产生许多黑色小粒点、病斑容易破落，使叶片呈现缺刻或形成穿孔。

二、病原

病原为立枯丝核菌 AG-4 菌丝融合群（*Rhizoctonia solani* Kühn）和禾谷丝核菌 AG-F 菌丝融合群（*R. cerealis* Vander Hoeven），均属半知菌亚门。立枯丝核菌菌丝初无色，较细，近分枝处有隔膜。随菌龄增长，菌丝细胞渐变粗短，并纠结成菌核。菌核形状各异，初为白色，后变为褐色，表明粗糙。禾谷丝核菌菌丝较细，为3～7μm，菌核初色淡，后变灰并渐变深褐，呈近球状、半球状、片状，以至不定形，结构均一，不分化为菌环和菌髓，较大的菌核多数有萌发孔。

三、病害循环

黄麻立枯病主要由土壤传染。病菌以菌丝体及菌核在植物残体和土壤中越冬，翌年侵入麻苗为害，并可当年在麻田再侵染。病菌在土壤中营腐生生活可达2～3年。

四、发病规律

多年连作、病原数逐年增加。黏性土壤，雨水多，麻田积水未能及时排除，土壤过湿，春季低温病害发生重。

五、防治方法

1. 农业防治

（1）选用抗病品种。黄麻179、09C黄繁-7、09繁-7、中黄麻1号和09C黄繁-4等品种对黄麻立枯病抵抗能力较强。

（2）轮作。由于黄麻立枯病病原寄主范围广，所以一般轮作不能达到防病的效果，建议选择水稻等禾本科作物换茬轮作3年以上。

（3）及时排水、灌溉。地势低洼、排水不良的麻地，要加强开沟排水工作。干旱季节要及时进行灌溉抗旱，以增强黄麻生活力，提高抗病性，降低发病率。

（4）合理施肥。有机肥和草木灰等钾肥对减轻立枯病效果好，应适当增施。氮肥需根据黄麻生长要求，分期适当追施，避免在发病盛期追施或一次施用过多。

2. 化学防治

（1）药剂拌种。药剂拌种是预防其发病的最佳方法。在播种前用400g/L萎锈·福美双种子悬浮剂进行拌种，用量为每100kg种子用制剂400～500g，制剂可以不稀释直接使用；如果稀释，可按1∶（1～4）进行稀释，用水量越少越好。或选用25g/L咯菌腈悬浮种衣剂进行拌种，方法为每100kg种子用制剂600～800g，将制剂稀释到1～2L，与种子混匀。

（2）苗期预防。在立枯病发生初期或发病前，用70%敌磺钠可溶性粉剂800倍液进行茎叶喷雾，每隔7～10d喷1次，连续用药2～3次，或对植株进行泼浇，每株用药液50mL左右。或用50%多菌灵或硫菌灵可湿性粉剂1 000倍液，或75%百菌清可湿性粉剂800～1 000倍液，或70%代森锰锌可湿性粉剂1 000倍液喷雾防治，用药液750～1 125kg/hm^2，隔10～15d用药一次，共2～3次。

第十三节　黄麻枯萎病

一、症状

苗期至成株期均可受害。发病幼苗子叶呈失水状萎蔫，重病苗根部和茎基呈褐色至黑褐色腐烂。数片真叶期发病的幼苗，初期顶叶呈黄绿色，后自下而上萎蔫脱落，仅剩1～2片顶叶，最终全株枯死。幼茎木质部呈黄褐色，并有若干条褐色至黑褐色细条纹，主、侧根交界处常有褐色病斑。中、后期发病，麻株叶片自下而上萎蔫并逐渐脱落，茎秆表面可见白色至淡红色粉状霉。皮层和木质部极易剥离，木质部呈黄褐色至褐色，表面也有褐色至黑褐色细条纹。病株根部外表无异样，但木质部呈褐色。

二、病原

黄麻枯萎病病原为半裸镰孢（*Fusarium semitectum* Berk. et Rav.），属半知菌亚门。分生孢子有大小两型。大型分生孢子无色透明，镰刀形或长梭形，较直或略弯曲，有1～5个横隔膜，多数为3隔。小型分生孢子无色透明，椭圆形或卵圆形，直或略弯，无隔膜，少数具1横隔。厚垣孢子近圆形或椭圆形或瓶状，灰色，在老熟菌丝顶端或中间可形成，单生或2～3个连生。

三、侵染循环

病菌主要以菌丝体和厚垣孢子在种子和土中病残组织上越冬，麻田病残内的菌丝可存活3年以上，是第2年主要的初侵染源。种子也可带菌。菌丝体可以通过伤口侵入或直接侵入麻株，在导管中不断繁殖，并借输导作用转移到植株各个部位。病株表面形成的分生孢子可借风雨传播进行再侵染。流水、人、畜、农具和未腐熟的有机肥料也可传播。后期可传播到蒴果上并侵入内部而使种子带菌。

四、发病规律

长果种黄麻极易发病，圆果种黄麻不发病。温度在20～25℃时多雨条件下，易发病。地势低洼，排水不良，土壤贫瘠，偏施氮肥，连作地，发病重。

五、防治方法

1. 农业防治 选用无病种子，严禁从病区调种。翻耕晒土、施足基肥，苗期和发病初期及时追施，均能减轻病害。及时拔除发病中心苗株。与其他作物实行轮作，以水旱轮作效果最好。

2. 化学防治 发病初期喷50%硫菌灵可湿性粉剂800倍液，或40%托福灵可湿性粉剂800倍液。

第十四节 黄麻根腐病

一、症状

苗期至成株期均可受害。

1. 幼苗 播种后种子受害则不发芽，或幼根伸出1～2cm即变黄枯萎，不能成苗。被害幼茎和幼根呈黄褐色水渍状软腐。在后期，病部往往产生许多黑色小菌核。

2. 成株期 成株被害，直根尖端或中段初生黑褐色小斑，后逐渐扩展可使整个根系呈黑褐色而败坏，病部呈湿腐状。茎基部发病，多在离地面5cm以下，病斑褐色至黑褐色。近收获期，根部或茎基的病斑可延伸至距地面30cm以上，如遭台风袭击，病部可蔓延达植株高度的一半以上，同时木质部及中柱均变成褐色。后期，被害部皮层内外及木质部、中柱等处产生许多椭圆形或近圆形扁平的黑色小菌核。

二、病原

黄麻根腐病病原为丝葚霉菌（*Papul ospora* sp.）属半知菌亚门。菌核椭圆形或近圆形，黑色、较扁平，大小（0.28～1.97）mm×（0.2～0.6）mm。病菌生长适温为25～30℃。病组织上菌核在

10～20cm 土层可存活 1 年左右，在土面可存活 3 年以上。

三、侵染循环

病菌主要以菌核随病组织遗留在土中越冬，成为翌年的初次侵染源。人、畜、农具或水流等菌可携带病土扩散蔓延。

四、发病规律

圆果种黄麻发病较重，长果种黄麻较抗病。此外，品种间抗病性差异也大。沙壤土、连作以及根结线虫发生重的地块，均易发生根腐病。

五、防治方法

实行轮作是防治本病的根本措施，以稻麻轮作的防治效果最好。加强栽培管理，使麻株生长健壮，增强抗病力。注意防治根结线虫。

第十五节　苎麻白纹羽病

白纹羽病是苎麻上的一种主要病害，发病麻株生长矮小，地下部腐烂，严重者引起败蔸和缺蔸，产量损失高达 50%以上。

一、症状

苎麻白纹羽病主要为害根部。发病初期被害部位有白色毛状菌丝缠绕成棉絮状，近地面处茎基部有灰白色至灰褐色菌丝缠布，以后逐渐侵入地下根茎内，使其皮层变黑，肉质变红色，呈糠心状腐烂，内有白色羽纹状菌丝体。被害植株生长衰弱，地上部分枝减少，矮小细弱，叶片凹凸不平，叶缘至中间变为黄绿色至黑褐色，自下而上逐次凋萎脱落，引起麻株呈灰褐色枯死。

二、病原

苎麻白纹羽病病原为褐座坚壳菌［*Rosellinia necatrix* (Hart.) Berd.］，属子囊菌亚门。菌丝膜内部的菌丝是薄壁菌丝，直径 2μm，也有小于 1μm 的；外部的菌丝是厚壁菌丝，直径 4μm，隔 37～65μm 处有一节膜，生出梨形膨胀胞，是该菌重要特征。梨形胞直径 7～8μm，常形成厚垣孢子，进行繁殖。菌核黑褐色，形状不规则，大小 1mm×0.5mm。分生孢子梗有 15～20 个分枝，端部产生分生孢子。分生孢子椭圆形至长卵圆形，单胞或 2～3 胞，大小 7.25μm×2.50μm。子囊壳产生于根表孢子梗丝中，球形，基生短柄，外壁黑色，内壁无色，内含子囊及侧丝。子囊圆筒形，有细长的梗，大小（200～300）μm×(5～47)μm，内含子囊孢子 8 个。子囊孢子长梭形，两端尖，黑褐色，大小 40μm×7μm。菌丝发育温度为 11.5～35℃，最适为 25℃。适宜的土壤湿度为 60％～80％。

三、侵染循环

病菌主要以菌丝体在麻蔸和土壤中的病残上越冬，随发病种根和病土传播。田间可以靠分生孢子和子囊孢子进行再侵染。

四、发病规律

根腐线虫和地下害虫为害是加重本病的关键因子。土壤黏重、板结，低洼积水，杂草多，肥力不足以及施用未腐熟的有机肥料的麻田发病较重。

五、防治方法

1. 农业防治

(1) 选择排水良好，采光合理的地块种植。

（2）严格剔除病种根、虫伤根，选用无病种根。

（3）移栽前开好排水沟，施足基肥，精选无病壮蔸作种根。

（4）重病麻田应毁蔸改种玉米、红麻或水稻等非寄主作物。

（5）及时防治根腐线虫及地下害虫，及时中耕除草，以促进麻株的健壮生长，提高抗病力。重病株和死病株及时挖掉，集中烧毁，并在病穴与周围土壤浇灌药剂消毒。

2. 药剂防治

（1）移栽前麻蔸用20%石灰水浸1h后，洗净栽种，或麻蔸用2%福尔马林液浸渍10min后，洗净栽种。

（2）发病初期，用2%福尔马林液，或五氯酚钠150～300倍液浇施病株周围，或用50%硫菌灵1 000倍液淋洒病株穴。发现病株，可在病株周围浇灌50倍福尔马林液；重病株应挖出烧毁，并用福尔马林液消毒土壤。

第十六节　苎麻青枯病

青枯病是苎麻上的一种危险性病害。被害麻株萎蔫，全蔸凋萎枯死。

一、症状

发病初期叶片呈失水状萎蔫。天气潮湿时，早、晚尚能恢复，2～3d后，叶片开始凋萎，干枯而死。剖视植株茎和根，木质部呈褐色，用手挤压切口，有黏稠状灰白色的菌脓溢出。

二、病原

苎麻青枯病病原为茄劳尔氏菌［*Pseudomonas solanacearum* (Smith) Smith］。菌体杆状，两端钝圆，大小（0.9～2）μm×（0.5～0.8）μm，有1～3根单极生鞭毛，无荚膜。该菌为革兰氏染色阴性，好气性。病菌生长温限18～37℃，30～35℃最适。52℃经10min致死。最适pH 6.6。该菌已鉴别出5个小种及5个生物型，侵染苎麻的菌株为生化型Ⅲ小种1。

三、侵染循环

病菌主要在苎麻地下根、茎内越冬，也可在土壤及遗落在土壤中的病残体内越冬，为初侵染的主要来源。病原细菌从根、茎的伤口侵入，也可从自然孔口侵入，在寄主体内增殖，并随输导组织输送营养和水分在麻株体内蔓延。在田间，病菌主要借流水、农事操作和昆虫等传播。采用有病的无性繁殖材料进行繁殖是本病远距离传播的主要途径。

四、发病规律

高温多雨，尤其是雨后骤晴，气温上升快时，发病重。地势低洼、保水保肥力差、有机质含量低的瘠薄土壤发病常较重。地下害虫多和地下部损伤多均有利于发病。

五、防治方法

1. 检疫 严禁疫区繁殖材料外调，疫区原麻要就地脱胶，防止病菌扩散蔓延。

2. 农业防治 新扩麻地要严格挑选无病种根、种苗。发现病蔸，立即挖掉烧毁。病株穴周围土壤也要挖除，然后用20%石灰水或撒石灰消毒病株穴。重病地与禾本科、十字花科和甘薯等作物实行5年以上轮作。

第十七节 亚麻枯萎病

一、症状

幼苗期病菌可引起幼苗萎蔫死亡，严重时成块、成片为害。

开花前后病株叶片萎蔫、发黄，生长缓慢，顶梢萎蔫下垂，逐渐枯死，有时仅1～2个分枝表现症状，也有呈不正常的早熟，以致种子瘦瘪。开花后较老的植株发病可使茎普遍变褐色，并可扩展到蒴果上。在茎秆内部维管束变褐色，空气湿润时出现粉红色霉状物，根部也可产生粉红色霉状物。

二、病原

亚麻枯萎病病原菌是半知菌亚门的尖镰孢亚麻专化型［*Fusarium oxysporum* Schlecht. f. sp. *lini*（Bolley）Snyd. et Hans.］。大型分生孢子纺锤形或新月形，无色，微弯或近正直，顶细胞夹锥形，3个隔膜；小型分生孢子椭圆形或卵形，单细胞或少数具一隔膜，常多数聚生在一起。分生孢子座呈玫瑰红色。厚垣孢子顶生或间生，球形至椭圆形，多为单胞，少数双胞，表面光滑，有时生成蓝绿色菌核。

三、病害循环

病菌以分生孢子、厚垣孢子或菌丝在土中的病残体上越冬，也可在种子内外越冬。病菌腐生性强，可在土中营腐生生活，存活多年。土中病菌从幼苗根部侵入为害。病种子播后，病重的苗期就死亡，病轻的虽能生长，但病菌在维管束中繁殖蔓延，在整个生长期可陆续出现症状，最后死亡。

四、发病规律

播种密度越大，通风透光条件差，植株生长细弱，抗逆性下降，再加上根系密集，增加病原菌在土壤中的传播概率，亚麻枯萎病发病就较重。播种密度小，幼苗生长健壮，抗逆性强，通风条件好，枯萎病发病较轻；过剩的氮素增加亚麻枯萎病感染率，而氮、磷、钾合理搭配施用，有利于减轻亚麻枯萎病的发生。土壤湿度越大，亚麻枯萎病发病率和病情指数越高，亚麻枯萎病发生越严重。亚麻迎茬可使枯萎病加重。

五、防治方法

1. 农业防治

（1）在无病亚麻地里选留无病种子。播种时用种子质量0.3%的50%多菌灵可湿性粉剂拌种，或用种子质量0.5%的50%克菌丹可湿性粉剂、70%土菌消可湿性粉剂拌种，并可兼治其他病害。

（2）旱地实行3年以上轮作，这是最主要的防治措施，与水稻轮作亦是较好的防治方法。

（3）施用腐熟农家肥，以增加土壤中有机质，改良土壤，增施磷、钾肥，在酸性土壤中施用石灰，适期早播等，对土传病害的防治均有较明显的效果。

2. 化学防治

初见病株时，及时选用50%多菌灵可湿性粉剂、50%苯来特可湿性粉剂、36%甲基硫菌灵悬浮剂、77%可杀得可湿性粉剂，均用500倍液，任选1种喷透病株根部周围土壤，每隔10d左右喷1次，可控制病害传播蔓延。

第十八节　亚麻立枯病

亚麻立枯病是苗期的一种常见病，一般发病率为10%～30%，严重时可达50%以上。亚麻幼苗感病后，植株生长缓慢或枯死，严重造成田间缺苗，影响亚麻产量和纤维质量。

一、症状

病苗近地面茎基部即子叶下胚轴产生水渍状病斑或黄褐色

条斑，上下扩展，严重时茎基部缢缩变细，地上部叶片发黄，顶稍微萎蔫，茎直立而死，也有折倒死亡的，很难连根拔出。此病常与炭疽病混合发生，有时症状不易区别，一般幼苗在2片真叶以前引起死亡的主要是炭疽病，6～15cm高时主要是立枯病。难以确诊时可切割少许折断的茎组织，置25℃下用清水培养数日，病部长出疏松的褐色颗粒，即为立枯病菌的菌核。

二、病原

亚麻立枯病病原菌为立枯丝核菌（*Rhizoctonia solani* Kühn），属于半知菌亚门，丝核菌属。在自然条件下只形成菌丝体和菌核，病菌主要由菌丝体繁殖传染。初生菌丝无色，较纤细；老熟菌丝呈黄色或浅褐色，较粗壮，肥大，菌丝宽为8～15μm，在分枝处略成直角，分枝基部略细缢，近分枝处有一隔膜。在酷暑中有时能形成担子孢子，担子孢子无色，单孢，椭圆形或卵圆形，大小为（4.0～7.0）μm×（5.0～9.0）μm，能生成粗糙的菌核，菌核成熟时棕褐色，形状不规则。

病菌生长的温度范围为10～38℃，最适宜温度为20～28℃，致死温度为72℃10min。对酸碱度的适应范围很广，在pH 2.0～8.0之间均可生长，但以pH 5.0～6.8为最适。日光对菌丝生长有抑制作用，但可促进菌核的形成。菌核在25～28℃和相对湿度95%以上时，1～2d内就可萌发。

三、病害循环

病菌主要以菌丝体和苗核在病残体或土中越冬，并可在土中腐生，也可在种子上越冬。播种后条件合适时便侵染幼苗。苗期低温多湿，土质黏重条件下发病重。病菌寄生广，可为害茄科、锦葵科等多种作物。

四、发病规律

亚麻苗期的气候条件是诱发立枯病的主导因素，播种后如土温较低，出苗缓慢，可增加病原菌侵染的机会。出苗后半个月如遇干旱少雨，幼茎柔嫩，易遭受病原菌侵染。一般在土温 10℃左右病原菌即开始活动，在多雨、土壤湿度大时，极有利于病原菌的繁殖、传播和侵染。

在亚麻重茬地块，病菌在土壤内不断积累，发病加重，亚麻田块地势低洼，易造成田间积水，土壤湿度增大，病害则加重。土质黏重，土壤板结，地温下降，使幼苗出土困难，生长衰弱，立枯病严重。播种过深，均使出苗延迟，生长不良，也有利于发病。缺乏营养及营养失调也是促使亚麻感病的诱因，如磷肥对根系发育有良好的作用，钾肥能促进亚麻茎秆粗壮，在缺钾等土壤内，亚麻立枯病特别严重。单施氮肥有促进病害发展的趋势。

五、防治方法

1. 合理轮作倒茬　亚麻立枯病菌腐生土壤中，连作的亚麻地不仅土壤理化性状变劣，对亚麻植株生长发育不利，而且土壤中的病菌日积月累，增加了土壤感染率。因此，轮作、倒茬十分必要，严禁重茬。

2. 适期播种　适期播种对防治亚麻立枯病很重要。根据当地气候特点，适期早播，确保一播全苗。播种时注意种子质量，播种深度在 2～3cm。避免过深过浅，以保证出苗快、苗齐和苗壮，减少病菌侵染危害。

3. 加强栽培管理　选择土层深厚、土质疏松、保水肥强、地势平坦的地块，深翻并精耕细作，氮、磷、钾和微量元素合理搭配施用，清除田间杂草，培育壮苗，以提高植株抗病力。收获后清除亚麻残体，减少菌源。

4. 选用良种 选用抗病品种是防治立枯病有效的方法之一。应选择高产、抗逆性强、籽粒饱满、发芽率高的品种。亚麻立枯病的初次侵染源来自土壤和种子带菌，为防止种子带病，播种前进行种子包衣或用药剂处理是十分重要的，用种子质量0.3%的多菌灵，或甲基硫菌灵、立枯净拌种，减轻病害发生。

5. 苗期进行化学防治 亚麻苗期田间立枯病为10%以上，可进行药剂防治。每667m^2用戊唑醇10mL或甲基硫菌灵70～90g，防治效果明显。为了增加亚麻的抗病性，达到增产的目的，可每667m^2叶面喷施高美施40g或叶霸100g。

第十九节　亚麻茎褐斑病

亚麻茎褐斑病是非常广泛的病害，在我国种麻区均有不同程度发生，一般发病率为10%～30%，对亚麻生产损失很大。

一、症状

在子叶边缘出现微小下陷的灰绿色病斑，逐渐扩大形成连片的棕色或咖啡色大面积病斑，以后蔓延全子叶。真叶上的病状同子叶的一样，形成坏死病斑，最后连片使叶片枯死。茎生褐色病斑，病斑边缘界限清楚（区分于派斯膜病，而且病斑中心发亮），用放大镜可看见黑色小斑点（区分于褐斑病），病株在现蕾开花期由于根茎部形成褐色横缢或裂缝，常导致茎部折断，使麻田变得杂乱。蒴果上的病斑呈深褐色，通常为纵向延长的豆荚形，并有蓝色的微圆形边缘。

二、病原

亚麻茎褐斑病病原菌为（*Polyspora lini* Laff et Peth），属于半知菌亚门，球梗孢属。菌落有从黄到黑的不同颜色，其颜色越淡，真菌的侵染性能越强。

三、病害循环

病菌从蒴果病斑处进入种子，使种子成为茎褐斑病的主要传播根源，种子感染越重，田间感染也相应加重。土壤中残株上的病菌可存活多年，并能活跃地生长繁殖，因此土壤带菌也是亚麻茎褐斑病主要传播途径之一。

四、发病规律

品种间对亚麻茎褐斑病抗性有显著差别。亚麻茎褐斑病的发生发展受土壤理化性状影响很大。亚麻田地势低洼，排水不良，易造成田间积水，土壤湿度大，病害则加重。土质黏重，土壤板结，地温下降，使幼苗出土困难，生长衰弱，亚麻茎褐斑病就越严重。气候条件与发病关系密切，虽然病原菌的发病适宜温度较高，但其发病的温度范围较广，一般在土温 10℃左右即开始活动，在气温 22～25℃，土壤湿度大时，极有利于病原菌的繁殖、传播和侵染，有利于病害的发生。在亚麻重茬、迎茬地块，可使病菌在土壤内不断积累，发病就重。

五、防治方法

1. 利用抗病优良品种 选用抗病品种是防治亚麻茎褐斑病有效的一种方法。通过筛选抗病资源，进行抗病育种，培育出高抗病、高产的亚麻新品种。

2. 合理轮作 亚麻茎褐斑病病原菌腐生土壤中，多年种麻的连作地不仅土壤理化性状变劣，对麻株生长发育不利，而且土壤中的病菌日积月累，增加了土壤感染度。因此，轮作、选茬十分必要，应采用 5 年以上轮作，严禁重茬、迎茬。

3. 加强栽培管理 种植亚麻要选择土层深厚、土质疏松、保水肥强、排水良好，地势平坦的黑土地、二洼地，深翻和精耕细作，合理密植，氮、磷、钾和微量元素合理搭配施用，清除田间杂草，及时防治虫害，培育壮苗，促进亚麻的生长，以提高植株抗病力。收获后清除亚麻残体，切忌在下年种亚麻地块沤麻，减少菌源。

4. 药剂处理 根据病情和气候情况，在亚麻茎褐斑病发生初期，及时进行喷药，可抑制病害的发生与流行。喷洒70%甲基硫菌灵可湿性粉剂1 000倍液、58%甲霜灵·锰锌可湿性粉剂500倍液、50%多霉灵800～1 000倍液等，隔7～10d喷1次，连续防治2～3次，防病效果可达80%以上。

第二十节　亚麻炭疽病

亚麻炭疽病是非常广泛的病害，一般发病率为10%～30%，死苗率为10%左右。亚麻幼苗感病后，植株生长缓慢或枯死，发病严重地块，常造成田间缺苗、断条、甚至毁种。该病病情发展快，并有逐年加重趋势，此病还常与亚麻立枯病混合发生，给亚麻生产带来较大的损失。

一、症状

亚麻自幼苗出土至蒴果成熟全生育期，植株各器官均可感染得病，一般以苗期发病较重。当幼苗出土前后即可开始发病，在胚轴上生有锈色或橙黄色的长条病斑。

1. 幼苗 子叶上常形成边缘明显而下陷的半圆形病斑，子叶中央则形成圆形病斑，呈黄褐色，病斑中有轮纹，以后能逐渐扩大蔓延全叶面及幼茎部分，使叶片枯死或全株死亡，幼茎基部呈黄褐色或橙色长条形稍凹陷病斑，扩大形成绞缢。

2. 成株 茎和叶片上产生暗褐色圆形或长椭圆形病斑，中央部有红褐色黏状孢子堆，病害严重时叶片枯死，茎上有褐色稍凹的溃疡斑，纤维易断，影响纤维质量。

3. 蒴果 形成褐色圆形病斑，菌丝侵入内部进而侵入种皮，种子瘦小，暗淡无光泽，种皮呈黑褐色，使种子发芽率降低，受害较重的种子萌发后往往幼苗不出土即得病死掉。

二、病原

亚麻炭疽病病原菌为亚麻炭疽菌［*Colletotrichum lini* (West) Tochinai］，半知菌亚门，毛盘菌属。病菌在寄主表皮下形成分生孢子盘，后期孢子成熟时，分生孢子盘能突破寄主表皮，有直立、深褐色分隔刚毛，具有3个横隔，并有一层短而无色的分生孢子梗，不分枝。分生孢子单孢、无色、圆柱形，两端稍尖，直或稍略弯曲，内有2～4个油球。大小为(10～30)μm×(3～5)μm。发芽时在芽管顶端形成压力胞，侵入植物。菌丝可在种皮形成色素层深入幼嫩种子，并杀死胚，这样的种子丧失发芽力，感病轻时也只能长出病苗。较晚侵染时种子不死亡，但变成传染媒介物，菌丝在种子上同种皮粘在一起。

病原菌菌丝发育温度范围为8～38℃，最适温度为22～30℃，致死温度在湿热下为70℃、5min或60℃、10min，在干热下为100℃、30min。对酸碱度的适应范围很广，病菌在pH 2.0～7.5之间均可生长，但以pH 4.0～6.5为最适。

三、病害循环

亚麻炭疽病病原菌腐生性很强，土壤中残株上的病菌可存活3～4年，并能活跃地生长繁殖。但是当它寄生在绿色植物上时，专化性却比较强，只能侵染亚麻各品种，不能侵染其他植物。病菌以菌丝体及分生孢子在种子表面或种皮内及病残体组织上、土壤中越冬，这些均可成为翌年初侵染来源。在较高的空气湿度和适宜的温度条件下，产生体积很大的孢子堆，迅速繁殖孢子。分生孢子借昆虫、雨水、灌溉水、农具和耕作活动等在田间传播蔓延，重复侵染。还可以通过病株与健康株的根系在土壤中接触来传播，因此密植田比稀植田感病严重。引种时带菌的种子是本病传播到无病区的主要途径，而播种带菌种子和施用混有病残体的堆肥、粪肥，则是病区逐渐加重的主要原因。

四、发病规律

气候条件与发病关系密切，播种后如土温较低，出苗缓慢，增加病原菌侵染的机会。出苗后半个月之内，幼茎柔嫩，最易遭受病原菌侵染。虽然病原菌的发病适宜温度较高，但其发病的温度范围较广，一般在土温 8℃左右即开始活动。在高温、多雨、土壤湿度大时，极有利于病原菌的繁殖、传播和侵染，有利于病害的发生。在气温 24～26℃，土壤湿度大时最适合炭疽病的发生，是发病的高峰期；超过 36℃以上时，病情停止发展。

亚麻田地势低洼，排水不良，易造成田间积水，土壤湿度大，病害则加重。土质黏重，土壤板结，地温下降，使幼苗出土困难，生长衰弱，炭疽病就严重。含有机质多的土壤和酸性土壤易发病。在亚麻重茬、迎茬地块，可使病菌在土壤内不断积累，发病就重。

五、防治方法

1. 选育、利用抗病优良品种　选用抗病品种是防治炭疽病有效的一种方法。通过筛选抗病资源，进行抗病育种，培育出高产、高抗病材料。如黑亚 11、双亚 6 号属于高抗病品种，适于大面积种植。要在无病田中采种，无病地区应采取严格的检疫措施，防止带病种子传播。

2. 合理轮作 亚麻炭疽病病原菌腐生于土壤中，多年种麻的连作地不仅土壤理化性状变劣，对麻株生长发育不利，而且土壤中的病菌积累，增加了土壤感染度。因此，轮作、选茬十分必要，应采用5年以上轮作，严禁重茬、迎茬。

3. 加强栽培管理 种植亚麻要选择土层深厚、土质疏松、保水肥强、排水良好，地势平坦的黑土地、二洼地，深翻和精耕细作，合理密植，氮、磷、钾和微量元素合理搭配施用，清除田间杂草，及时防治虫害，培育壮苗，促进亚麻的生长，以提高植株抗病力。收获后清除亚麻残体，切忌在下年种亚麻地块沤麻，减少菌源。

4. 药剂防治

(1) 种子处理。亚麻炭疽病的初次侵染源来自土壤和种子带菌，播前种子用药剂处理是十分必要的，亚麻炭疽病病原菌药剂敏感，药剂中多菌灵、退菌特防效最佳，其次为波尔多液、甲基硫菌灵、代森锰锌。适量多菌灵加少量甲基硫菌灵和代森锰锌制成复配药剂，用种子质量0.6%的药量拌种，防病效果可达83.7%，其次用种子质量0.2%的退菌特防病效果也可达80%以上。

(2) 喷施农药。根据病情和气候情况，在病害发生初期，及时进行喷药，可抑制病害的发生流行。亚麻苗高15cm和现蕾期各喷药1次，常用药剂退菌特1 000倍液防病效果可达74.3%，波尔多液500倍液防病效果可达65%。

第二十一节 洋麻炭疽病

洋麻炭疽病，洋麻炭疽病是一种毁灭性的病害，它在洋麻整个生育期中从种子、幼苗、到成熟均有侵害的可能。受害的麻株轻的纤维有斑疵，损坏品质；重的折断或倒伏，或全株死亡，造成减产或失收。

一、症状

种萌发出土前，胚轴可受害腐烂。麻苗出土后，幼茎病斑呈淡褐色，组织缢缩，折倒，干枯而死。子叶感病，产生不规则形边缘呈紫洋色的水渍状病斑，湿度大时变褐腐烂。嫩叶感病，开始出现水渍状小斑点，以后扩大呈不规则形病斑，中央褐色，边缘紫洋色，病叶皱缩畸形。茎上病斑大都发行在顶芽或侧芽上，病斑梭形，中央稍凹陷，边缘紫洋色，中间黄褐色，进一步扩展能造成茎折或烂头；花蕾被害后腐烂，不能开花结实。蒴果受害，初呈圆形或椭圆形暗洋色斑点，中央呈浅洋色。

二、病原

洋麻炭疽病的病原为旋卷炭疽菌［*Colletotrichum circinans* (Berk.) Voglino］，属子囊菌无性型炭疽属真菌。主要侵染洋葱、甜菜、大葱和韭葱等植物，病斑上产生的黑色小粒点即为病原菌的分生孢子盘。分生孢子盘初生于寄主表皮下，成熟后突破寄主表皮外露，黑色、盘状或垫状，每盘内散生数根到十多根坚硬刚毛和分生孢子梗，刚毛暗褐色至黑色，有1～4个隔膜，大小为（80～315）μm×（3.7～5.6）μm；分生孢子梗粗短、棍棒状、单胞、无色，大小为（11～18）μm×（2～3）μm，顶端生分生孢子；分生孢子无色、单胞、弯月形或纺锤形，稍向一侧弯曲，大小为（14～30）μm×（3～6）μm，萌发前偶生一个隔膜。

三、病害循环

带有炭疽病的洋麻种子，播在土壤中后，染病重的不能发芽，或于发芽时死在土中。染病轻的，即在子叶上形成病斑，遇到多雨的时候，即在病斑上生出大量的病菌孢子，进行二次侵染，形成田间发病中心。

病菌在土壤中能够传病，但病菌在土壤中存活的寿命只有10个月左右。

四、发病规律

在洋麻生长季节内的温度条件全能满足炭疽病增殖侵染的需要，月降水量达到90mm左右时，炭疽病开始流行。

五、防治方法

1. 选用抗病品种

2. 种子处理 播前进行种子处理，用0.25%拌种灵、0.8%炭疽福美、0.5%退菌特浸种，每100kg药剂浸17.5kg种子，水温保持在20℃左右，每隔3～4min搅拌一次，浸泡20～24min后捞出晾干后再播种。

3. 轮作 有病麻地与其他作物轮作一年，能消灭土壤中的炭疽病菌，大大减轻苗期病害的发生。

4. 建立无病留种田 用无病的种子种在无病土中，并用其他作物与有病麻地隔开，可避免该病的流行，所获种子同样无病。

5. 加强田间管理 以磷、钾肥为主作基肥，可增加洋麻抗病能力。开沟排水，降低麻田地下水位和田间湿度，做到雨停地干，形成不利于病害流行的低湿条件。及时间苗，减少相互接触传病的机会，并促进麻苗老壮、提高抗病力。

6. 田间喷药保护 80%炭疽福美可湿性粉剂600～800倍液、50%退菌特可湿性粉剂或50%克菌丹可湿性粉剂500～600倍液都有较好的防治作用。

第二十二节　苘麻胴枯病

一、症状

苘麻胴枯病主要为害苘麻茎秆。在茎上初生纺锤形黑褐色病斑，中间颜色较浅，后病部长出许多黑色小粒点，即病原菌分生孢子器。后期病部往往干裂破损，露出韧皮纤维，并易折倒。

二、病原

苘麻胴枯病病原为苘麻大茎点菌（*Macrophoma abutilonis* Nakata et Takim），属半知菌亚门真菌。分生孢子器黄褐色扁球形，半埋生在表皮下，大小 125～150μm，器内生许多椭圆形的分生孢子，遇水湿从顶部孔口呈纽带状溢出。分生孢子单胞无色，大小（15～17.5）μm×(6～9)μm。

三、病害循环

病菌以菌丝体和分生孢子器随病残组织遗留在土表越冬，翌年温湿度适宜时，成熟的分生孢子则从分生孢子器孔口大量逸出，借风雨传播进行初侵染和再侵染。

四、发病规律

种植密度过大及低洼阴湿的麻田易诱发此病，偏施、过施氮肥发病重。

五、防治方法

1. 农业防治　选用抗病品种，合理密植，雨后及时开沟排水，防止湿气滞留，避免偏施、过施氮肥，提倡采用配方施肥技术，注意增施磷、钾肥。

2. 化学防治 发病初期喷洒 1∶0.5∶100 倍式波尔多液，或 60%百菌通（DTM）可湿性粉剂 500 倍液、14%络氨铜水剂 300 倍液、60%多福可湿性粉剂 800～1 000 倍液、36%甲基硫菌灵悬浮剂 500 倍液。

第二十三节 剑麻斑马纹病

一、症状

剑麻斑马纹病分叶斑、茎腐、轴腐 3 种。在同一植株上，3 种症状可单独或合并发生，故又称斑马纹病复合病。

1. 叶斑 叶片感病初期出现黄豆大小的褪绿色小斑点，水渍状，扩展迅速，当病斑老化时，坏死组织皱缩呈深褐色和淡黄色相间的同心轮，形成典型的斑马纹病斑。病斑多以叶基为主。

2. 茎腐 最初表现为叶片失水，变灰绿色和纵卷，病株继而呈萎蔫状，基部叶片下垂贴在地面，只剩一根独立的叶轴。纵剖茎，病部呈褐色，在病健交界处有一条红色的分界线，病株易摇动和踢倒。

3. 轴腐 叶片褪色，卷起，严重时，用手轻拉叶轴尖端，长锥形的叶轴即从茎部折断，未展开的嫩叶在叶轴上腐烂，有恶臭味。

二、病原

主要致病菌为烟草疫霉（*Phytophthora nicotianae* Breda de Haan），属鞭毛菌，其他的致病菌还有槟榔疫霉（*P. arecae*）和棕榈疫霉（*P. palmivora* Butl.）。

三、病害循环

斑马纹病病田土壤中带有病菌，冬旱期处于休眠状态，5 月以后经过连续降雨，提高了土壤含水量，病菌由休眠转为活跃，出现适当条件时，产生孢子和游动孢子，经雨水、气流和人畜、车辆、农具等进行传播，通过伤口或叶片气孔侵入，几天后产生病斑，形成当年的新病株。病菌在这些株上繁殖增殖，为田间侵染提供大量菌源。整个雨季一批批的麻叶受害，田间菌量很大，遇到合适条件病害开始流行，10 月以后病菌又回到土壤，由活跃转为休眠，如此反复循环，不断蔓延为害。

四、发病规律

剑麻斑马纹病在一年中有 3 个发展阶段。

1. 点片发病阶段　主要在 7 月底以前，病害仅在个别植株的个别叶片上开始发病，病害发展缓慢，总发病率不高，病情不严重。

2. 扩散流行阶段　主要集中在 8～10 月，受高温高湿天气影响，病情增长迅速，单株感病叶片迅速增多，并可能出现大批茎腐或轴腐。

3. 流行势下降阶段　流行期染病的植株还会继续发展成茎腐或轴腐，但病株不再增加，也不出现新的侵染叶斑。

五、防治方法

对斑马纹病的防治要贯彻“预防为主、综合防治”的方针，采用化学药剂和抗病育种相结合的综合防治措施。

1. 搞好麻田基本建设，切断病菌传播途径　为做好防止水流传播，应在麻田及周围开好“三沟”，即排水沟、防冲刷沟和隔离沟，起畦种植，尽量不要在低洼积水地种植剑麻。

2. 注意农事操作，减少病害传染的机会　雨季和雨天减少田间作业，包括不在雨季定植，雨天不起苗、运苗和母株钻心等。幼龄麻割叶要安排在旱季进行。

3. 加强管理，提高抗病力　要及时除草，避免麻田荒芜；作业时尽量减少对麻株损伤；不偏施氮肥，多施石灰和钾肥以提高抗病力；清理病株和病叶，集中烧毁。

4. 清除和控制传染源　连续雨天和台风雨后，对全部麻田全面检查，发现病株要抓紧在晴天割除病叶，挖除茎腐、轴腐病株，对邻近的麻株和地面喷洒农药，病穴土壤要消毒。冬旱季要清理发病麻田，包括挖除死株，割除病叶，减少田间菌源。

5. 加强选育抗病高产品种，使用无病种苗　选育既高产又抗病的新品种，是防治该病的重要途径之一，在此之前，在病穴补植时，应选择抗病品种广西 76416、粤西 114 和东 16 等。苗圃四周开好排水沟和防畜沟，苗圃及时做好防病工作，不在病田采苗。

6. 化学防治　对于已经发病的田块，可采用化学药剂防治。对下层叶片和割叶刀口喷施疫霜灵（浓度为 1%），每周一次，连续 3 次；病区土壤消毒，可用 0.5%敌克松等进行喷洒。

第二十四节　剑麻茎腐病

剑麻茎腐病是除剑麻斑马纹病外，对剑麻危害最大的真菌性病害。该病首先发生于坦桑尼亚的普通剑麻上。我国于 1987 年在广东省的一些农场发现此病，给植麻区造成重大经济损失。

一、症状

病原菌主要通过开割麻株的割叶伤口侵入，病组织初期有发酵酒味，后期组织腐烂，在病组织表面产生大量白色的菌丝体和黑色霉点状的子实体。急性型病斑初期在侵入伤口处呈浅红色，然后变为浅黄色水渍状，病组织腐烂，并有大量浊液溢出，病原菌通过叶基伤口侵入到茎部，纵向扩展，致茎部组织腐烂，造成叶片失水，整株凋萎，最后死亡。慢性型病斑在侵入伤口处初呈黑褐色或红褐色水渍状，病菌扩展较慢，不易整株死亡。

二、病原

剑麻茎腐病原为黑曲霉菌（*Aspergillus niger*），属半知菌。

三、侵染循环

病株残体上的黑曲霉菌丝体是剑麻茎腐病的主要侵染来源，土壤中的病原菌通过雨水进行传播，黑曲霉菌还可通过空气传播。

四、发病规律

南方天气多变，尤其 7～9 月高温多雨，极利于该病的流行发生。剑麻茎腐病可分为越冬、始发、流行和病情下降 4 个阶段：12 月至翌年 2 月为越冬期，温度较低，不适宜发病；3～4 月为始发期，月平均温度高于 20℃，发病率较低；5～9 月为流行期，随着温度升高，发病率和死亡率急速上升；10～11 月为下降期，随着温度的下降，发病率逐渐下降。

五、防治方法

剑麻茎腐病的防治同样应贯彻“预防为主，综合防治”的原则，应以提高抗病性为主，辅以避病措施、化学防治和其他农业防治措施。

1. 平衡施肥，提高麻株抗茎腐病的能力 剑麻是喜钙作物，同时钙有利于增强麻株的抗病力，因此要重视施钙肥，特别是发病麻田，更应增施钙肥，不能偏施氮、钾肥，以提高植株的抗性。

2. 施用石灰 施用石灰既能防病，又能增长，还能提高出麻率。一般病田按 0.5kg/株，非病田按 0.25kg/株的用量施用，连施 2～3 年。

3. 适当调整割叶时期 把抗病力较差的或已发病的麻田的割叶时间，由高温多雨季节调到低温干旱季节进行，以避开茎腐病的流行高峰期，达到避病的目的。

4. 药剂防治 在高温期割叶的病区，或易感病区，应在割叶后 2d 内喷药于割口处，药剂可用 40%灭病威 200 倍液，或 25%多菌灵可湿性粉剂 400 倍液。

另外，还可通过加强田间管理，如适当控制割叶强度、增施有机肥、提高割麻技术水平等措施，以避免或减少剑麻茎腐病的发生。

参考文献

丁国春，2007. 两株细菌对土传病害的生防效果的评价[D]. 南京农业大学.
何家泌，译.1980. 小麦病害概要[M]. 河南省植物保护学会.
李清铣.1993. 麦类病害的诊断与防治[M]. 北京：中国农业科技出版社.
李师默.2008. 辣椒和番茄青枯病等土传病害的生物防治研究[M]. 南京农业大学出版社.
李振岐，1997. 麦类病害[M]. 北京：中国农业出版社.
鲁素芸，1993. 植物病害生物防治学[M]. 北京：北京农业大学出版社.
马占鸿，周雪平，2001. 植物病理学研究进展[M]. 北京：中国农业科技出版社.
秦立金，2020. 蔬菜无公害栽培技术与土传病害综合防治案例[M]. 石家庄：河北科学技术出版社.
阮寿康，1994. 主要农作物病害防治[M]. 北京：高等教育出版社.
石明旺，王清连，2008. 现代植物病害防治[M]. 北京：中国农业出版社.
石明旺，2013. 棚室蔬菜病虫害防治新技术[M]. 北京：化学工业出版社.
石明旺，2011. 西瓜病虫害防治技术[M]. 北京：化学工业出版社.
石明旺，2013. 小麦病虫害防治新技术[M]. 北京：化学工业出版社.
王琦，李洪连，马平，2019. 植物土传病害与生物防治研究进展[M]. 北京：中国农业科学技术出版社.

图书在版编目（CIP）数据

现代植物土传病害防控技术 / 石明旺等著 .—北京：中国农业出版社，2021.10
（高素质农民培育系列读物）
ISBN 978-7-109-28077-9

Ⅰ. ①现… Ⅱ. ①石… Ⅲ. ①植物一病虫害防治
Ⅳ. ①S432

中国版本图书馆 CIP 数据核字（2021）第 056639 号

中国农业出版社出版
地址：北京市朝阳区麦子店街 18 号楼
邮编：100125
责任编辑：国 圆 郭晨茜
版式设计：杜 然 责任校对：刘丽香
印刷：北京大汉方圆数字文化传媒有限公司
版次：2021 年 10 月第 1 版
印次：2021 年 10 月北京第 1 次印刷
发行：新华书店北京发行所
开本：880mm×1230mm 1/32
印张：11
字数：350 千字
定价：58.00 元
